U0274751

高等职业教育道路与桥梁工程技术专业系列教材

桥梁结构力学

主　编　吴明军　丁陆军
副主编　王　倩
主　审　沈火明

科学出版社

北　京

内 容 简 介

全书共九章，包括体系的几何组成分析、静定结构内力计算、影响线及其应用、结构位移计算、力法、超静定拱、位移法、力矩分配法、结构力学求解器的应用等内容。本书紧密结合工程实际，突出工程应用，注重职业技能和素质的培养；知识内容深入浅出，通俗易懂，图文并茂；具有较强的针对性与适用性。

本书可作为高等职业教育道路与桥梁工程技术专业的教材，亦可作为高职高专水利水电工程技术、建筑工程技术、市政工程技术等专业的教材，还可作为职业本科、应用型本科相关专业的教材。本书对从事相关工作的工程技术人员，亦是一本较好的参考书。

图书在版编目(CIP)数据

桥梁结构力学/吴明军，丁陆军主编. —北京：科学出版社，2022.6
（高等职业教育道路与桥梁工程技术专业系列教材）
ISBN 978-7-03-070142-8

Ⅰ.①桥… Ⅱ.①吴… ②丁… Ⅲ.①桥梁结构-结构力学-高等职业教育-教材 Ⅳ.①O342

中国版本图书馆 CIP 数据核字（2021）第 214321 号

责任编辑：李 雪/责任校对：王万红
责任印制：吕春珉/封面设计：曹 来

科学出版社 出版
北京东黄城根北街 16 号
邮政编码：100717
http://www.sciencep.com

三河市中晟雅豪印务有限公司印刷
科学出版社发行 各地新华书店经销

*

2022 年 6 月第 一 版 开本：787×1092 1/16
2022 年 6 月第一次印刷 印张：16 3/4
字数：380 000
定价：49.00 元
（如有印装质量问题，我社负责调换〈中晟雅豪〉）
销售部电话 010-62136230 编辑部电话 010-62130874（VA03）

前　言

本书依据教育部根据新时代高职教育"三教"改革的要求、2019 年新颁布的《高等职业学校道路桥梁工程技术专业教学标准》对结构力学知识的要求、结构力学内在逻辑和高职学生的特点编写。编写过程中，吸引行业企业技术人员参与，紧跟产业发展趋势和行业人才需求，充分考虑道路与桥梁工程技术专业学生的岗位需求，将产业发展的新技术、新工艺、新规范纳入教材内容，将力学知识与专业知识完美结合。

本书遵循技术技能人才认知和成长规律，知识传授与技术技能培养并重，强化学生职业素质的养成和专业技术的积累，将专业精神、职业精神和工匠精神等思政内容融入教材体系。通过名人名桥事迹介绍，大力弘扬以爱国主义为核心的民族精神和以改革创新为核心的时代精神，深化学生职业理想和职业道德教育，增强职业责任感，意在培养健全德技并修、德智体美劳全面发展的复合型人才。

本书由四川建筑职业技术学院主持、采取校企合作方式编写，四川建筑职业技术学院吴明军教授、成都纺织高等专科学校丁陆军教授共同担任主编，四川建筑职业技术学院王倩担任副主编，西南交通大学博士生导师沈火明教授担任主审。四川建筑职业技术学院谢琴、王珺、陈思娇、蔡娥、田宁、吴穹参与了编写工作。具体编写分工如下：吴明军、吴穹编写第 1 章、第 2 章，丁陆军编写第 3 章，谢琴编写第 4 章，王珺编写第 5 章，陈思娇编写第 6 章，蔡娥编写第 7 章，田宁编写第 8 章，王倩编写第 9 章。合作企业四川省第四建筑有限公司唐忠茂负责编写第 1 章～第 4 章静定结构的工程案例，中铁八局城市轨道交通分公司高级工程师杜青春负责编写第 5 章～第 8 章超静定结构的工程案例。四川建筑职业技术学院交通工程系教师廖健凯全程指导了本书编写。同时，本书在编写过程中参考了大量已出版的同类书籍，主要参考文献附后。在此，对相关人员一并表示感谢。

由于作者水平有限，书中难免存在不足之处，恳请广大读者批评指正，以便在以后修订时及时完善。

编　者

2022 年 2 月

目　　录

第 1 章

体系的几何组成分析

学习指引☞ 本章主要讨论杆件体系几何组成性质的确定、几何不变体系的简单组成规则及应用这些规则分析体系的几何组成性质，从而为构建几何不变体系、建造建筑结构打下基础。

1.1 概　述

1.1.1　体系及其几何组成分析的概念

这里所讨论的**体系**是指由杆件、有时也包括基础等通过某些方式联结而成的整体系统。其中，"基础"是相对的，是指体系某部分必须依附而又不必详细表达的那部分。联结方式则有链杆联结、铰链联结和刚性联结三种。如果体系的各部分都位于同一平面内，则称为平面体系。图 1.1 为常见平面体系。本章我们只讨论平面体系。

1.1 概述

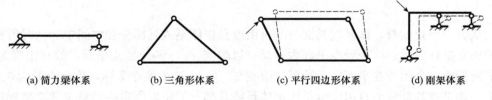

(a) 简力梁体系　　　(b) 三角形体系　　　(c) 平行四边形体系　　　(d) 刚架体系

图 1.1

体系在受到任意方向的外力作用或外部干扰时，如果不考虑杆件的弯曲或伸缩变形，整个体系的几何形状或各部分的位置就不发生改变，则这种体系称为**几何不变体系** [图 1.1 （a）、（b）]；反之，则称为**几何可变体系** [图 1.1 （c）、（d）]。几何不变体系能承受一定的外力或外部干扰，因此可以作为工程结构体系。几何可变体系不能承受外力或外部干扰，因此不能作为工程结构体系。

几何不变的平面体系称为**刚片**。图 1.1 （a）、（b）所示体系都是刚片。在平面体系中，基础必须是刚片，链杆可以看成刚片。这样一来，体系的组成部分除链杆、基础、铰链外，还可以加上刚片。比如，图 1.1（a）所示简支梁体系可以看成是由基础刚片和链杆刚片通过一铰和一链杆联结而成的；图 1.1（b）所示三角形体系可以看成是由三个链杆刚片通过三个铰两两相连而成的。

　　体系是几何不变的或几何可变的特性称为体系的**几何组成性质**。要知道一个体系能否作为工程结构体系，显然必须先确定该体系的几何组成性质。确定一个体系的几何组成性质的分析过程称为**体系的几何组成分析**。体系的几何组成分析基于对几何不变体系的组成规则的研究。几何不变体系的组成规则又与体系的运动自由度有关。因此，下面我们先讨论体系的运动自由度。

1.1.2　平面体系的自由度与约束个数

　　平面体系的运动自由度与体系自由度概念和约束个数概念密切相关。

　　1. 平面体系的自由度概念

　　体系或其部分的自由度是指体系或其部分在空间中独立运动方式的数目。如图 1.2 所示，一个铰（即一点）在平面内的运动分解成水平运动和竖直运动两种方式，故其自由度为 2。一根链杆（即一线段）在平面内的运动可分解为随某点的平动和绕该点的转动两种方式，故其自由度为 3。同样，一个刚片在平面内也有 3 个自由度。

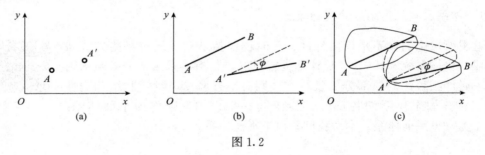

图 1.2

　　从另一个角度看，体系或其部分的自由度是指体系或其部分在空间中运动时所要改变的独立坐标数目。一个铰在平面内运动可以改变 x、y 两个独立坐标，故自由度为 2。一根链杆或一个刚片在平面内运动可以改变 x、y、ϕ 三个独立坐标，故自由度为 3。实质上，体系或其部分的自由度也是固定体系或其部分的位置所需要的最少独立坐标参数的个数。

　　由于运动是相对的，因此体系或其部分的自由度数也是相对于观察者所选定的参照坐标系而言的。如图 1.3（a）所示杆件体系或图 1.3（b）所示刚片体系，要相对于坐标系固定其位置，都至少需要 4 个坐标参数，因而自由度都是 4。但要确定图 1.3（a）中 AB 杆相对于 AC 杆固定位置，则只需要 1 个坐标参数——两杆的夹角 ϕ，故 AB 杆相对于 AC 杆的自由度（称为体系内部自由度）为 1。同理，图 1.3（b）中刚片 I 相对于刚片 II 的自由度也为 1。

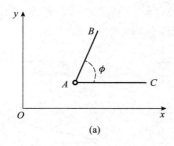

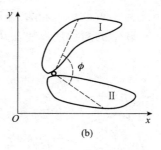

图 1.3

2. 约束个数概念

约束是限制物体或物系运动的装置或机构,但不同类型的约束对物体运动限制的程度是不一样的。在此,我们规定:能减少体系 1 个自由度的约束为 **1 个约束**。这样就可以把限制物体运动的约束定量化。

1) 一根链杆只能减少系统的 1 个自由度,故为 1 个约束。如图 1.4 (a) 所示,铰 A 在平面上运动本来有两个自由度,用一根链杆与参照坐标系相连后,就只有绕链杆另一端铰转动的一种运动方式,即只有 1 个自由度,说明一根链杆减少了系统的 1 个自由度。从图 1.4 (b) 可以看出链杆使平面内的杆件减少了 1 个自由度。

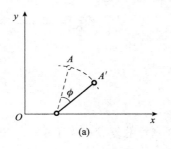

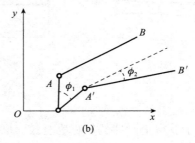

图 1.4

2) 一个单铰能减少系统的 2 个自由度,故为 2 个约束。单铰是指仅联结两个刚片的铰链。平面内的刚片本来有 3 个自由度,用一个铰与参照坐标系联结后,就只有绕铰转动的一种运动方式,即只有 1 个自由度 [图 1.5 (a)]。说明一个单铰为 2 个约束,相当于两根链杆。因此,常用二链杆代替一个铰 [图 1.5 (b)],不过,若此二链杆共用一个铰且不共线,称该二链杆形成“实铰”。

若二链杆不公用一个铰,且不平行,则称该二链杆延长线交点处为“虚铰” [图 1.5 (c)],交点为铰心,被联结的两刚片可绕此铰心相对转动,而一旦转动,则两链杆位置发生变化,其交点位置随之变化。因此,在这种情况下,被联结的两刚片的相对转动中心是变化的。

若两链杆不共用一个铰,且平行,则称该二链杆延长线在无穷远处形成**“虚铰”** [图 1.6 (a)]。此时被联结的两刚片的相对转动中心在无穷远处,被联结的两刚片的相对转动实际上变为相对平动。若两链杆等长，被联结的两刚片可永远做相对平动。若两链杆不等长，被联结的两刚片只能在开始瞬间做相对平动。

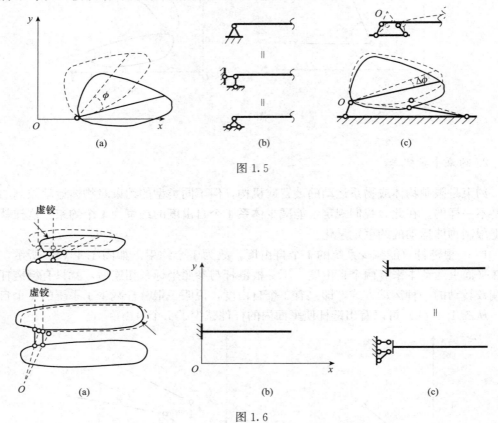

图 1.5

图 1.6

联结 3 个及以上刚片的铰称为**复铰**。联结 n 个刚片的复铰相当于 $n-1$ 个单铰（$n=2$ 时为单铰）。

3）一个刚性联结减少系统的 3 个自由度，故为 3 个约束。如图 1.6（b）所示，平面内的杆本来有 3 个自由度，用一个刚性联结与参照坐标系联结后，就不能运动了，即自由度为 0。说明一个刚性联结为 3 个约束，相当于 3 根链杆 [图1.6（c）]。不过这三链杆既不能全平行，又不能汇交于一点。

3. 体系自由度的计算

简单体系的自由度一看便知，但复杂体系的自由度并不是一下子就能看出来的，需要通过计算才能知道。为此，可以把体系中各已知的几何不变部分（包括杆件、基础等）看成刚片，把整个体系看成由若干刚片通过若干铰联结起来的整体。设体系中所认定的刚片数为 n，联结所认定刚片的单铰数为 h，体系的自由度 D 可用式（1.1）计算。

$$D = n \times 3 - h \times 2 \tag{1.1}$$

在使用式（1.1）时，有三点需注意：①计算出的自由度不一定是体系的真实自由度，为**计算自由度**；②计算时，复铰必须换算成单铰；③刚性联结没有作为约束计算，应直接把刚性联结在一起的若干小刚片看成一个大刚片。

计算自由度是一个体系或其部分在理论上相对于所取参照坐标系的可能运动方式数。习惯上，常把参照坐标系建立在基础上，因此，计算自由度为体系或其部分相对于基础的自由度。如果把参照坐标系建立在体系中的某刚片上，则该刚片不应计算在刚片数内，算出的自由度为体系除该刚片之外的部分相对于该刚片的自由度，称为**内部计算自由度**。对于与基础刚片有联结的体系，由于参照坐标系建立在基础刚片上，因此，基础刚片不应计算在刚片数内，算出的自由度是体系除基础刚片之外的部分相对于基础刚片的自由度，实质上仍是一种内部自由度。

在图1.1（a）所示简支梁体系中，把梁看作1个刚片，链杆看作1个刚片，因此$n=2$。固定铰支座1个铰，链杆两端各1个铰，因此，$h=3$，故体系的计算自由度按式（1.1）为：$D=2\times3-3\times2=0$。它是基础之外部分相对于基础的计算自由度。说明从计算上看，基础之外部分相对于基础刚片的可能运动方式数为0，即没有运动可能性，说明体系有可能是几何不变体系。

图1.1（b）所示三角形体系，$n=3$，$h=3$，因此相对于基础（这里指大地）上平面坐标系的计算自由度为：$D=3\times3-3\times2=3$，说明三角形体系相对于基础有3种运动可能，即沿水平和竖直两方向的移动加绕某参照点的转动。若以体系中水平杆为参照物，则$n=2$，$h=3$，故其内部计算自由度为：$D=2\times3-3\times2=0$，从计算结果上看，水平杆以外部分相对于该水平杆没有运动可能性。

图1.3所示两种体系相对于坐标系的计算自由度都为：$D=2\times3-1\times2=4$。AB杆相对于AC杆的内部计算自由度为：$D=1\times3-1\times2=1$。刚片Ⅰ相对于刚片Ⅱ的内部计算自由度为：$D=1\times3-1\times2=1$。

又如，图1.4（a）所示体系中只有1个刚片（即链杆）和1个联结铰（联结刚片与坐标系），铰A不起联结作用，不能算在铰数内，因此体系相对于坐标系的计算自由度（内部计算自由度）都为：$D=1\times3-1\times2=1$。图1.4（b）所示体系中有2个刚片和2个联结铰（其中一个铰链联结刚片与坐标系），因此体系相对于坐标系的计算自由度都为：$D=2\times3-2\times2=2$。

由于图1.6（b）所示体系与图1.6（c）所示三链杆体系等效，因此体系相对于基础刚片的计算自由度为：$D=4\times3-6\times2=0$，说明没有相对运动可能性。其实，图1.6（b）所示体系为两刚片刚性联结，直接构成一个更大的刚片。一个刚片内部各部分之间的相对自由度必然为0。

【**例题1.1**】 试计算图1.7所示体系的自由度。

【**解**】 杆AC与杆CD直接刚性联结，可看成一个刚片。杆BD直接与基础刚片联结，一起看成一个大基础刚片，不算在刚片数内。故该体系由一刚片和两铰构成，计算自由度为

$$D=1\times3-2\times2=-1$$

通过刚片ACD运动特性分析不难知道，该体系为几何不变体系。

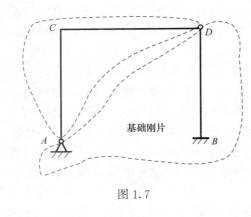

图 1.7

4. 体系自由度与几何组成性质的关系

图 1.1（a）、（b），图 1.6（a），图 1.7 所示体系都是几何不变体系，内部计算自由度 ≤0。图 1.1（c）是几何可变体系，内部计算自由度也为 0。而图 1.3、图 1.4 所示几个内部计算自由度 >0 的体系都是几何可变体系。因此，体系的内部计算自由度与其几何组成性质有一定关系。

一般地，体系的几何组成性质与体系的内部计算自由度的关系是：几何可变体系内部计算自由度可能 >0，也可能 ≤0，几何不变体系内部计算自由度必定 ≤0，但内部计算自由度 ≤0 的体系不一定是几何不变的，即内部计算自由度 ≤0 是体系几何不变的必要条件，但不是充分条件。内部计算自由度 >0 的体系一定是几何可变体系。

因此，要准确判断一个内部计算自由度 ≤0 的体系的几何组成性质，还必须作进一步分析。分析的依据就是下节将介绍的几何不变体系的基本组成规则。

1.1.3 体系几何组成分析的目的、意义和方法

通过对体系作几何组成分析，可以判断体系的几何组成性质，从而确定体系能否作为工程结构。掌握了几何不变体系的组成规则，可以避免设计与建造工程结构时形成几何可变体系，以保障工程安全。另外，几何组成分析还可以帮助我们判断工程结构体系是静定的还是超静定的，为选择结构分析方法提供依据。

几何组成分析的方法我们将在 1.3 节专门讨论。

1.2 几何不变体系的基本组成规则

由上节知，体系内部计算自由度 ≤0 时，体系的几何组成性质有三种可能性：几何可变、几何不变且无多余约束和几何不变有多余约束。一个体系到底属于哪种情况，必须进一步分析。这里，**多余约束** 是指维持体系几何不变所不必要的约束。那么，使一个体系成为几何不变体系到底需要多少约束？这些约束应当具有什么特性？这就是几何不变体系组成规则要解答的问题。本节我们讨论三个常用的、最基本的平面几何不变体系组成规则。

1.2 几何不变体系的
基本组成规则

1.2.1 两刚片规则

如果有两个刚片 [图 1.8（a）] 要构成几何不变体系，最简明的方法是：先用一铰将其联结 [图 1.8（b）]。此时，刚片 I 相对于刚片 II 只有转动这 1 个自由度。然后，只要用一根链杆将两刚片相连，体系就成为几何不变体系，没有多余约束 [图 1.8（c）]。从自由度

看：图 1.8（a）中刚片Ⅰ相对于刚片Ⅱ的自由度为 3；图 1.8（b）中刚片Ⅰ相对于刚片Ⅱ的自由度为 1；图 1.8（c）中刚片Ⅰ相对于刚片Ⅱ的自由度为 0。

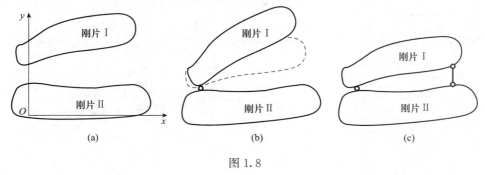

图 1.8

但此时要注意，链杆和铰不能共线，否则如图 1.9（a）所示，中间铰 O_3 会沿绕 O_1、O_2 转动的圆弧公切线做微小的上下移动，是可变体系。但由于中间铰一旦移动微小距离，就不可能再移动，即体系只能在最初瞬间几何可变，故又称之为**几何瞬变体系**。在几何瞬变体系的杆件中往往会产生很大的内力，因此，几何瞬变体系同样不能作为工程结构体系。

由于一个铰可换成两根链杆，因此两刚片也可用三链杆联结 [图 1.9（b）]，构成无多余约束的几何不变体系。不过，这时三链杆不应汇交于一点 [图 1.9（c）]，也不应全平行 [图 1.10（a）、（b）]。否则相当于一铰一链杆联结时链杆与铰共线的特例，体系成为几何可变。图 1.9（c）三链杆汇交，图 1.10（a）三链杆平行且等长，体系都永远可变，称为**几何恒变体系**；图 1.10（b）三链杆平行但不等长，体系只在开始瞬间可变，为几何瞬变体系。

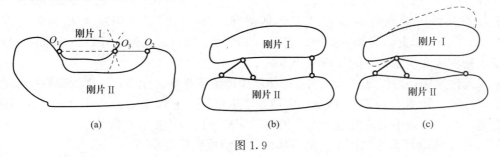

图 1.9

于是有如下规则：

两刚片规则 1：两刚片用一铰和一链杆相连，只要铰与链杆不共线，则构成无多余约束的几何不变体系。

两刚片规则 2：两刚片用三链杆相连，只要三链杆不全平行或汇交于一点，则构成无多余约束的几何不变体系。

符合两刚片规则的两刚片，相当于刚性连接在一起 [图 1.9（b）]。

1.2.2　三刚片规则

在两刚片规则 1 中，把链杆换成刚片，则为三刚片用三铰两两相连的情况

[图 1.10 (c)]。这时"铰与链杆不共线"的条件变成"三铰不共线",否则成为几何瞬变体系 [图 1.9 (a)]。于是有如下规则。

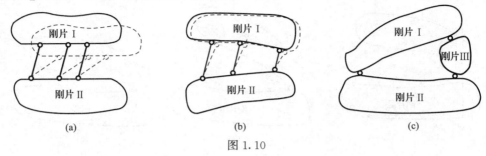

图 1.10

三刚片规则:三刚片用三铰两两相连,只要三铰不共线,则构成无多余约束的几何不变体系。

这里,每一个铰都可以换成两链杆形成的虚铰。当三个铰都是虚铰时,为三刚片六链杆的情况。此时要求三虚铰既不能共线,也不能重合(若三铰都为无穷远虚铰,则要求不能在同一方向),否则都会成为瞬变体系。

1.2.3　二元体规则

二元体是指铰连但不共线的二链杆整体,图 1.11 (a) 即为一个二元体,其中铰 B 可称为二元体的**顶铰**。二元体用三个铰的符号加连线表示,顶铰的符号应放在中间,因此 图 1.11 (a) 中的二元体可记为 A-B-C。在"两刚片规则 1"中,把一个刚片变换成其两铰之间的一链杆,则变成在刚片上增加一个二元体的情况[图 1.11 (b)]。这时"铰与链杆不共线"的条件应变成"二元体的三铰不共线",否则成为几何瞬变体系 [图 1.9 (a)]。因此,有如下二元体规则:在刚片上增加二元体,只要二元体的三铰不共线,则构成无多余约束的几何不变体系。

二元体规则还可以推广为:在一个体系中增加或拆除二元体,不会改变原体系的几何组成性质。如图 1.11 (c) 所示,在体系 I 上增加二元体 1-4-2、2-5-3、4-6-5 所得整个体系与原体系 I 的几何组成性质相同;从整个体系中依次拆除二元体 4-6-5、2-5-3、1-4-2 后所余体系 I 与拆除前的整体的几何组成性质也相同。

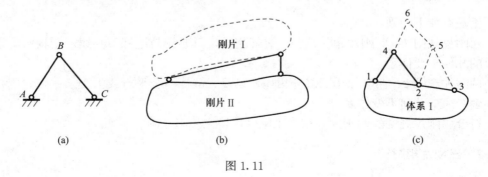

图 1.11

1.3 几何组成分析方法

对体系作几何组成分析时,首先应计算出体系的**内部计算自由度** D。若 $D>0$,则必为几何可变体系,几何可变体系又可分为几何恒变体系和几何瞬变体系;若 $D\leqslant0$,则有可能为几何不变体系或几何可变体系,尚需按几何不变体系的组成规则进一步分析才能做出准确判断,故体系几何组成分析步骤如图 1.12 所示。

1.3 几何组成分析方法

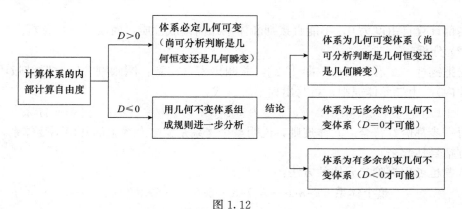

图 1.12

为了能在几何组成分析时用符号表达,使叙述简明,特做如下表示方法规定。

1)刚片。在其名称或符号外加中括号表示。如基础刚片Ⅰ记为〔基础〕或〔Ⅰ〕。几何不变体系也是刚片,也可用这种表示方法。例如,某体系中 ABCD 部分若为无多余约束几何不变体系,则直接记为〔ABCD〕;若为 x 个多余约束的几何不变体系,则记为〔ABCD〕…x。

2)铰。在其名称符号外加圆括号表示。例如,铰 A 记为(A)。

3)链杆。在其两端符号中间加中连线表示。例如,链杆 AB 记为 A-B。

4)几何可变体系。在其名称符号外加大括号表示。例如,某体系中 EFG 部分为几何可变体系,则记为 {EFG}。

5)刚片间的联结与增加二元体用"+"表示。拆除体系中的二元体用"−"表示。新体系形成用"="表示。

【例题 1.2】 试分析图 1.13(a)所示体系的几何组成性质。

【解】 (1)计算体系的内部计算自由度

由于这是一个与基础没有联结的体系,因此计算自由度时一定要注意"内部"这一特性要求,参照坐标系一定要建立在体系中的某刚片上,即计算刚片数时不能把参照刚片计算在内。本题可选链杆 1-2 为参照刚片,则刚片数 $n=12$,体系中有 2 个单铰,3 个 3 链杆复铰,2 个 4 链杆复铰,1 个 5 链杆复铰,因此单铰数 $h=2\times(2-1)+3\times(3-1)+2\times(4-1)+1\times(5-1)=18$,故内部计算自由度为

$$D = 12\times3 - 18\times2 = 0$$

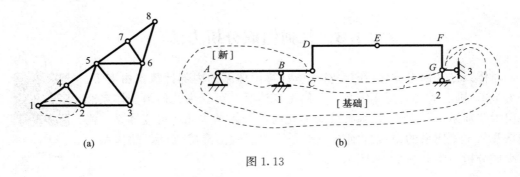

图 1.13

内部计算自由度为 0，不能直接判断体系几何组成性质，尚需进一步分析。

（2）分析

先把链杆 1-2 看作刚片，即 [12]，并圈出来（注意：圈画刚片时，联结铰不要画在刚片内）。由二元体规则，可写出如下表达式：

$$[12]+1\text{-}4\text{-}2+4\text{-}5\text{-}2+5\text{-}3\text{-}2+5\text{-}6\text{-}3+5\text{-}7\text{-}6+7\text{-}8\text{-}6=[\text{整个体系}]$$

由于每一步都恰好符合二元体规则，说明整个体系是无多余约束的几何不变体系，故直接用方括号括起来。

本题也可用拆除二元体的方法：

$$\text{整个体系}-7\text{-}8\text{-}6-5\text{-}7\text{-}6-5\text{-}6\text{-}3-5\text{-}3\text{-}2-4\text{-}5\text{-}2$$
$$-1\text{-}4\text{-}2=1\text{-}2 \quad（\text{二元体规则}）$$

最后剩下的链杆显然几何不变且无多余约束，故整个原体系为无多余约束的几何不变体系。

一般地，内部计算自由度为 0 时，若体系几何不变，则无多余约束。

本题的体系有一个重要特征：全部由三角形图形构成，每一个三角形都由三根链杆铰接而成。这种体系称为**铰接三角形体系**。于是可得出一个结论：**铰接三角形体系是无多余约束的几何不变体系**。

【**例题 1.3**】 试分析图 1.13（b）所示体系的几何组成性质。

【**解**】 （1）计算体系的内部计算自由度

由于这是一个与基础有联结的体系，参照坐标系建立在基础上，基础刚片（注意：应包括固定铰支座 A 铰之外部分）不能计算在刚片数内。于是 $n=6$，$h=9$。故内部计算自由度为

$$D=6\times3-9\times2=0$$

内部计算自由度为 0，不能直接判断体系几何组成性质，尚需进一步分析。

（2）分析

先画出基础刚片如图 1.13（b）所示。同时，增加符号 1、2、3。于是

$$[\text{基础}]+2\text{-}G\text{-}3=[\text{更大基础}] \quad（\text{二元体规则}）$$

$$[\text{更大基础}]+[ABC] \xlongequal{(A)、B\text{-}1 \text{ 不共线}} [\text{新}] \quad（\text{两刚片规则}）$$

$$\underbrace{[\text{新}]}_{} + \underbrace{[CDE]}_{} + \underbrace{[EFG]}_{} \xlongequal{(G)、(E)、(C) \text{ 不共线}} [\text{整体}] \quad（\text{三刚片规则}）$$

该体系为无多余约束的几何不变体系。

从本题知，今后可以把基础上增加的二元体直接划入基础刚片，形成如本题的［更大基础］。

【例题 1.4】　试分析图 1.14（a）所示体系的几何组成性质。

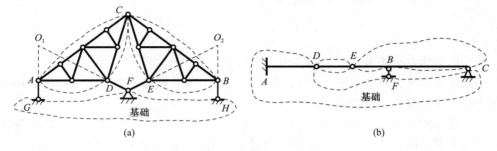

图 1.14

【解】　（1）计算体系的内部计算自由度

体系中 ADC 和 BEC 两个部分均为铰接三角形体系，直接划成刚片。同时，把链杆 AG、DF、EF、BH 看成刚片。由于体系与基础相连，参照坐标系建立在基础上，基础刚片不能计算在刚片数内。于是刚片数 $n=6$，单铰数 $h=9$（注意 F 铰是联结 3 个刚片的复铰），内部计算自由度为

$$D = 6 \times 3 - 9 \times 2 = 0$$

内部计算自由度为 0，不能直接判断体系几何组成性质，尚需进一步分析。

（2）分析

用表达式写出分析过程：

$$\underbrace{[\text{基础}]}_{} + \overbrace{[ADC]}^{\substack{\text{虚}(O_1)\\A\text{-}G+D\text{-}F}} + \underbrace{[BEC]}_{\substack{E\text{-}F+B\text{-}H\\\text{虚}(O_2)}} \overset{\text{虚}(O_1)\text{、虚}(O_2)\text{、}(C)\text{ 不共线}}{=\!=\!=\!=\!=} [\text{整体}]（\text{三刚片规则}）$$

该体系为无多余约束的几何不变体系。

【例题 1.5】　试分析图 1.14（b）所示体系的几何组成性质。

【解】　（1）计算体系的内部计算自由度

体系中，杆 AD 和基础是刚性联结，可直接划成一个刚片［图 1.14（b）］。同时，把杆 DE、EBC 和链杆 BF 看成刚片。由于体系与基础相连，参照坐标系建立在基础上，基础刚片不能计算在刚片数内。于是刚片数 $n=3$，单铰数 $h=5$，故内部计算自由度为

$$D = 3 \times 3 - 5 \times 2 = -1$$

内部计算自由度 <0，说明体系有可能为几何不变体系，且有可能有多余约束，尚需进一步分析。

（2）分析

由观察知，体系中刚片 EBC 和基础刚片之间符合两刚片规则。

$$[\text{基础}]+[EBC]\xrightarrow[\quad(C)、B\text{-}F\quad]{(C)\ \text{和}\ B\text{-}F\ \text{不共线}}[\text{新}]\qquad(\text{两刚片规则})$$

于是，体系又形成两刚片格局，只需不共线的 1 铰 1 链杆就能连成无多余约束的几何不变体系，但此处用了 2 个铰相连：

$$[\text{新}]+[DE]\xrightarrow[\quad(D)、(E)\quad]{}[\text{整个体系}]\cdots1$$

整个体系为几何不变体系，且多余 1 个约束。

一般地，内部计算自由度<0 时，若体系几何不变，则必有多余约束，多余约束的个数等于内部计算自由度绝对值。

本题还可用另一种分析方法：由于杆 DE 只有两个铰与外部相连，可直接看成链杆，体系可看成由 $[EBC]$ 和 $[\text{基础}]$ 两刚片构成，故可用两刚片规则：

$$[\text{基础}]+[EBC]\xrightarrow[\quad(C)、B\text{-}F、D\text{-}E\quad]{\begin{array}{c}(C)\ \text{和}\ B\text{-}F\ \text{不共线}\\ D\text{-}E\ \text{成为多余}\end{array}}[\text{整个体系}]\cdots1$$

注意：因为 (C) 和 $D\text{-}E$ 共线，故不能首先考虑用它们组合来联结两刚片。只有在没有其他联结方式时，才考虑这种组合。

【例题 1.6】 试分析图 1.15（a）所示体系的几何组成性质。

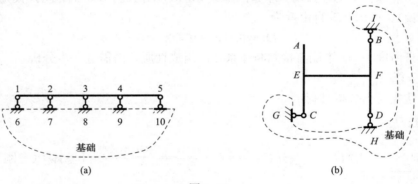

图 1.15

【解】（1）计算体系的内部计算自由度

体系中，杆 $[12345]$ 和基础用 5 根链杆联结，计算自由度时 5 根链杆可看作 5 个刚片。参照坐标系建立在基础上，基础刚片不能算在刚片数内。于是刚片数 $n=6$，单铰数 $h=10$，故内部计算自由度为

$$D=6\times3-10\times2=-2$$

内部计算自由度<0，不能直接判断体系几何组成性质，尚需进一步分析。

（2）分析

体系中除 5 根链杆外，只有 $[12345]$ 和 $[\text{基础}]$ 两个刚片，适用两刚片规则。

$$[\text{基础}]+[123\ 45]\xrightarrow[\quad1\text{-}6,2\text{-}7,3\text{-}8,4\text{-}9,5\text{-}10\quad]{1\text{-}6、2\text{-}7、3\text{-}8、4\text{-}9、5\text{-}10\ \text{等长且全平行}}\{\text{整个体系}\}$$

整个体系为几何可变体系，且为几何恒变体系。由图 1.15（a）可知，该体系的真实自由度 $D=1>0$，必为几何可变体系。从这道题看出：内部计算自由度 <0 的体系仍有可能为几何可变体系。

【**例题 1.7**】　试分析图 1.15（b）所示体系的几何组成性质。

【**解**】　（1）计算体系的内部计算自由度

体系中，杆 AC、BD、EF 通过刚结点 E、F 刚性联结在一起，成为一个刚片，记为 $[ABCD]$。计算自由度时，3 根链杆可看作 3 个刚片。参照坐标系建立在基础上，基础刚片不能计算在刚片数内。于是刚片数 $n=4$，单铰数 $h=6$，故内部计算自由度为

$$D=4\times3-6\times2=0$$

内部计算自由度 $=0$，不能直接判断体系几何组成性质，尚需进一步分析。

（2）分析

体系中除 3 根链杆外，只有 $[ABCD]$ 和 $[基础]$ 两个刚片，适用两刚片规则。

$$[基础]+[ABCD]\underset{C\text{-}G、D\text{-}H、B\text{-}I}{\xrightarrow{\quad C\text{-}G、D\text{-}H、B\text{-}I\ 汇交于\ D\ 点\quad}}\langle整个体系\rangle$$

整个体系为几何可变体系，且为几何瞬变体系。从这道题看出：内部计算自由度 $=0$ 的体系仍有可能为几何可变体系。

本 章 小 结

本章我们学习了几何不变体系（无多余约束和有多余约束）、几何可变体系（恒变和瞬变）的概念；约束个数概念和体系自由度计算；无多余约束几何不变体系的三个组成规则以及对杆件组成的体系做几何组成性质分析的方法。

几何不变体系：在受到任意方向的外力作用或外部干扰时，如果不考虑杆件的弯曲或伸缩变形，整个体系的几何形状或各部分的位置就不发生改变的体系。在平面问题中，几何不变体系又叫刚片。几何不变体系分为无多余约束和有多余约束两类。

几何可变体系：在受到任意方向的外力作用或外部干扰时，即使不考虑杆件的弯曲或伸缩变形，整个体系的几何形状或各部分的位置也会发生改变的体系。几何可变体系分为几何瞬变体系（只是在最初瞬间几何可变，而一旦移动微小距离，就立即成为几何不变体系的体系）和几何恒变体系（体系几何可变的性质不会因体系形状或相对位置的改变而改变，永远几何可变的体系）两类。

几何组成性质：体系是几何不变的或几何可变的特性称为体系的几何组成性质。

几何组成分析：确定一个体系几何组成性质的分析过程。

自由度：体系或其部分在空间中运动的可能方式数目。平面内不受约束的一个点有 2 个自由度，一个杆或一个刚片有 3 个自由度。

1 个约束：能减少体系一个自由度的装置。平面内 1 根链杆是 1 个约束，1 个单铰（只联结 2 个刚片的铰）是 2 个约束，1 个刚性联结是 3 个约束。

虚铰：不公用同一个铰的两根链杆延长线的交点，称为该二链杆的虚铰。

复铰：联结 3 个及以上刚片的铰。联结 n 个刚片的复铰相当于 $n-1$ 个单铰。

计算自由度：设平面体系中所认定的刚片数为 n，联结所认定刚片的单铰数为 h，体系的自由度 D 计算公式：

$$D = n \times 3 - h \times 2$$

把参照坐标系建立在体系中的某刚片上，则该刚片不应计算在刚片数内，算出的自由度为体系除该刚片之外的部分相对于该刚片的自由度，称为内部计算自由度。体系的计算自由度不一定代表体系的真实自由度。

体系自由度与几何组成性质的关系：体系内部计算自由度 >0 是体系几何可变的充分条件，但不是必要条件；内部计算自由度 $\leqslant 0$ 是体系几何不变的必要条件，但不是充分条件。

多余约束：维持体系几何不变所不必要的约束。

几何不变体系的组成规则。

1) 两刚片规则：两刚片规则 1，两刚片用一铰和一链杆相连，只要铰与链杆不共线，则构成无多余约束的几何不变体系；两刚片规则 2，两刚片用三链杆相连，只要三链杆不全平行或汇交于一点，则构成无多余约束的几何不变体系。

2) 三刚片规则：三刚片用三铰两两相连，只要三铰不共线，则构成无多余约束的几何不变体系。

3) 二元体规则：在一个体系中增加或拆除二元体，不会改变原体系的几何组成性质。

体系几何组成分析方法：通过例题学习和解题，几何组成分析方法如下。

1) 依次拆除体系中的二元体，拆除得越多越好。

2) 尽量扩大体系余下部分中的每一刚片（包括基础），扩得越大越好。

3) 计算所得简化体系的内部计算自由度。此时应注意刚片的划分。

4) 若内部计算自由度 >0，则可判断体系为几何可变体系。观察所得简化体系各刚片的关系，分析判断是几何瞬变体系还是几何恒变体系。

5) 若内部计算自由度 $\leqslant 0$，观察所得简化体系各刚片的关系，选择适用规则，分析判断是几何可变体系（进一步确定几何瞬变体系或几何恒变体系）还是几何不变体系（进一步确定有无多余约束），并用表达式表示出来。分析之初，可观察扩大后的基础刚片与上部体系之间的联结是否符合两刚片规则。若符合，则可去掉基础刚片，单独分析上部体系，其几何组成性质就是整体体系的几何组成性质；若不符合，则应将基础刚片连同上部体系一起考虑。

思　考　题

1.1　本章所讨论的"体系"的含义是什么？

1.2　什么是几何不变体系？

1.3　什么是几何可变体系？

1.4　体系的几何组成性质是指什么？什么样的体系才能用作工程结构体系？

1.5　什么是几何组成分析？

1.6　体系自由度的含义是什么？

1.7　约束是如何量化的？在平面内链杆、单铰、固定连接的约束量分别是多少？

1.8 什么是复铰？如何计算复铰的约束量？

1.9 什么是实铰？什么是虚铰？

1.10 什么是内部计算自由度？内部计算自由度与实际自由度有何区别？

1.11 体系内部计算自由度与其几何组成性质的关系是什么？

1.12 什么是体系的多余约束？有多余约束的体系一定几何不变吗？

1.13 两刚片规则有几种形式？试述每种形式两刚片规则的含义。

1.14 试述三刚片规则的含义。三刚片规则能仿两刚片规则变换一下形式吗？

1.15 什么是二元体？试述二元体规则的含义。

1.16 什么是几何瞬变体系？为什么工程结构不能使用几何瞬变体系？

1.17 试述体系几何组成分析方法。

习　题

1.1 试分析确定习题 1.1 图示体系的几何组成性质。

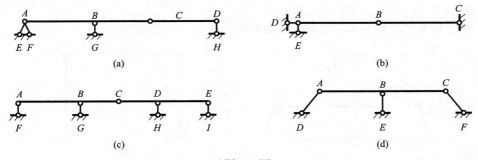

习题 1.1 图

1.2 试分析确定习题 1.2 图示体系的几何组成性质。

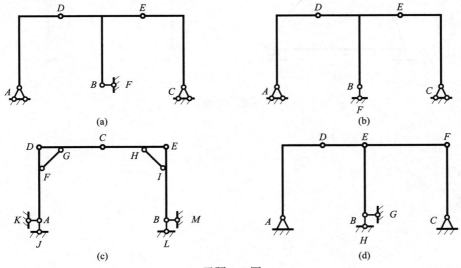

习题 1.2 图

1.3 试分析确定习题 1.3 图示体系的几何组成性质。

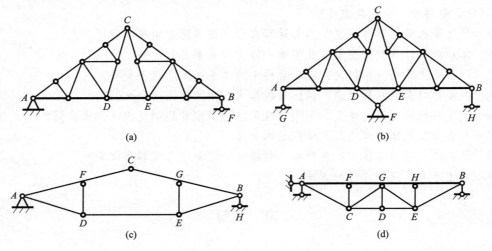

(a)　　　　　　　　　　　　　(b)

(c)　　　　　　　　　　　　　(d)

习题 1.3 图

1.4 试分析确定习题 1.4 图示体系的几何组成性质。

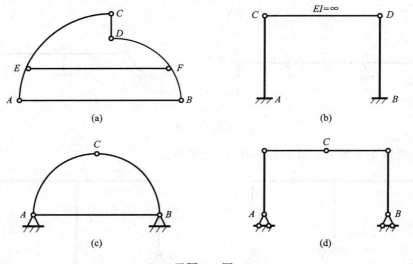

(a)　　　　　　　　　　　　　(b)

(c)　　　　　　　　　　　　　(d)

习题 1.4 图

第2章

静定结构内力计算

学习指引☞ 本章讨论工程上常见静定结构（多跨静定梁、静定斜梁、静定平面刚架、静定平面桁架、三铰拱及静定平面组合结构）的内力计算方法、步骤和技巧，为分析实际工程结构和学习超静定结构计算方法打下基础。

2.1 多跨静定梁及静定斜梁的内力计算

2.1.1 多跨静定梁的内力计算

所谓多跨静定梁是指由两根及以上的单梁铰接在一起并与其"基础"联结成的无多余约束的几何不变体系，如图 2.1 所示。其中"基础"是指支承多跨静定梁的结构，可能是桥墩、建筑基础，也可能是屋架等。由于多跨静定梁是用若干较短的梁拼接起来跨越多个跨度较大空间的结构，建造和计算都比较简单，因此在桥梁和房屋楼面梁中得到广泛的应用。工程中常见的单悬臂梁桥便属于典型的多跨静定梁，如图 2.2 所示。

多跨静定梁可以分解为基本部分和附属部分。所谓基本部分，就是建造时可以直接支承在"基础"之上的部分，如图 2.1（a）中 AC 部分，图 2.1（b）中 EABF、GCDH 部分，图 2.1（c）中 AD、EBC 部分及图 2.1（d）中各跨都属于基本部分。所谓附属部分，就是必须依附基本部分才能支承住的部分，如图 2.1（a）中 CDE、EF 部分，图 2.1（b）中 FG 部分及图 2.1（c）中 DE 部分都属于附属部分。附属部分又分为低层次附属部分和高层次附属部分，低层次附属部分是高层次附属部分的"基础"，高层次附属部分总是依附于低层次附属部分而存在，如图2.1（a）中附属部分 CDE 比附属部分 EF 层次低。建造多跨静定梁时，总是先建基本部分，再建层次较低的附属部分，后建层次较高的附属部分。层次越高的附属部分越后建。

多跨静定梁承受荷载时的传力路径为：层次较高的附属部分往层次较低的附属部分传力，附属部分往基本部分传力。因此，分析计算多跨静定梁时，应先计算层次较高的附属部分，再计算层次较低的附属部分，最后计算基本部分，即逆着多跨静定梁的建造顺序计算。通常，每一层次就是一个单跨静定梁。所以多跨静定梁的计算实际上是计算单跨静定梁。

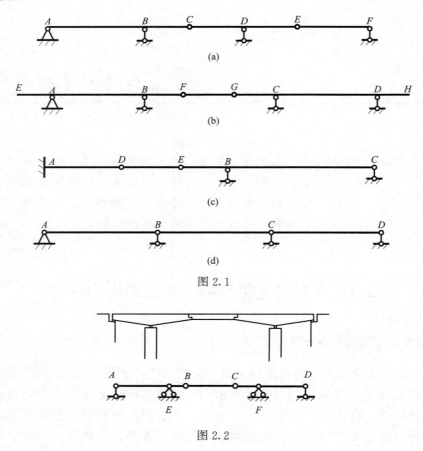

图 2.1

图 2.2

【例题 2.1】　试计算图 2.3（a）所示多跨静定梁的内力并作出内力图。

例题 2.1 视频讲解

【解】　分析图 2.3（a）中多跨静定梁的结构构造可知，AC 是基本部分，CDE 是低层附属部分，EF 是最高层次附属部分。因此，计算时应首先计算 EF 部分，再计算 CDE 部分，最后计算 AC 部分。由于没有与杆轴斜交的所谓"倾斜荷载"，故根据区段叠加法，每一梁段都等效于一个简支梁。于是，按照简支梁的计算方法，可计算出每一层次"等效简支梁"的支座反力，如图 2.3（b）所示。据此计算结果，进而可作出每一"等效简支梁"的剪力图和弯矩图，将各"等效简支梁"的剪力图和弯矩图画在原多跨静定梁轴线上，即为原多跨静定梁的剪力图［图 2.3（c）］和弯矩图［图2.3（d）］。

由本题可知，多跨静定梁的内力计算实质上并非新方法，只不过要掌握其解题思路和要领。关键是确定出其构造层次，然后用"等效简支梁"方法解决计算问题。

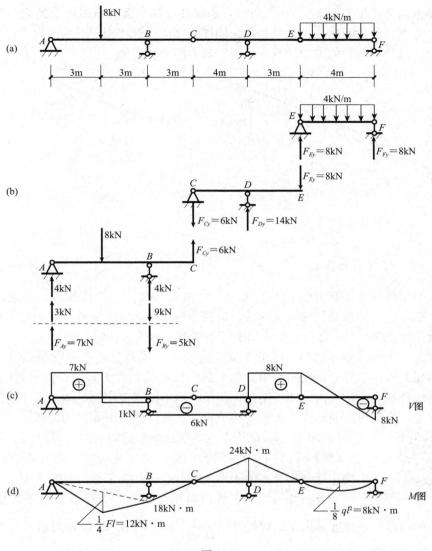

图 2.3

2.1.2　静定斜梁的内力计算

斜梁在工程中较常见。这里主要讨论单跨静定斜梁的内力计算。

1. 静定斜梁的内力形式

单跨静定斜梁的支座反力如图 2.4 所示。用截面法截取梁 C 截面以下部分 [图 2.4（b）] 分析，支座反力 $\boldsymbol{F}_{Ay}$ 可分解为沿梁轴线及其垂直方向的分力 $\boldsymbol{F}_{Ay}\sin\theta$ 和 $\boldsymbol{F}_{Ay}\cos\theta$。因 $\boldsymbol{F}_{Ay}\sin\theta$ 的存在，梁横截面会产生轴力 $\boldsymbol{N}_C=-\boldsymbol{F}_{Ay}\sin\theta$（负号表示轴力为压力）；因 $\boldsymbol{F}_{Ay}\cos\theta$ 的存在，梁横截面会产生剪力 $\boldsymbol{V}_C=\boldsymbol{F}_{Ay}\cos\theta$；因分力 $\boldsymbol{F}_{Ay}\cos\theta$ 与剪力 $\boldsymbol{V}_C$ 形成力

偶，梁横截面会产生弯矩 M_C。由此可知：**斜梁在竖向荷载下横截面上的内力形式一般有三种：弯矩、剪力和轴力。** 也就是说，同样在竖向荷载作用下，它的内力比平梁的多一个轴力。因此，斜梁的内力图有弯矩图、剪力图和轴力图。

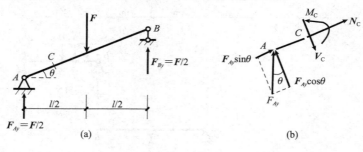

图 2.4

2. 静定斜梁的内力计算与内力图

静定斜梁的内力计算方法与平梁相同，仍为截面法。一般步骤为：①求出支座反力；②沿欲求内力的截面把梁切成两段，取受力较简单的一段分析，画出受力图（未知内力要画三种：弯矩、剪力和轴力）；③列平衡方程，解得未知内力的大小。

斜梁的内力图绘制方法与平梁的相同。关键是将梁划分成有分布荷载段和无荷载段，然后建立坐标系并分段列出内力方程，最后以梁的轴线为基线，作出梁的内力图。也可用区段叠加的方法作内力图。不过，斜梁的内力图仍要把表示内力大小的线画成与梁轴线垂直。这就导致表示内力大小的线不再在竖直方向。下面举例说明。

例题 2.2视频讲解

【例题 2.2】 试作图 2.5 所示斜梁的内力图。

【解】 此题有两项均布荷载，必须先合成。通常把沿斜梁分布的均布荷载换算成沿水平跨度分布的均布荷载计算较方便。

按合力相等原则，将沿斜梁分布的均布荷载集度换算成沿水平跨度分布的均布荷载集度：由于斜梁长度为 $\dfrac{4}{\cos30°}=4.62\mathrm{m}$，故换算成沿水平跨度分布的均布荷载集度为

$$\frac{q_1 \times 4.62}{4} = \frac{9.24}{4} = 2.31(\mathrm{kN/m})$$

两项均布荷载合成结果为

$$q = 4 + 2.31 = 6.31(\mathrm{kN/m})$$

合成后的均布荷载如图 2.5（a）中虚线所示。

于是可求出梁的支座反力为

$$F_{Ay} = F_{By} = (6.31 \times 4) \div 2 = 12.62(\mathrm{kN})(\uparrow)$$

为了求内力方程，以 A 点为原点，水平线为 x 轴建立坐标系如图 2.5（a）所示，沿梁的 X 截面截取 AX 段分析，受力图如图 2.5（b）所示，则

$$\sum M_x = 0 \qquad M(x) + F_q \times \frac{x}{2} - F_{Ay} \times x = 0$$

解得

$$M(x) = F_{Ay}x - F_q \times \frac{x}{2} = 12.62x - 3.16x^2$$

$$\sum F_t = 0 \qquad -V(x) + F_{Ay}\cos\theta - F_q\cos\theta = 0$$

解得

$$V(x) = (F_{Ay} - F_q)\cos\theta = 10.93 - 5.46x$$

$$\sum F_n = 0 \qquad N(x) + F_{Ay}\sin\theta - F_q\sin\theta = 0$$

解得

$$N(x) = (F_q - F_{Ay})\sin\theta = 3.16x - 6.31$$

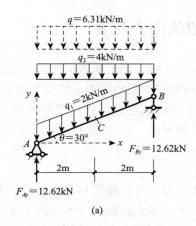

(a)

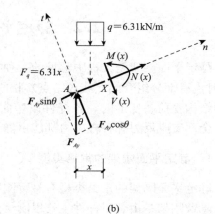

(b)

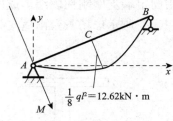

(c) *M* 图

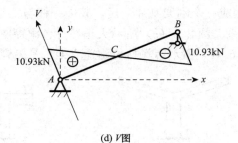

(d) *V* 图

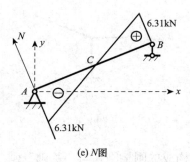

(e) *N* 图

图 2.5

在坐标系中，以梁轴线为基线，垂直于梁轴方向的坐标表示内力大小，按照所得内力方程，即可绘制出斜梁的弯矩图、剪力图和轴力图［图 2.5（c）、（d）、（e）］。

从本题可知，斜梁在沿水平跨度均匀分布的荷载作用下，支座反力和弯矩都与跨度和荷载均相同的平梁相等，弯矩极值仍位于跨中截面，对于简支斜梁也为 $\frac{1}{8}ql^2$。可以证明，斜梁在其他形式竖向荷载作用下，其弯矩也与相应平梁存在着对应相等的关系。正因为如此，工程上计算斜梁在竖向荷载作用下的内力时，常用跨度和荷载均相同的平梁代替以简化计算。这种平梁称为斜梁的代梁。至于此时斜梁剪力和轴力，由上题结果推广可得：斜梁横截面的剪力等于代梁对应横截面剪力乘以斜梁倾角的余弦，轴力等于代梁对应横截面剪力乘以斜梁倾角的正弦。

2.2 静定平面刚架的内力计算

静定平面刚架是工程中常见的一种**杆件结构**。其构造特点是若干杆件主要以刚结点（有时也有部分组合结点或铰结点）相联结且各杆轴线共面的无多余约束几何不变体系。这种结构受荷载变形时，各杆件以弯曲变形为主，刚结点上各杆件之间的夹角保持不变，全部支座反力和各杆内力都能由静力平衡方程解出。

2.2.1 静定平面刚架的常见类型

静定平面刚架的常见类型有悬臂刚架、简支刚架、三铰刚架和多跨静定刚架。

悬臂刚架是由若干杆件主要以刚结点连成一个无多余约束几何不变的平面刚架体系（即构成一个刚架刚片）后，其中一杆与"基础"刚片用固定端支座刚性联结形成的结构体系。图 2.6（a）所示火车站月台雨篷支架、图 2.6（b）所示球场看台雨篷支架和图 2.6（c）所示市场摊位雨篷支架都是悬臂刚架。

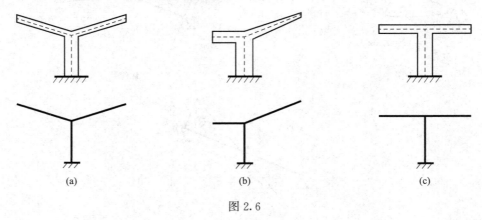

(a)　　　　　　　　　(b)　　　　　　　　　(c)

图 2.6

简支刚架则是由杆件所构成的刚架刚片与"基础"刚片按两刚片规则以一固定铰支座和一可动铰支座相连而成的结构体系，如图 2.7 所示。

三铰刚架是两刚架刚片与"基础"刚片按三刚片规则以三个不共线的铰两两相连而

成的结构体系，如图 2.8（a）、（b）所示。

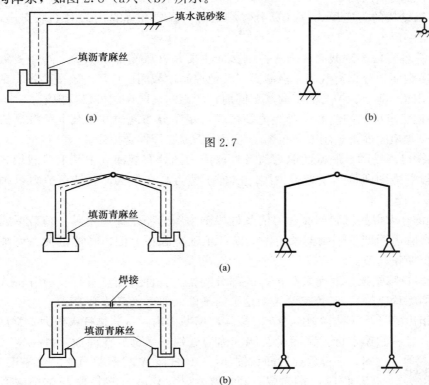

图 2.7

图 2.8

多跨静定刚架则是以刚架为主要部件构成的多跨静定结构。桥梁工程中常见的 T 形刚构桥的计算简图即为多跨静定刚架，如图 2.9 所示。

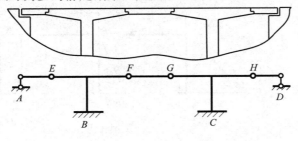

图 2.9

2.2.2 静定平面刚架的内力计算

平面刚架杆件横截面上的内力一般有三种：弯矩 M、剪力 V 和轴力 N。由于我们讨论的是静定结构，因此其支座反力和内力都可由静力平衡方程全部求解出来。同前面一样，内力计算的成果是绘制出刚架结构的内力图，即绘出刚架的弯矩图、剪力图和轴力图。

静定平面刚架的内力计算的步骤如下。

1）求出结构的支座反力（计算悬臂刚架时，只要在计算内力时不取支座端分析，就可不求支座反力）。

2）计算各杆段控制截面内力。控制截面主要是杆段端部横截面、跨中横截面、集中力作用横截面、分布荷载起止横截面或其他控制横截面。计算时，受力图上的未知内力应画为正向。剪力、轴力的正向规定同前，弯矩的正向在此可自行规定。

3）根据已求出的控制截面弯矩值及杆段弯矩图分布规律（由其上荷载形式决定），作出各杆段弯矩图即得到刚架弯矩图。弯矩图仍画在杆件受拉侧。

4）根据已求得的控制截面剪力值及杆段剪力图分布规律（由其上荷载形式决定），作出各杆段剪力图即得到刚架剪力图。横杆正剪力画在上侧，竖杆正剪力可画在任一侧，但应标明正、负。

5）根据已求得的控制截面轴力值及杆段轴力图分布规律（由其上荷载形式决定），作出各杆段轴力图即得到刚架轴力图。横杆正轴力画在上侧，竖杆正轴力可画在任一侧，但应标明正、负。

6）校核计算结果。取尚未分析过的部分刚架、杆件或结点进行受力分析（此时所有外力、内力均已知），验算其是否满足平衡条件，即可核算结果正误。

值得指出的是，在结构力学中，杆段端部横截面内力（简称**杆端内力**）常用杆段两端的两个字母一起作下标：截面所在端（称为**近端**）字母放在前面，另一端（称为**远端**）字母放在后面。例如，AB 杆段 A 端横截面上的弯矩记为 M_{AB}，CD 杆段 C 端横截面上的剪力记为 V_{CD}，EF 杆段 E 端横截面上的轴力记为 N_{EF}。

例题 2.3 视频讲解

下面通过例题来说明静定平面刚架内力的计算及内力图的做法。

【例题 2.3】 试绘出图 2.10 所示悬臂刚架的内力图。

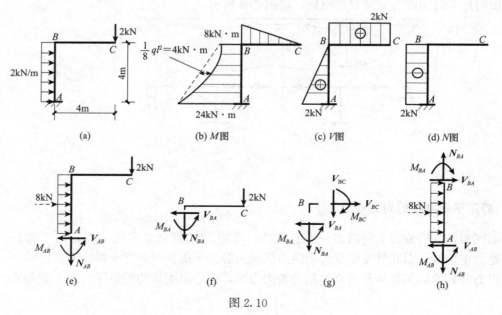

图 2.10

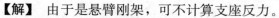

【解】　由于是悬臂刚架，可不计算支座反力。

（1）计算控制截面内力

取整个刚架分析，如图 2.10（e）所示，则

$$\sum F_x = 0 \qquad -V_{AB} + 8 = 0$$

$$\sum F_y = 0 \qquad -N_{AB} - 2 = 0$$

$$\sum M_A = 0 \qquad M_{AB} - 8 \times 2 - 2 \times 4 = 0$$

解得

$$V_{AB} = 8\text{kN}, \quad N_{AB} = -2\text{kN（压）}, \quad M_{AB} = 24\text{kN·m（外侧受拉）}$$

取 BC 部分分析，如图 2.10（f）所示，则

$$\sum F_x = 0 \qquad V_{BA} = 0$$

$$\sum F_y = 0 \qquad -N_{BA} - 2 = 0$$

$$\sum M_B = 0 \qquad M_{BA} - 2 \times 4 = 0$$

解得

$$V_{BA} = 0, \quad N_{BA} = -2\text{kN（压）}, \quad M_{BA} = 8\text{kN·m（外侧受拉）}$$

取结点 B 分析，如图 2.10（g）所示，则

$$\sum F_x = 0 \qquad N_{BC} - V_{BA} = 0$$

$$\sum F_y = 0 \qquad -N_{BA} - V_{BC} = 0$$

$$\sum M_B = 0 \qquad M_{BA} - M_{BC} = 0$$

解得

$$N_{BC} = 0, \quad V_{BC} = 2\text{kN}, \quad M_{BC} = 8\text{kN·m}$$

（2）作内力图

1）作弯矩图。AB 段受**均布线荷载**，弯矩图为抛物线。可在 M_{AB} 与 M_{BA} 构成的斜线图上向右叠加一相应简支梁受均布线荷载的抛物线而成，如图 2.10（b）所示。BC 段**无荷载**（集中力 2kN 不能计入 BC 段荷载），弯矩图为斜直线。标出 $M_{BC} = 8\text{kN·m}$（外侧受力），$M_{CB} = 0$，连线即成。全刚架的弯矩图如图 2.10（b）所示。

2）作剪力图。AB 段受均布线荷载，剪力图为斜直线。标出 V_{AB} 和 V_{BA}，连线即成。BC 段无荷载，剪力大小不变，据 V_{BC} 即可作出。全刚架剪力图如图 2.10（c）所示。

3）作轴力图。刚架两杆段均无**与杆轴斜交的分布荷载**，故轴力图均为杆轴平行线。在 AB 段标出 $N_{AB} = -2\text{kN}$ 之后，作杆轴平行线即得该段轴力图。BC 段因 $N_{BC} = 0$，故该段无轴力。全刚架轴力图如图 2.10（d）所示。

（3）结果校核

取尚未分析过的 AB 段分析，画出受力图如图 2.10（h）所示。此时其上荷载、内力都已知。

$$\sum F_x = -V_{AB} + 2 \times 4 + V_{BA} = -8 + 8 + 0 = 0$$

$$\sum F_y = -N_{AB} + N_{BA} = -(-2) + (-2) = 0$$

$$\sum M_A = -V_{BA} \times 4 - 8 \times 2 + M_{AB} - M_{BA}$$

$$= 0 \times 4 - 8 \times 2 + 24 - 8 = 0$$

由此知计算结果无误。

【例题 2.4】　计算图 2.11 所示简支刚架的内力并作出内力图。

【解】　由于是简支刚架，应先求出支座反力，再计算杆件控制截面内力。

（1）求支座反力

由刚架的整体平衡，求出支座反力，如图 2.11（a）所示（图中支座反力均为真实方向）。

（2）计算控制截面内力

全刚架的各控制截面内力计算如下：

1）取杆段 AE 分析，受力图如图 2.11（k）所示，则

$$\sum F_x = 0 \qquad V_{EA} - F_{Ax} = 0$$

$$\sum F_y = 0 \qquad N_{EA} + F_{Ay} = 0$$

$$\sum M_E = 0 \qquad M_{EA} - F_{Ax} \times 2 = 0$$

解得

$$V_{EA} = 9\text{kN}, \quad N_{EA} = -6\text{kN（压）}, \quad M_{EA} = 18\text{kN} \cdot \text{m（右侧受拉）}$$

2）取杆段 EC 段分析，如图 2.11（h）所示，则

$$\sum F_x = 0 \qquad V_{CE} - V_{EA} + 9 = 0$$

$$\sum F_y = 0 \qquad N_{CE} - N_{EA} = 0$$

$$\sum M_C = 0 \qquad M_{CE} + 9 \times 2 - V_{EA} \times 2 - M_{EA} = 0$$

解得

$$V_{CE} = 0, \quad N_{CE} = -6\text{kN（压）}, \quad M_{CE} = 18\text{kN} \cdot \text{m（左侧受拉）}$$

3）取结点 C 分析，如图 2.11（e）所示，则

$$\sum F_x = 0 \qquad N_{CD} - V_{CE} = 0$$

$$\sum F_y = 0 \qquad -N_{CE} - V_{CD} = 0$$

$$\sum M_C = 0 \qquad M_{CD} - M_{CE} = 0$$

解得

$$N_{CD} = 0, \quad V_{CD} = 6\text{kN}, \quad M_{CD} = 18\text{kN} \cdot \text{m（下侧受拉）}$$

4）取杆段 BH 分析，受力图如图 2.11（m）所示，则

$$\sum F_x = 0 \qquad V_{HB} = 0$$

$$\sum F_y = 0 \qquad N_{HB} + R_B = 0$$

$$\sum M_H = 0 \qquad -M_{HB} = 0$$

解得

$$V_{HB} = 0, \quad N_{HB} = -6\text{kN(压)}, \quad M_{HB} = 0$$

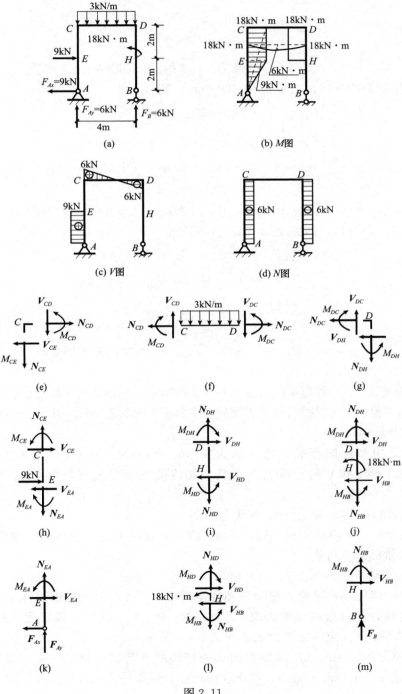

图 2.11

5）取 H 点分析，受力图如图 2.11（l）所示，则

$$\sum F_x = 0 \qquad V_{HD} - V_{HB} = 0$$

$$\sum F_y = 0 \qquad N_{HD} - N_{HB} = 0$$

$$\sum M_H = 0 \qquad M_{HB} + 18 - M_{HD} = 0$$

解得

$$V_{HD} = 0, \quad N_{HD} = -6\text{kN}(\text{压}), \quad M_{HD} = 18\text{kN} \cdot \text{m}(\text{左侧受拉})$$

6）取杆段 HD 分析，如图 2.11（i）所示，则

$$\sum F_x = 0 \qquad V_{DH} - V_{HD} = 0$$

$$\sum F_y = 0 \qquad N_{DH} - N_{HD} = 0$$

$$\sum M_D = 0 \qquad -M_{DH} - V_{HD} \times 2 + M_{HD} = 0$$

解得

$$V_{DH} = 0, \quad N_{DH} = -6\text{kN}(\text{压}), \quad M_{DH} = 18\text{kN} \cdot \text{m}(\text{左侧受拉})$$

7）取结点 D 分析，如图 2.11（g）所示，则

$$\sum F_x = 0 \qquad -N_{DC} - V_{DH} = 0$$

$$\sum F_y = 0 \qquad V_{DC} - N_{DH} = 0$$

$$\sum M_D = 0 \qquad M_{DH} - M_{DC} = 0$$

解得

$$N_{DC} = 0, \quad V_{DC} = -6\text{kN}, \quad M_{DC} = 18\text{kN} \cdot \text{m}(\text{下侧受拉})$$

（3）作内力图

1）作弯矩图。AC 段弯矩图为在 $M_{AC} = 0$ 和 $M_{CE} = 18\text{kN} \cdot \text{m}$（右侧受拉）连成的三角形上叠加一相应简支梁受与杆轴正交的跨中集中力时的弯矩图（也可分别画出 AE 段和 EC 段的弯矩图）。

CD 段受均布横向荷载，弯矩图为在 $M_{CD} = 18\text{kN} \cdot \text{m}$（下侧受拉）和 $M_{DC} = 18\text{kN} \cdot \text{m}$（下侧受拉）的连线上向下叠加相应简支梁受竖向均布荷载时的弯矩图（抛物线）。

HB 段，$M_{BH} = 0$，$M_{HB} = 0$，故无弯矩图。

HD 段，$M_{HD} = 18\text{kN} \cdot \text{m}$，$M_{DH} = 18\text{kN} \cdot \text{m}$，在图上点出此两点，连线即可。显然，它是杆轴线的平行线。

全刚架的弯矩图如图 2.11（b）所示。

2）作剪力图。AE 段剪力图为杆轴线平行线，由 $V_{EA} = 9\text{kN}$ 即可作出，CD 段剪力图为斜直线，由杆段端部剪力值 $V_{CD} = 6\text{kN}$、$V_{DC} = -6\text{kN}$ 连线即成。EC、BD 段无剪力，即不受剪。全刚架剪力图如图 2.11（c）所示。

3）作轴力图。AC、BD 段轴力图均为杆轴线平行线，由 $N_{EA} = -6\text{kN}$、$N_{DH} = -6\text{kN}$ 即可作出。CD 段无轴力，即不受拉压。全刚架轴力图如图 2.11（d）所示。

（4）结果校核

取尚未用过的杆 CD 段分析，画出受力图如图 2.11（f）所示。此时其上荷载、内力都已知。

$$\sum F_x = -N_{CD} + N_{DC} = -0 + 0 = 0$$

$$\sum F_y = V_{CD} - 3 \times 4 - V_{DC} = 6 - 12 - (-6) = 0$$

$$\sum M_C = -V_{DC} \times 4 - (3 \times 4) \times 2 + M_{DC} - M_{CD}$$

$$= -(-6) \times 4 - 12 \times 2 + 18 - 18 = 0$$

由此知计算结果无误。

【例题 2.5】　试计算图 2.12 所示三铰刚架的内力。

【解】　三铰刚架也应先计算出支座反力，再计算控制截面内力。

（1）求支座反力

三铰刚架的支座反力分成两步计算。

1）取刚架整体分析，如图 2.12（a）所示，则

$$\sum M_B = 0 \qquad -F_{Ay} \times 8 + (20 \times 4) \times 6 = 0 \qquad \text{(a)}$$

$$\sum F_y = 0 \qquad F_{Ay} + F_{By} - 20 \times 4 = 0 \qquad \text{(b)}$$

$$\sum F_x = 0 \qquad F_{Ax} - F_{Bx} = 0 \qquad \text{(c)}$$

由式（a）、式（b）解得

$$F_{Ay} = 60\text{kN}(\uparrow), \quad F_{By} = 20\text{kN}(\uparrow)$$

2）取 CEB 段分析，如图 2.12（b）所示，则

$$\sum M_C = 0 \qquad -F_{Bx} \times 8 + F_{By} \times 4 = 0$$

解得

$$F_{Bx} = 10\text{kN}(\leftarrow)$$

将 F_{Bx} 值代入式（c）得

$$F_{Ax} = 10\text{kN}(\rightarrow)$$

（2）计算控制截面内力值

将刚架划分为图 2.12（f）所示结点和杆段，并画出受力图。

1）取结点 A 分析。

$$\sum M_A = 0 \qquad M_{AD} = 0$$

$$\sum F_x = 0 \qquad V_{AD} + F_{Ax} = 0$$

$$\sum F_y = 0 \qquad N_{AD} + F_{Ay} = 0$$

解得

$$V_{AD} = -10\text{kN}, \quad N_{AD} = -60\text{kN}, \quad M_{AD} = 0$$

2）取 AD 段分析。

$$\sum F_x = 0 \qquad V_{DA} - V_{AD} = 0$$

$$\sum F_y = 0 \qquad N_{DA} - N_{AD} = 0$$

$$\sum M_D = 0 \qquad M_{DA} + M_{AD} - V_{AD} \times 8 = 0$$

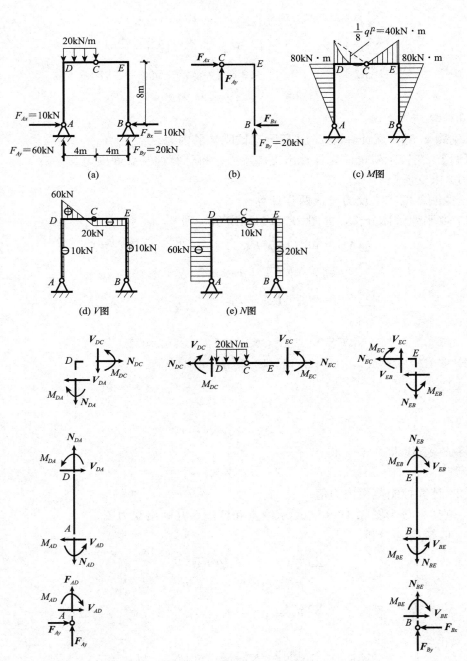

(a)　　　　　　　　　(b)　　　　　　　　(c) M图

(d) V图　　　　　　　　(e) N图

(f) 各结点与杆段受力图

图 2.12

解得

$$V_{DA} = -10\text{kN}, \quad N_{DA} = -60\text{kN(压)}, \quad M_{DA} = -80\text{kN} \cdot \text{m(外侧受拉)}$$

3）取结点 *D* 分析。

$$\sum F_x = 0 \qquad N_{DC} - V_{DA} = 0$$

$$\sum F_y = 0 \qquad -V_{DC} - N_{DA} = 0$$

$$\sum M_D = 0 \qquad M_{DC} - M_{DA} = 0$$

解得

$$N_{DC} = -10\text{kN(压)}, \quad V_{DC} = 60\text{kN}, \quad M_{DC} = -80\text{kN} \cdot \text{m(上侧受拉)}$$

4）取 *DE* 段分析。

$$\sum F_x = 0 \qquad N_{EC} - N_{DC} = 0$$

$$\sum F_y = 0 \qquad V_{DC} - 20 \times 4 - V_{EC} = 0$$

$$\sum M_D = 0 \qquad M_{EC} - V_{EC} \times 8 - 20 \times 4 \times 2 - M_{DC} = 0$$

解得

$$N_{EC} = -10\text{kN(压)}, \quad V_{EC} = -20\text{kN}, \quad M_{EC} = -80\text{kN} \cdot \text{m(上侧受拉)}$$

5）取结点 *E* 分析。

$$\sum F_x = 0 \qquad -V_{EB} - N_{EC} = 0$$

$$\sum F_y = 0 \qquad -N_{EB} + V_{EC} = 0$$

$$\sum M_E = 0 \qquad M_{EB} - M_{EC} = 0$$

解得

$$V_{EB} = 10\text{kN}, \quad N_{EB} = -20\text{kN(压)}, \quad M_{EB} = -80\text{kN} \cdot \text{m(右侧受拉)}$$

6）取结点 *B* 分析。

$$\sum F_x = 0 \qquad V_{BE} - F_{Bx} = 0$$

$$\sum F_y = 0 \qquad N_{BE} + F_{By} = 0$$

$$\sum M_B = 0 \qquad -M_{BE} = 0$$

解得

$$V_{BE} = 10\text{kN}, \quad N_{BE} = -20\text{kN(压)}, \quad M_{BE} = 0$$

（3）作内力图

1）弯矩图。*AD*、*BE*、*EC* 三杆段均为无荷载段，弯矩图为斜直线，故由杆段端弯矩 M_{AD}、M_{DA}、M_{BE}、M_{EB}、M_{EC} 值和 $M_{CE} = 0$ 可直接作出。*DC* 杆段有向下均布线荷载，其弯矩图为在杆段端弯矩连成的斜线图上叠加相应简支梁在此均布线荷载作用下的弯矩抛物线，其杆段"跨"中横截面弯矩为 $M_{中} = \frac{1}{8}ql^2 - \frac{1}{2} \times 80 = \frac{1}{8} \times 20 \times 4^2 - 40 = 0$。由此可作出该段弯矩图。全刚架弯矩图如图 2.12（c）所示。

2）剪力图。*AD*、*BE*、*CE* 的剪力图均为与杆轴线平行的矩形。由 V_{DA}、V_{BE} 和

V_{EC} 即可作出此三杆段的剪力图。DC 段剪力图为斜直线，由 V_{DA} 和 V_{CE}（已在 CE 段剪力图中作出）连线即可。全刚架剪力图如图 2.12（d）所示。

3）轴力图。AD、DE、BE 三杆段上均无斜向分布荷载，故轴力图均为杆轴线平行的矩形，由 N_{AD}、N_{DC}、N_{BE} 即可作出。全刚架轴力图如图 2.12（e）所示。

（4）结果校核

杆段 BE 的平衡条件未使用，可作为校核计算结果的依据：

$$\sum F_x = V_{Ex} - V_{BE} = 10 - 10 = 0$$

$$\sum F_y = N_{EB} - N_{BE} = -20 - (-20) = 0$$

$$\sum M_E = M_{BE} - M_{EB} - V_{BE} \times 8 = 0 - (-80) - 10 \times 8 = 0$$

可见计算结果是正确的。

也可用 DE 段受力图中 C 截面以右的力计算 $M_{CE} = M_{EC} - V_{EC} \times 4 = 80 - 20 \times 4 = 0$，与 C 截面为铰的事实吻合，说明前面结果正确。

2.3 三铰拱的内力计算

2.3.1 与拱结构有关的概念

拱结构是土木工程中经常见到的结构形式。图 2.13 为工程中常见的拱结构。拱结构有两大特点：①构造特点是含有拱形曲杆；②受力特点是在竖向荷载作用下会产生水平反力。这两大特点缺一便不是拱结构。工程上常将拱在竖向荷载作用下产生的水平反力叫作水平推力，简称推力（如图 2.13 中的 F_{Ax}、F_{Bx}，当 $F_{Ax} = F_{Bx}$ 时也常用 F_P 统一表示）。图 2.13（a）为三铰拱，是无多余约束的几何不变体系，为静定结构。图 2.13（b）为两铰拱，是有一个多余约束的几何不变体系，故为一次超静定结构。图 2.13（c）为无铰拱，是有三个多余约束的几何不变体系，故为三次超静定结构。本节我们只讨论静定结构三铰拱。拱结构的最高点称为**拱顶**，曲杆为**拱身**，支座联结处称为**拱趾**（或拱脚）。两支座的水平距离称为**拱跨**。拱顶到两拱趾连线的垂直距离 f 称为**拱高**（或矢高）。拱高与拱跨之比称为拱的**高跨比**（或矢跨比）。拱的高跨比对拱的主要受力性能影响很大。

图 2.14（a）所示结构含有拱形曲杆，但由于它在竖向荷载作用下不会产生水平反力——推力，从而不能归入拱结构之列，而只能称之为**曲梁**。

图 2.14（b）为带拉杆的装配式钢筋混凝土三铰拱屋架实例。其中吊杆是用来减少拉杆挠度的，分析计算时可忽略其作用。拉杆是二力杆，用来抵抗支座处水平推力。正因为有拉杆，所以这种拱支座约束可少一个。其计算简图如图 2.14（c）所示，称为**简支拉杆拱**。形状和高跨比均相同的简支拉杆拱拱身的受力性能与无拉杆的三铰拱拱身受力性能是相同的。

拱结构在桥梁中有广泛应用。在桥梁工程中，拱身又称为主拱圈，桥面系通过传

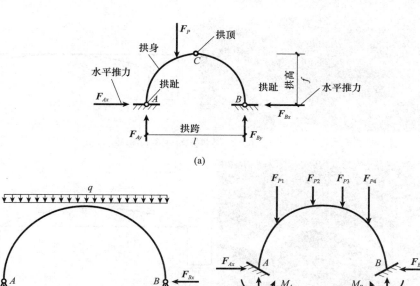

图 2.13

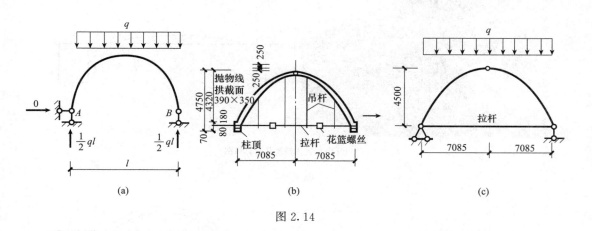

图 2.14

力构件将竖向荷载传递给主拱圈，主拱圈在竖向荷载作用下将产生水平推力，通常由桥墩和桥台承受水平推力，同时墩台提供的水平反力将大大抵消在拱内的弯矩，使得拱以受压为主。根据桥面系在拱桥中的位置，可以将拱桥分为上承式拱桥、下承式拱桥及中承式拱桥（图 2.15）。桥面系位于上部结构上部的桥梁，则称为上承式拱桥；桥面系位于上部结构中部的桥梁称为中承式拱桥；桥面系位于上部桥梁下部的桥梁，则称为下承式拱桥。

对于地质条件欠佳无法承受较大水平推力的地方，可以采取一定的措施不让拱脚的水平推力传递给桥台。常用拱式组合体系桥来实现无推力拱桥，其中系杆拱与飞雁拱两种形式应用最广泛，如图 2.16 所示。

(a) 上承式拱桥及其计算简图

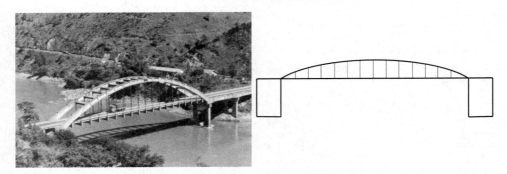

(b) 下承式拱桥及其计算简图

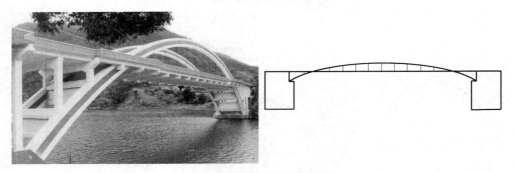

(c) 中承式拱桥及其计算简图

图 2.15

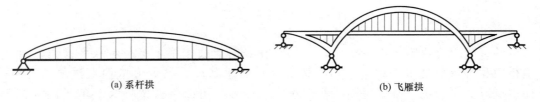

(a) 系杆拱　　　　　　　　　　(b) 飞雁拱

图 2.16

　　系杆拱相当于在简支梁上设置加强拱，梁拱端结点刚结，其间布置吊杆，通过调整吊杆张拉力，可使纵梁的受力状态处于最有利状态。系杆拱能依靠拱脚之间的系杆来承担水平推力。

　　飞雁拱由两个半拱与中间简支梁拱相组合，一般根据连续梁的弯矩图来布置加劲梁的拱肋（主拱圈的骨架称为拱肋），在负弯矩区用桥面以下两组拱腿来加强，在中跨正弯矩区用一组拱肋来加强，连续梁不仅承担弯矩、剪力，而且还需以轴向拉力来平衡拱的水平推力，可在两个半拱端张拉预应力以抵消一部分水平推力。

拱桥形式多种多样，有的属于静定结构，有的属于超静定结构，根据拱的形式不同其计算方法也不相同。本节主要介绍静定拱——三铰拱的计算。

2.3.2 三铰拱的内力计算

以图 2.17（a）所示三铰拱为例来讨论三铰拱的计算，并与图 2.17（c）所示的同跨同荷简支梁（称为三铰拱的**代梁**）对比。

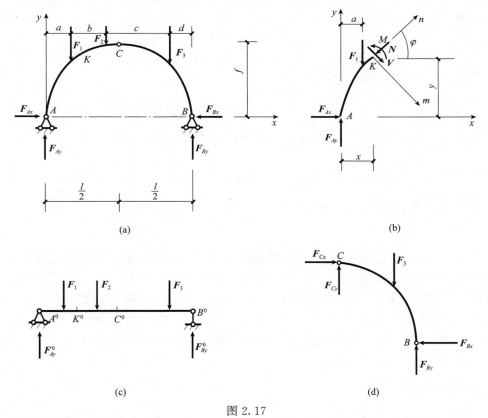

图 2.17

1. 支座反力的计算

三铰拱的支座反力计算可先取整体分析，如图 2.17（a）所示，由其平衡方程解得

$$F_{Ay} = \frac{F_1(b+c+d) + F_2(c+d) + F_3 d}{l} \tag{2.1}$$

$$F_{By} = \frac{F_1 a + F_2(a+b) + F_3(a+b+c)}{l} \tag{2.2}$$

$$F_{Ax} = F_{Bx} \tag{2.3}$$

然后再取半拱分析，如图 2.17（d）所示，可得

$$F_{Bx} = \frac{F_{By} \cdot \dfrac{l}{2} - F_3\left(\dfrac{l}{2} - d\right)}{f} \tag{2.4}$$

故

$$F_P = F_{Ax} = F_{Bx} = \frac{F_{By} \cdot \dfrac{l}{2} - F_3\left(\dfrac{l}{2} - d\right)}{f} \tag{2.5}$$

取代梁分析，可计算出代梁支座反力 F_{Ay}^0 和 F_{By}^0，将其与上述三铰拱支座反力比较，可得下述公式。

$$\begin{cases} F_{Ay} = F_{Ay}^0 \\ F_{By} = F_{By}^0 \end{cases} \tag{2.6}$$

于是，式（2.5）的分子部分为

$$F_{By}\frac{l}{2} - F_3\left(\frac{l}{2} - d\right) = F_{By}^0\frac{l}{2} - F_3\left(\frac{l}{2} - d\right)$$

不难看出，$F_{By}^0\dfrac{l}{2} - F_3\left(\dfrac{l}{2} - d\right)$ 等于代梁跨中截面 C 弯矩 M_C^0，即

$$F_{By}\frac{l}{2} - F_3\left(\frac{l}{2} - d\right) = M_C^0 \tag{2.7}$$

将式（2.7）代入式（2.5），得

$$F_P = \frac{M_C^0}{f} \tag{2.8}$$

由式（2.6）和式（2.8）知，三铰拱的竖向支座反力等于代梁的相应支座反力，水平推力等于代梁上与拱顶铰对应位置横截面的弯矩 M_C^0 除以拱高 f。当三铰拱的荷载、跨度及拱顶位置一定时，M_C^0 就是定值。显然此时，推力 F_P 值与拱高 f 成反比，即拱高越大，拱越陡，推力越小。当 $f \to 0$ 时，拱的三铰共线，成为瞬变体系，此时推力 $F_P \to \infty$。由于这种情况下任何支座或拉杆也无法承受如此巨大的推力作用，故工程上禁止出现这种体系。

2. 内力计算

由于拱的轴线是曲线，而各横截面又与拱轴正交，故拱的横截面方位是不断变化的。因此，其内力不仅是截面位置的函数，而且是截面方位角的函数。同时，决定截面位置的截面形心坐标值也不仅有水平坐标 x，还有竖向坐标 y。这一点与梁的差异很大。正是由于拱的横截面不像水平梁的横截面那样总是竖直的，所以拱即使只受竖向荷载作用，横截面上也可能同时产生三种内力：弯矩、剪力和轴力。这与斜梁类似。

图 2.17（a）所示三铰拱中任一横截面 K，其位置坐标为 (x, y)，该处拱轴切线与 x 轴正向夹角为 φ（用以表示该横截面方位角）。设 K 截面上弯矩为 M（以使拱内侧受拉为正）、剪力为 V（以使脱离体有顺时针转动趋势的为正）、轴力为 N（以使截面受压为正）。下面分别讨论三种内力的计算。

取 K 截面以左部分 AK 分析，受力图如图 2.17（b）所示。

（1）弯矩的计算

由 AK 部分平衡知

$$\sum M_K = 0（所有外力对 K 点的力矩代数和为零）$$

$$M + F_{Ax}y - F_{Ay}x + F_1(x-a) = 0$$

解得

$$M = F_{Ay}x - F_1(x-a) - F_{Ax}y$$

不难看出，上式中 $F_{Ay}x - F_1$ $(x-a) = F_{Ay}^0 x - F_1$ $(x-a)$ 等于代梁上与 K 横截面对应的横截面 K^0 上的弯矩 M^0，即 $F_{Ay}x - F_1$ $(x-a) = F_{Ay}^0 x - F_1$ $(x-a) = M^0$，而 $F_{Ax} = F_P$，故

$$M = M^0 - F_P y \tag{2.9}$$

上式说明：三铰拱任一横截面的弯矩等于代梁对应横截面的弯矩值减去推力对截面形心的力矩（即推力 F_P 与截面纵坐标 y 的积）。由此可见，由于推力的存在，三铰拱横截面上的弯矩比同跨同荷简支梁对应横截面上的弯矩小。由于代梁上各截面的弯矩 M^0 为确定值，不难推知：如果对应的 y 值取得适当，则可以使拱各横截面弯矩为零，从而不受弯。这时的拱轴线称为**合理拱轴线**（在后面"2.3.3 三铰拱的合理拱轴线"部分将详细讨论）。

（2）剪力的计算

以 K 点为原点建立图 2.17（b）所示直角坐标 mKn，则由平衡知 $\sum F_m = 0$（所有外力在 m 轴上投影代数和为零），即

$$V + F_{Ax}\sin\varphi - F_{Ay}\cos\varphi + F_1\cos\varphi = 0$$

解得

$$V = (F_{Ay} - F_1)\cos\varphi - F_{Ax}\sin\varphi$$

因 $F_{Ay} - F_1 = F_{Ay}^0 - F_1$ 等于代梁对应横截面的剪力 V^0，即 $F_{Ay} - F_1 = F_{Ay}^0 - F_1 = V^0$，而 $F_{Ax} = F_P$，故

$$V = V^0\cos\varphi - F_P\sin\varphi \tag{2.10}$$

式（2.10）则说明：三铰拱任一截面上的剪力等于代梁对应横截面上的剪力乘以拱横截面方位角的余弦减去推力与该方位角正弦之积。注意，对于右半拱上的横截面，φ 为钝角。若此时取拱轴线切线与 x 轴所夹锐角来计算，则应取负值。

（3）轴力计算

由图 2.17（b）所示 AK 部分平衡知 $\sum F_n = 0$（所有外力在 n 轴上投影代数和为零），即

$$-N + F_{Ax}\cos\varphi + F_{Ay}\sin\varphi - F_1\sin\varphi = 0$$

解得

$$N = (F_{Ay} - F_1)\sin\varphi + F_{Ax}\cos\varphi$$

因 $F_{Ay} - F_1 = F_{Ay}^0 - F_1 = V^0$，$F_{Ax} = F_P$，于是

$$N = V^0\sin\varphi + F_P\cos\varphi \tag{2.11}$$

式（2.11）说明：三铰拱任一横截面上的轴向压力等于代梁上对应横截面上的剪力乘以拱横截面方位角的正弦加上推力与方位角余弦之积。

综上所述，三铰拱横截面上内力计算公式为

$$\begin{cases} M = M^0 - F_P y \\ V = V^0 \cos\varphi - F_P \sin\varphi \\ N = V^0 \sin\varphi + F_P \cos\varphi \end{cases}$$

3. 内力图绘制

绘制三铰拱内力图的步骤是：①将拱跨等分为若干段，段长以 2m 左右为宜，集中力或集中力偶作用截面一般也应作为分段点；②列表计算拱上各分段点处拱横截面内力值；③按计算出的内力值作出拱的内力图。

拱的内力图有两种绘制方式。一是以拱轴线为基线绘制。此时内力值必须在横截面延长线上点绘。因此内力分布线并不平行，而是呈扇形。二是以代梁为基线绘制，即把算出的内力值点绘在代梁对应横截面位置，作出内力图。当然它并不是代梁的内力图。

下面的例子是按第二种方式绘制的，同学们不妨试着按第一种方式绘制一遍，并比较其异同。

【例题 2.6】 试绘制图 2.18 所示三铰拱的内力图，已知拱轴线在图示坐标系中的方程为 $y = 4fx(l-x)/l^2$。

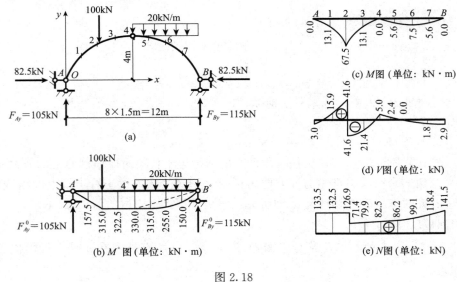

图 2.18

【解】 先求支座反力，根据式（2.6）和式（2.8）可得

$$F_{Ay} = F_{Ay}^0 = (100 \times 9 + 20 \times 6 \times 3)/12 = 105(\text{kN})$$

$$F_{By} = F_{By}^0 = (100 \times 3 + 20 \times 6 \times 9)/12 = 115(\text{kN})$$

$$F_P = M_C^0/f = (105 \times 6 - 100 \times 3)/4 = 82.5(\text{kN})$$

反力求出后，将拱分为 8 等分，即可根据式 (2.9)、式 (2.10)、式 (2.11) 计算出各等分点拱横截面上的内力。在此以截面 1、2 的内力计算为例介绍。

（1）截面 1

横坐标 $x_1 = 1.5\text{m}$，由拱轴线方程计算出纵坐标为

$$y_1 = 4fx_1(l-x_1)/l^2 = 4 \times 4 \times 1.5 \times (12-1.5)/12^2 = 1.75(\text{m})$$

其切线斜率为

$$\tan\varphi_1 = (\mathrm{d}y/\mathrm{d}x)_1 = 4f(l-2x_1)/l^2 = 4 \times 4 \times (12-2 \times 1.5)/12^2 = 1$$

所以 $\varphi_1 = 45°$，$\sin\varphi_1 = \cos\varphi_1 = 0.707$。因 $M_1^0 = 105 \times 1.5 = 157.5$ (kN·m)，$V_1^0 = 105\text{kN}$，根据式 (2.9)、式 (2.10)、式 (2.11) 求得该截面弯矩、剪力和轴力分别为

$$M_1 = M_1^0 - F_P y_1 = 157.5 - 82.5 \times 1.75$$
$$= 157.5 - 144.4 = 13.1(\text{kN·m})$$
$$V_1 = V_1^0\cos\varphi_1 - F_P\sin\varphi_1 = 105 \times 0.707 - 82.5 \times 0.707$$
$$= 74.2 - 58.3 = 15.9(\text{kN})$$
$$N_1 = V_1^0\sin\varphi_1 + F_P\cos\varphi_1 = 105 \times 0.707 + 82.5 \times 0.707$$
$$= 74.2 + 58.3 = 132.5(\text{kN})$$

（2）截面 2

横坐标 $x_2 = 3.0\text{m}$，由拱轴线方程计算出纵坐标为

$$y_2 = 4fx_2(l-x_2)/l^2 = 4 \times 4 \times 3.0 \times (12-3.0)/12^2 = 3(\text{m})$$

其切线斜率为

$$\tan\varphi_2 = (\mathrm{d}y/\mathrm{d}x)_2 = 4f(l-2x_2)/l^2 = 4 \times 4 \times (12-2 \times 3.0)/12^2 = 0.667$$

所以 $\varphi_2 = 33.69°$，$\sin\varphi_2 = 0.555$，$\cos\varphi_2 = 0.832$。

由于该截面上有集中力作用，其左右两侧的剪力与轴力有突变，不会相等，故应分别计算。因 $M_2^0 = 105 \times 3.0 = 315$ (kN·m)，$V_{2左}^0 = 105\text{kN}$，$V_{2右}^0 = 105 - 100 = 5$ (kN)，根据式 (2.3)、式 (2.4)、式 (2.5) 求得该截面弯矩、剪力和轴力分别为

$$M_2 = M_2^0 - F_P y_2 = 315 - 82.5 \times 3 = 315 - 247.5$$
$$= 67.5(\text{kN·m})$$
$$V_{2左} = V_{2左}^0\cos\varphi_2 - F_P\sin\varphi_2 = 105 \times 0.832 - 82.5 \times 0.555$$
$$= 87.4 - 45.8 = 41.6(\text{kN})$$
$$N_{2左} = V_{2左}^0\sin\varphi_2 + F_P\cos\varphi_2 = 105 \times 0.555 + 82.5 \times 0.832$$
$$= 58.3 + 68.6 = 126.9(\text{kN})$$
$$V_{2右} = V_{2右}^0\cos\varphi_2 - F_P\sin\varphi_2 = 5 \times 0.832 - 82.5 \times 0.555$$
$$= 4.2 - 45.8 = -41.6(\text{kN})$$
$$N_{2右} = V_{2右}^0\sin\varphi_2 + F_P\cos\varphi_2 = 5 \times 0.555 + 82.5 \times 0.832$$
$$= 2.8 + 68.6 = 71.4(\text{kN})$$

其他截面的计算完全与截面 1、2 相同。全拱各分段点截面内力计算结果见表 2.1。

表 2.1　三铰拱内力计算表

拱轴分点	纵坐标 y/m	$\tan\varphi$	φ	$\sin\varphi$	$\cos\varphi$	$V°$
A	0	1.333	53°7′	0.800	0.599	105.0
1	1.75	1.000	45°	0.707	0.707	105.0
2 左/右	3	0.667	33°42′	0.555	0.832	105.0 / 5.0
3	3.75	0.333	18°25′	0.316	0.948	5.0
4	4	0.000	0°	0.000	1.000	5.0
5	3.75	−0.333	−18°25′	−0.316	0.948	−25.0
6	3	−0.667	−33°42′	−0.555	0.832	−55.0
7	1.75	−1.000	−45°	−0.707	0.707	−85.0
B	0	−1.333	−53°7′	−0.800	0.599	−115.0

拱轴分点	弯矩/（kN·m）			剪力/kN			轴力/kN		
	$M°$	$-F_P y$	M	$V°\cos\varphi$	$-F_P\sin\varphi$	V	$V°\sin\varphi$	$F_P\cos\varphi$	N
A	0.00	0.00	0.00	63.0	−66.0	−3.0	84.0	49.5	133.5
1	157.5	−144.4	13.1	74.2	−58.3	15.9	74.2	58.3	132.5
2 左/右	315.0	−247.5	67.5	87.4 / 4.2	−45.8	41.6 / −41.6	58.3 / 2.8	68.6	26.9 / 71.4
3	322.5	−309.4	13.1	4.7	−26.1	−21.4	1.6	78.3	79.9
4	330.0	−330.0	0.00	5.0	0.00	5.0	0.0	82.5	82.5
5	315.0	309.4	5.6	−23.7	26.1	2.4	7.9	78.3	86.2
6	255.0	−247.5	7.5	−45.8	45.8	0.00	30.5	68.6	99.1
7	150.0	−144.4	5.6	−60.1	58.3	−1.8	60.1	58.3	118.4
B	0.00	0.00	0.00	−68.9	66.0	−2.9	92.0	49.5	141.5

　　根据表 2.1 中数据，在拱的代梁基线上绘制出拱的弯矩图、剪力图和轴力图分别如图 2.18（c）、（d）、（e）所示。图 2.18（b）是代梁自身的弯矩图，将其与拱的弯矩图 2.18（c）比较，显然两者的差别是很大的。

2.3.3　三铰拱的合理拱轴线

　　由以上部分可知，三铰拱横截面上一般存在着三种内力：弯矩、剪力和轴（压）力。弯矩的存在，使拱横截面上的正应力分布不均匀，材料不能同等程度地发挥作用。但从"2.3.2 三铰拱的内力计算"部分"2. 内力计算"中知，可以通过调整拱横截面位置坐标 y 值，使横截面上弯矩减小，甚至取零值。如果拱横截面弯矩为零，则剪力也必为零（同学们自己去分析验证此结论）。于是横截面上只剩下轴（压）力。如果全拱各横截面上弯矩均为零，则全拱各横截面上内力都只有轴（压）力；各横截面上正应力都均匀分布，则拱材料均匀受压，能同等程度地发挥作用，且拱不会横向开裂。这时的拱轴称为**合理拱轴**。具有合理拱轴的拱适宜用于抗压能力强而抗拉能力弱的砖石砌体、素混凝土等脆性材料制作，从而扬长避短，充分发挥这些材料的作用。

为了确定合理拱轴线方程（即坐标 y 的函数），可结合式（2.9）令 $M=0$，得

$$M^0 - F_P y = 0$$

故有

$$y = \frac{M^0}{F_P} \tag{2.12a}$$

式中：M^0 为代梁任一截面弯矩。

因此，M^0 是截面位置坐标 x 的函数，即为 $M(x)$，而推力 F_P 由荷载与拱高决定，对同一拱为定值。因而式（2.12a）表明了使拱横截面弯矩恒为零的拱轴线纵坐标 y 随截面位置坐标 x 而变化的规律 $y=y(x)$，即为合理拱轴线方程。它也可写成如下形式：

$$y(x) = \frac{M^0(x)}{F_P} \tag{2.12b}$$

下面通过例题来说明合理拱轴线的确定方法。

【例题 2.7】　试确定图 2.19（a）所示对称三铰拱在均布线荷载 q 作用下的合理拱轴线。

【解】　由式（2.12）知，要确定 $y(x)$ 必先求出推力 F_P 和代梁弯矩方程 $M^0(x)$。由式（2.8）知，要求 F_P 就应先求出代梁上与顶铰 C 对应截面的弯矩 M_C^0。因此，应首先画出该三铰拱的代梁，如图 2.19（b）所示。显然代梁跨中截面弯矩为

$$M_C^0 = \frac{1}{8} q l^2$$

代入式（2.8）得

$$F_P = \frac{q l^2}{8f} \tag{a}$$

代梁弯矩方程为

例题 2.7 视频讲解

$$
\begin{aligned}
M^0(x) &= F_{Ay}^0 \cdot x - \frac{1}{2} q x^2 \\
&= \frac{1}{2} q l x - \frac{1}{2} q x^2 \\
&= \frac{1}{2} q x (l - x)
\end{aligned} \tag{b}
$$

式（a）、式（b）代入式（2.12b），得

$$y(x) = \frac{M^0(x)}{F_P} = \frac{\dfrac{1}{2} q x (l - x)}{\dfrac{q l^2}{8f}} = \frac{4f}{l^2} x (l - x) \tag{c}$$

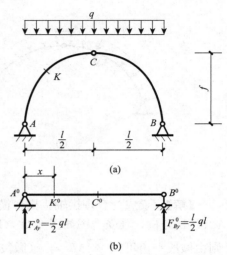

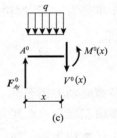

图 2.19

式（c）就是对称三铰拱在均布线荷载作用下的合理拱轴线方程。显然，它是一条二次抛物线。

【例题 2.8】　试确定图 2.20（a）所示三铰拱在沿拱轴曲率半径方向的均布荷载 q 作用下的合理拱轴线方程。

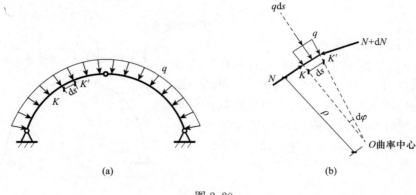

图 2.20

【解】　要成为合理拱轴，拱各横截面上应只有轴力而无剪力与弯矩。在拱中取出一微段 ds 分析，其受力图如图 2.20（b）所示。设其两端截面轴力分别为 N 和 $N+dN$，则由微段平衡可得 $\sum M_O = 0$（微段上所有各力对曲率中心 O 的力矩代数和为零）。设微段曲率半径为 ρ，则因微段上荷载合力 qds 通过曲率中心，故有

$$(N+dN)\rho - N\rho = 0$$

由此解得 $dN=0$，故

$$N = 常量 \tag{a}$$

即全拱各截面轴力相等。

以微段左端为原点建立直角坐标系 mKn，则由微段平衡知，微段上所有外力在 m 轴上投影代数和为零，即 $\sum F_m = 0$。因 $dN=0$，故有

$$N\sin d\varphi - qds \cdot \cos\frac{d\varphi}{2} = 0$$

因 $d\varphi$ 是微量，故 $\sin d\varphi \approx d\varphi$，$\cos\frac{d\varphi}{2}=1$，而 $ds=\rho d\varphi$，所以得

$$\rho = N/q \tag{b}$$

由式（a）得知 N 为常数，而由题设条件知全拱荷载 q 为常数，故由式（b）知，全拱曲率半径 ρ 也为常数，即

$$\rho = 常数 \tag{c}$$

这就是在题设条件下的合理拱轴线方程。它是一个以极坐标表示的圆方程，说明在题设条件下的合理拱轴为一圆弧。

同理，也可导出图 2.21 所示荷载下三铰拱的合理拱轴线是悬链线。设任一截面上

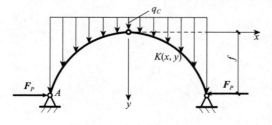

图 2.21

的荷载为 $q = q_C + \gamma \cdot y$，其中 γ 为常数（比如桥拱券上的填土重度）。若拱支座上的水平推力为 F_P，则该三铰拱合理拱轴的悬链线方程为

$$y = \frac{q_C}{\gamma} \left(\mathrm{ch} \sqrt{\frac{\gamma}{F_P}} x - 1 \right)$$

由以上可知，三铰拱的合理拱轴形式与荷载形式紧密相关。不可能找到一种任何荷载下都合理的拱轴。对于承受移动荷载的桥梁拱，则不存在所谓合理拱轴的问题。事实上，在工程实际中，我们只能根据给定的条件，找到相对合理一些的拱轴线形式，使拱横截面弯矩尽可能小些。

2.4　静定平面桁架的内力计算

2.4.1　桁架的特征及分类

桁架是土木工程中广泛使用的一种结构形式。图 2.22（a）、（b）、（c）都为桁架实例。

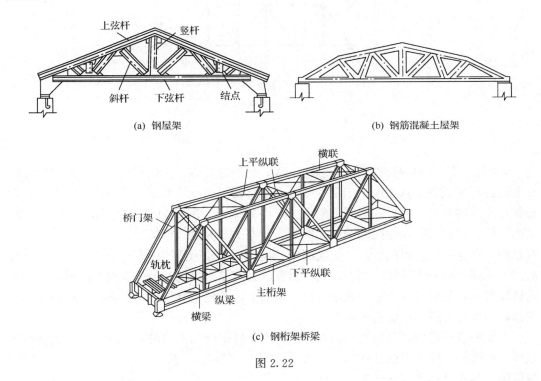

(a) 钢屋架

(b) 钢筋混凝土屋架

(c) 钢桁架桥梁

图 2.22

这里主要介绍桁架在桥梁当中的应用，即钢桁架桥梁。钢桁架桥梁主要由主桁架、联结系、桥面系及桥面组成。按照桥面的位置不同可以将其分为上承式桁架桥梁、下承式桁架桥梁和双层桁架桥梁。无论哪种形式的钢桁架桥梁均是以主桁架作为主要承重结构。桥面传来的荷载先作用于纵梁，再由纵梁传至横梁，然后由横梁传至主桁架结点。

因此对于主桁架的计算尤其重要。

桁架的计算简图往往都是理想化的桁架，称为**理想桁架**。所谓理想桁架，就是全部**由等截面直杆**（其质量可忽略不计）在两端用理想的光滑铰连成的几何不变体系，其所有外力都作用在铰结点上，有时也借助其基础来构造几何不变体系。因此，理想桁架的特征是：所有杆件都是链杆（即中间不受力、两端是光滑铰的等直杆，因此桁架的外力必须作用在结点上），所有结点上各杆轴线都汇交于结点中心。

静定平面桁架是所有杆件的轴线都位于同一平面内的无多余约束的理想桁架结构。图 2.22（a）、（b）、（c）中的实际桁架在计算时都简化成静定平面桁架，其计算简图分别如图 2.23（a）、（b）、（c）所示。

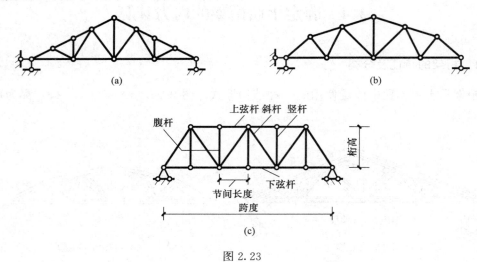

图 2.23

显然，实际桁架的杆轴线并非理想直线，结点也具有一定的刚性而并非理想铰，结点上的各杆轴线并不真正汇交于结点中心；实际荷载也并非都正好作用在结点上，杆件都具有一定的质量。另外，实际桁架大多是空间体系，简化为平面桁架也会带来误差。结构分析计算时只能抓住问题的主要因素，忽略次要因素。桁架计算也不例外。我们只有忽略上述这些很次要的方面，把实际桁架简化、抽象为适当的理想桁架，画出其计算简图，才能进行分析计算。当然，这样得到的计算结果是近似的，但只要能满足工程上的精度要求，就可以在工程实践中应用。事实上，与任何其他结构一样，实际桁架结构的精确分析计算既不可能也无必要。

桁架中各杆可按所处位置分为弦杆（即上下外围杆，上边的叫上弦杆，下边的叫下弦杆）和**腹杆**（即上下弦杆内的杆，又分为竖杆、斜杆）。弦杆上两相邻结点间的区间叫**节间**，其长度称为**节间长度**［图 2.23（c）］。

图 2.24 所示为常见静定桁架形式。

平面桁架按外轮廓形状可分为**平行弦桁架**［上下弦平行，图 2.24（a）］、**三角形桁架**［上弦呈人字坡，下弦水平，图 2.24（b）］、**折线形桁架**［上弦呈折线，下弦水平，图 2.24（c）］和**抛物线桁架**［上弦节点位于一抛物线上，下弦水平，图2.24（g）］。

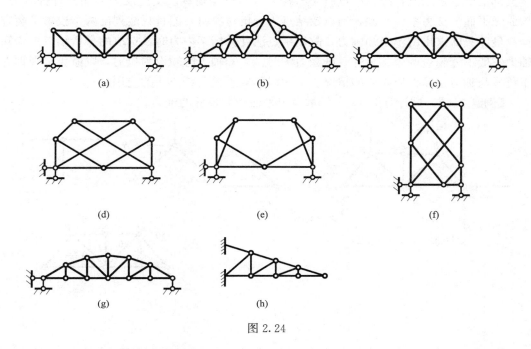

图 2.24

静定平面桁架还可按其几何体系的构成方法分为三类。

1) 简单桁架：在"基础"刚片或一个铰接三角形上依次增加二元体而构成的铰接三角形体系。后一种情况所得到的铰接三角形体系可再与基础按两刚片规则相连，如图 2.24（a）、（c）、（g）、（h）所示。

2) 联合桁架：由两个以上简单桁架刚片按无多余约束几何不变体系组成规则组成的体系，如图 2.24（b）、（e）所示。

3) 复杂桁架：不属于上述两种情况的无多余约束几何不变体系，如图 2.24（d）、（f）所示。

2.4.2　静定平面桁架的内力计算

桁架内力就是指桁架各杆的内力。由于桁架各杆都是链杆，其内力只有轴力，故桁架内力也就是各杆的轴力。

桁架内力计算的方法有**结点法**、**截面法**和结点法与截面法综合运用的**联合法**。以前工程计算中也曾使用图解法，由于作图烦琐，而且精度有限，在计算工具大大改善的今天已很少运用。如果读者想了解图解法，可参考以前的结构力学教材。本教材只介绍**结点法**、**截面法**和**联合法**这三种适用计算解法（又叫解析法）。

1. 结点法

结点法是取桁架的铰接点为分析对象，画出其受力图，并据此建立平衡方程来求解桁架杆件的轴力。由于桁架的外力（荷载和支座反力）都作用于铰结点上，而各杆件轴线又都汇交于铰结点，故铰结点所受的各力（不论是荷载、支座反力，还是杆件轴力）构成一平面汇交力系。因此，当以铰结点为分析对象时，能且只能列出两个投影平衡方程，最多只能求出两个未知轴力，故用结点法计算桁架内力时，选取的分析结点上未知轴力一般不能超过两个。另外，画受力图时，未知轴力必须设为拉力，以避免出现轴力正负号与轴力拉压性质矛盾的情况。下面以例题来说明结点法的应用。

【例题 2.9】 试计算图 2.25 所示静定平面桁架各杆的轴力。

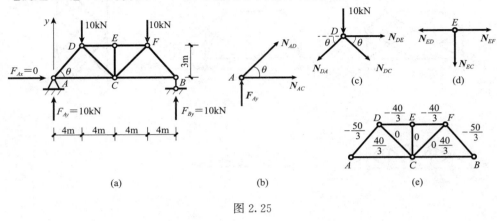

图 2.25

【解】 这是一个简支桁架。求解前任一结点上未知力都不止两个。如 A 结点上两个支座反力及杆 AC 与杆 AD 的轴力都未知，有四个未知力。B 结点上有一个支座反力加上杆 BC 与 BF 的两个轴力共三个未知力。D、E、F 结点各有三个未知轴力杆。C 结点五个杆轴力都未知。因此通过分析，本题应先取整体为分析对象，求出三个支座反力。然后再取结点分析，求杆件轴力。

（1）求支座反力

取整个桁架为分析对象，画出受力图如图 2.25（a）所示。列出平衡方程

$$\sum F_x = 0 \qquad F_{Ax} = 0$$

$$\sum M_A = 0 \qquad F_{By} \times 16 - 10 \times 4 - 10 \times 12 = 0$$

$$\sum F_y = 0 \qquad F_{Ay} + F_{By} - 20 = 0$$

解得

$$F_{Ax} = 0, \quad F_{Ay} = 10\text{kN}(\uparrow), \quad F_{By} = 10\text{kN}(\uparrow)$$

支座反力由结构及荷载的对称性也可直接得出。

（2）求桁架内力

由于该桁架结构及其荷载都正对称，故只需计算一半桁架杆件。另一半桁架的杆件轴力由对称性即可得到。也就是说，这里只需计算 AC、AD、CD、DE 和 CE 五杆的轴力。计算过程如下。

1）取结点 A 分析，画出受力图如图 2.25（b）所示，则

$$\sum F_x = 0 \qquad N_{AC} + N_{AD}\cos\theta = 0$$

$$\sum F_y = 0 \qquad N_{AD}\sin\theta + F_{Ay} = 0$$

因 $\sin\theta = \dfrac{3}{5}$，$\cos\theta = \dfrac{4}{5}$，故解得

$$N_{AC} = \frac{40}{3}\text{kN(拉)}, \quad N_{AD} = -\frac{50}{3}\text{kN(压)}$$

2）取结点 D 分析，画出受力图如图 2.25（c）所示，则

$$\sum F_x = 0 \qquad N_{DE} + N_{DC}\cos\theta - N_{DA}\cos\theta = 0$$

$$\sum F_y = 0 \qquad -N_{DC}\sin\theta - N_{DA}\sin\theta - 10 = 0$$

将 $\sin\theta = \dfrac{3}{5}$，$\cos\theta = \dfrac{4}{5}$ 代入，解得

$$N_{DE} = -\frac{40}{3}\text{kN(压)}, \ N_{DC} = 0$$

3）取结点 E 分析，画出受力图如图 2.25（d）所示，则

$$\sum F_x = 0 \qquad N_{EF} - N_{ED} = 0$$

$$\sum F_y = 0 \qquad -N_{EC} = 0$$

解得

$$N_{EF} = -\frac{40}{3}\text{kN(压)}, \quad N_{EC} = 0$$

由对称性可得

$$N_{BF} = N_{AD} = -\frac{50}{3}\text{kN(压)}$$

$$N_{BC} = N_{AC} = \frac{40}{3}\text{kN(压)}$$

$$N_{FC} = N_{DC} = 0$$

根据工程习惯，计算出的桁架杆件轴力通常标注在桁架简图上的相应杆件旁，如图 2.25（e）所示。

2. 零杆与等力杆

（1）零杆

桁架中轴力为零的杆，称为**零杆**。如例题 2.7 中 DC、EC、FC 三杆均为零杆。从理论上讲，零杆不承受力的作用，完全可以去掉，但实际上，静定桁架中的零杆是绝对不能省去的，超静定桁架中的零杆有的也不能省略。一方面，零杆仍要承受一定的力作用。因为如前所述，实际桁架有许多先天缺陷，与计算简图所表达的理想桁架模型之间有一定差距。另一方面，零杆可能是使桁架结构体系在构造上保持几何不变的必要约束，是不可或缺的。

在进行桁架内力计算时，如果能预先判断出零杆，则可以简化计算步骤，提高计算效率。下面介绍几种特殊结点上的零杆判定规律。

1）二元体结点上不受外力时，**两杆均为零杆**。

因二元体像某个方位的 "V" 字，故这种结点又叫 V 结点。如图 2.26（a）所示，取结点分析。由 $\sum F_y = 0$ 得 $N_1 \sin\theta = 0$。因 $\sin\theta \neq 0$，故 $N_1 = 0$。由 $\sum F_x = 0$ 得

$$N_2 + N_1 \cos\theta = 0$$

将 $N_1 = 0$ 代入得

$$N_2 = 0$$

2）V 结点上受一外力作用，且外力方向沿着其中一杆，则**另一杆必为零杆**。外力所沿的杆有轴力，且轴力绝对值等于外力的大小，当外力使结点有离开该杆的运动趋势时，轴力为拉力，反之为压力。

如图 2.26（b）所示，V 结点受一沿杆 2 的外力 $\boldsymbol{F}$ 作用。取结点分析，由 $\sum F_y = 0$ 得。$N_1 \sin\theta = 0$。因 $\sin\theta \neq 0$，故 $N_1 = 0$。由 $\sum F_x = 0$ 得

$$N_2 + N_1 \cos\theta - F = 0$$

将 $N_1 = 0$ 代入，故 $N_2 = F$。

3）T 结点不受外力时，则**支杆必为零杆**。

三杆汇交时，若其中二杆共线，则形成某一方位的 "T" 字，故这种结点称为 **T 结点**。若 T 结点不受外力，如图 2.26（c）所示，取结点分析，由 $\sum F_y = 0$ 得 $N_2 \sin\theta = 0$。因 $\sin\theta \neq 0$，故 $N_2 = 0$，即支杆为零杆。

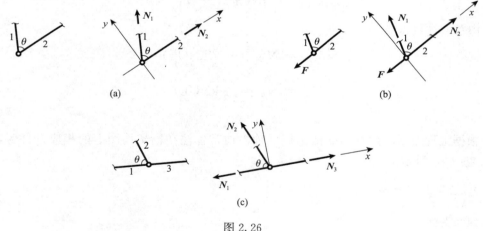

图 2.26

（2）等力杆

桁架中，轴力绝对值相等的杆称为**等力杆**。如例题 2.9 中所示，AC 杆与 BC 杆、AD 杆与 BF 杆、DE 杆与 EF 杆、DC 杆与 CF 杆等分别为等力杆。在桁架内力计算时，若能先判定出等力杆，同样能简化计算步骤，提高计算效率。如在例 2.9 中，根据对称性判断出等力杆后，使计算工作量节省了一半。

下面介绍几种特殊结点上等力杆的判定规律。

1）四杆汇交结点，若杆轴两两共线，形成某一方位的 **"X"** 形结点，且**不受外力**，则**每对共线杆都为等力杆**，且每对等力杆轴力符号也相同。

如图 2.27（a）所示，取结点分析，由 $\sum F_y = 0$ 得

$$N_3 \sin\theta - N_4 \sin\theta = 0$$

故 $N_3 = N_4$。说明共线的 3、4 杆为等力杆，且轴力符号相同。又由 $\sum F_x = 0$ 得

$$N_2 + N_3 \cos\theta - N_1 - N_4 \cos\theta = 0$$

故 $N_1 = N_2$。说明共线的 1、2 杆为等力杆，且轴力符号相同。

2）四杆汇交结点，若其中两杆共线，另两杆位于同侧，且与两共线杆夹角相等，形成某一方位的 "K" 形结点，且不受外力，则**同侧两杆为等力杆**，且轴力符号相反。

如图 2.27（b）所示，由 $\sum F_y = 0$ 得

$$N_1 \cos\theta + N_2 \cos\theta = 0$$

故 $N_1 = -N_2$，说明同侧的 1、2 杆为等力杆且轴力符号相反。

3）三杆汇交结点，若其中两杆与第三杆夹角相同，形成某一方位的 "Y" 形结点，且不受外力，则**对称的两杆为等力杆**，且轴力符号相同。

如图 2.27（c）所示，由 $\sum F_y = 0$ 得

$$N_1 \sin(180° - \theta) - N_2 \sin(180° - \theta) = 0$$

故 $N_1 = N_2$，说明对称的 1、2 杆为等力杆且轴力符号相同。

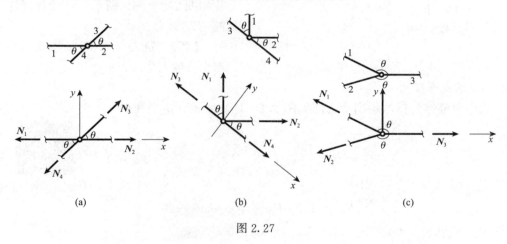

图 2.27

3. 截面法

截面法是用某一截面（可为平面，也可为曲面）截取桁架的一部分为分析对象，画出其受力图，并据此建立平衡方程来求解桁架杆件轴力的方法。截面法的分析对象是桁架的一部分，它可以是一个铰或一根杆，也可以是联系在一起的多个铰或多根杆。所谓"截取"就是要截断所选定部分与周围其余部分联系的杆件来取出分析对象。

如果截面法只截取了单个铰为分析对象，则其受力图与结点法相似。差别仅仅是结点法的分析对象是理想铰，而截面法截取的单铰上却留有余下的短杆段。结点法中计算出的是杆件对铰的约束力。因它们与相应杆件的轴力大小相等，拉压性质相同，故认为

计算出的约束力就是相应杆件的轴力，而截面法中直接用暴露出的杆件轴力计算，结果显得更直接。

不过，截面法截取的分析对象通常不是单个铰，而是含有铰和杆件的更大的部分。这样才能发挥截面法的优势。此时，分析对象所受的力系通常是平面一般力系，故能且只能列出 3 个独立的平衡方程，最多可求解出 3 个未知轴力。因此，一般情况下所取的分析对象上未知轴力不宜超过 3 个。同时，通过选择适当的投影轴与矩心，可使一个平衡方程只含 1 个未知量，简化计算过程。

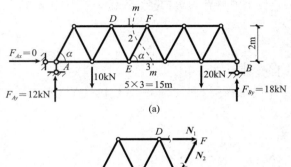

(a)

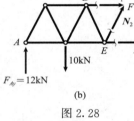

(b)

图 2.28

如果分析对象上未知轴力超过了 3 个，则除特殊力系（比如 n 个未知轴力中 $n-1$ 个或汇交于一点或平行）外，一般要另取其他分析对象同时分析，建立含 3 个以上方程的联立方程组来求解。不过，应尽量避免这种情况出现。

下面通过例题来介绍截面法的应用。

【例题 2.10】 已知桁架荷载及尺寸如图 2.28（a）所示。试计算杆件 1、2、3 的轴力。

【解】 这是一个简支桁架，应先求出支座反力。

（1）求支座反力

取桁架整体分析，画出受力图如图 2.28（a）所示。由平衡得

$$\sum F_x = 0 \qquad F_{Ax} = 0$$

$$\sum M_A = 0 \qquad F_{By} \times 15 - 10 \times 3 - 20 \times 12 = 0$$

解得 $F_{By} = 18\text{kN}$（↑）。由

$$\sum F_y = 0 \qquad F_{Ay} + F_{By} - 10 - 20 = 0$$

解得 $F_{Ay} = 12\text{kN}$（↑）。

例题 2.10 视频讲解

验算：$\sum M_B = -F_{Ay} \times 15 + 10 \times 12 + 20 \times 3 = -12 \times 15 + 120 + 60 = 0$
说明反力计算无误。

（2）求杆件轴力

用 $m-m$ 截面将 1、2、3 杆截断，取桁架左部分为分析对象，画出受力图如图 2.28（b）所示。建立平衡方程

$$\sum M_E = 0 \qquad -F_{Ay} \times 6 + 10 \times 3 - N_1 \times 2 = 0$$

解得 $N_1 = -21\text{kN}$（压力）。

$$\sum M_F = 0 \qquad -F_{Ay} \times 7.5 + 10 \times 4.5 + N_3 \times 2 = 0$$

解得 $N_3 = 22.5\text{kN}$（拉力）。

$$\sum F_y = 0 \qquad F_{Ay} - 10 + N_2 \sin\alpha = 0$$

因 $\sin\alpha = 4/5$，解得 $N_2 = -2.5\text{kN}$（压力）。

【例题 2.11】　求图 2.29（a）所示桁架中杆 ED 的轴力，已知 $ABCD$ 为正方形，$EF /\!/ AC$，$FG /\!/ AB$。

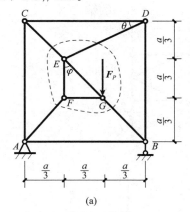
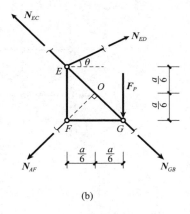

(a)　　　　　　　　　(b)

图 2.29

【解】　以图 2.29（a）所示闭合截面截取三角形 EFG 为分析对象，画出受力图如图 2.29（b）所示，延长轴力 N_{AF} 的作用线交 EG 杆于 O。由几何关系知，O 为等腰直角三角形 EFG 斜边的中点。设 $\angle EDC = \theta$，由平衡得

$$\sum M_O = 0 \qquad -F_P \times \frac{a}{6} - N_{ED}\cos\theta \times \frac{a}{6} - N_{ED}\sin\theta \times \frac{a}{6} = 0$$

其中 $\sin\theta = \dfrac{1}{\sqrt{5}}$，$\cos\theta = \dfrac{2}{\sqrt{5}}$，解得 $N_{ED} = -\dfrac{\sqrt{5}}{3}F_P$（压力）。

在本例所截取的分析对象中，有 4 个未知力，我们仍然求出了所需的杆件轴力。这是因为除欲求的轴力 N_{ED} 外，其余 3 个力汇交于 O 点。一般地，**若力系中有 n 个未知力，其中 $n-1$ 个汇交于一点，则必能求解出第 n 个（不汇交于该点）未知力。**

【例题 2.12】　求例题 2.11 桁架中杆 EG 的轴力。

【解】　以水平截面截取桁架的上半部分为分析对象，画出受力图如图 2.30 所示。设 $\angle FEG = \varphi$，由平衡得

$$\sum F_x = 0 \qquad N_{EG}\sin\varphi = 0$$

因 $\sin\varphi \neq 0$，解得 $N_{EG} = 0$。

本例所截取的分析对象中，也有 4 个未知轴力，我们仍然求出了所需的杆件轴力。这是因为除欲求的轴力 N_{EG} 外，其余 3 个未知轴力相互平行。一般地，**若力系中有 n 个未知力，其中 $n-1$ 个相互平行，则必能求解出第 n 个（不平行）未知力。**

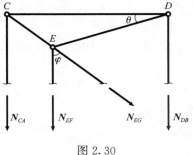

图 2.30

4. 结点法与截面法的联合应用

结点法和截面法各有优点。两种方法联合应用会相得益彰，使桁架杆的轴力计算变得更加方便快捷。下面通过例子说明。

【例题 2.13】 试求图 2.31 所示桁架中杆件 1、2、3 和 4 的轴力。

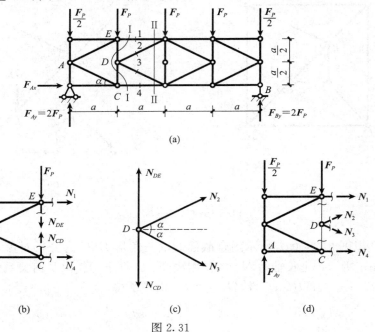

图 2.31

【解】 这也是简支桁架，应先求出支座反力，再计算杆件轴力。

（1）求支座反力

取桁架整体分析，画出受力图如图 2.31（a）所示，则由 $\sum F_x = 0$ 得 $F_{Ax} = 0$。未知反力只剩下 F_{Ay}、F_{By}。由对称性可得

$$F_{Ay} = F_{By} = 2F_P(\uparrow)$$

（2）求杆件轴力

1）以 I—I 截面截取桁架左部分分析，受力图如图 2.31（b）所示，则

$$\sum M_C = 0 \qquad -N_1 \times a + \frac{F_P}{2} \times a - F_{Ay} \times a = 0$$

得 $N_1 = -\frac{3}{2}F_P$（压）。

$$\sum F_x = 0 \qquad N_1 + N_4 = 0$$

得 $N_4 = \frac{3}{2}F_P$（拉）。

2）取结点 D 分析，受力图如图 2.31（c）所示。因该结点是 "K" 形结点，故

$N_2 = -N_3$（列平衡方程 $\sum F_y = 0$ 即可验证）。

3）以 Ⅱ—Ⅱ 截面截取左部分分析，受力图如图 2.31（d）所示，则

$$\sum F_y = 0 \qquad F_{Ay} - \frac{1}{2}F_P - F_P + N_2\sin\alpha - N_3\sin\alpha = 0$$

将 $N_2 = -N_3$，$\sin\alpha = \dfrac{1}{\sqrt{5}}$ 代入，得

$$N_2 = -N_3 = -\frac{\sqrt{5}}{4}F_P (N_2 \text{ 为压力}, N_3 \text{ 为拉力})$$

由上例可以看出，结点法与截面联合应用使桁架分析计算更加灵活、高效、快捷。

2.5　静定组合结构的内力计算

这里所谓**组合结构**是指既包含二力杆又包含其他受力类型（如受弯）杆的杆件结构体系。如果这种体系是无多余约束的几何不变体系，则其全部约束反力和内力均可由静力平衡方程全部求出，称为**静定组合结构**（图 2.32）。在前面"2.3.1"小节中介绍过的带拉杆的三铰拱，实质上也是一种组合结构。

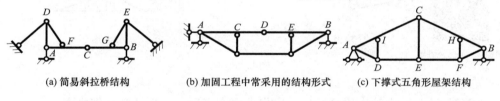

(a) 简易斜拉桥结构　　　(b) 加固工程中常采用的结构形式　　　(c) 下撑式五角形屋架结构

图 2.32

组合结构与桁架的主要区别是它有组合结点（如图 2.32 所示结构中的 F、G、C、E、I 和 H 等结点），而桁架中没有组合结点。注意，刚架中也可能有组合结点，但它是以刚结点为主要结点形式，而组合结构中则是以铰结点和组合结点为主要结点形式。

计算组合结构的内力，也是以截面法和结点法为计算工具。具体计算时，应注意以下几点。

1）用结点法时，不能取组合结点或受弯杆端部铰结点为分析对象。因为此类结点上有梁式杆，梁式杆对结点的作用力方向不能事先确定，分析起来很不方便。

2）用截面法时，不能截断受弯杆。因为受弯杆横截面上一般有剪力、弯矩和轴力三种内力，截断后未知内力太多，无法求解。在取脱离体时，应采用拆开铰使结构离析的办法。

3）计算时，对**受弯杆**应先求出其各结点上的约束反力，然后再用截面法计算出控制截面的内力（包括弯矩、剪力和轴力），最后画出内力图；对**二力杆**只需求出其轴力并标注在杆旁即可，不必作轴力图。

下面以例子说明之。

【例题 2.14】 试计算图 2.33（a）所示组合结构的内力。

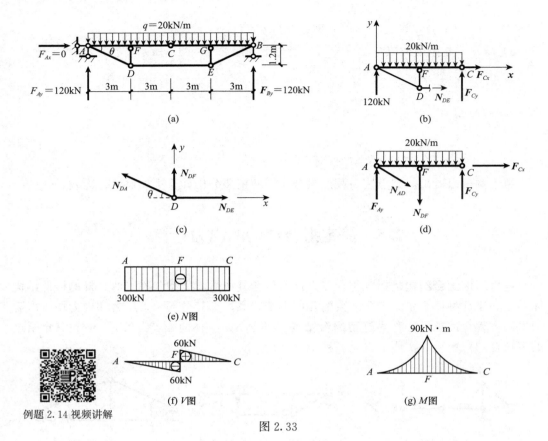

(a)

(b)

(c)

(d)

(e) N图

(f) V图

(g) M图

例题 2.14 视频讲解

图 2.33

【解】 这是一个简支组合结构。应先求出支座反力，再计算杆件内力。

（1）求支座反力

取整体分析，受力图如图 2.33（a）所示，则

$$\sum F_x = 0 \qquad F_{Ax} = 0$$

$$\sum M_B = 0 \qquad F_{Ay} \times 12 - (20 \times 12) \times 6 = 0$$

得

$$F_{Ay} = 120\text{kN}(\uparrow)$$

$$\sum F_y = 0 \qquad F_{Ay} + F_{By} - 20 \times 12 = 0$$

得

$$F_{By} = 120\text{kN}(\uparrow)$$

也可由对称性平衡原理直接得

$$F_{Ay} = F_{By} = 120\text{kN}(\uparrow)$$

（2）求二力杆的轴力

从以下三方面分析。

1）拆开铰 C，截断杆 DE，取其左部分结构分析，受力图如图 2.33（b）所示，则

$$\sum M_C = 0 \qquad N_{DE} \times 1.2 + (20 \times 6) \times 3 - 120 \times 6 = 0$$

解得

$$N_{DE} = 300\text{kN}(拉)$$

$$\sum F_x = 0 \qquad F_{Cx} + N_{DE} = 0$$

解得

$$F_{Cx} = -300\text{kN}(压)$$

$$\sum F_y = 0 \qquad F_{Cy} + 120 - (20 \times 6) = 0$$

解得

$$F_{Cy} = 0$$

2）取结点 D 分析，受力图如图 2.33（c）所示，则

$$\sum F_x = 0 \qquad N_{DE} - N_{DA}\cos\theta = 0$$

因 $\cos\theta = \dfrac{3}{3.231}$，解得

$$N_{DA} = 323.1\text{kN}(拉)$$

$$\sum F_y = 0 \qquad N_{DF} + N_{AD}\sin\theta = 0$$

因 $\sin\theta = \dfrac{1.2}{3.231}$，解得

$$N_{DF} = -120\text{kN}(压)$$

3）由对称性知：$N_{EB} = N_{DA} = 323.1\text{kN}$（拉），$N_{EG} = N_{DF} = -120\text{kN}$（压）。

（3）计算并绘制受弯杆的内力图

由于结构与荷载均对称，故只需计算并绘制一半结构的内力图即可。因此，取左半结构 AC 分析，受力图如图 2.33（d）所示。经计算，绘制出 AC 段的轴力图、剪力图和弯矩图分别如图 2.33（e）、（f）、（g）所示。

2.6　静定结构的特性

如前所述，一方面，从静力特性看，静定结构是全部约束反力个数等于其独立平衡方程个数的结构。因此，其全部约束反力及内力都由平衡方程唯一确定。另一方面，从几何组成性质看，静定结构体系是无多余约束的几何不变体系。

2.6 静定结构的特性

为了更好地认识与理解静定结构，我们将静定结构的特性归纳如下。

1）静定结构平衡方程有解且解答是唯一的。

静定结构独立平衡方程的个数恰好等于未知约束反力的个数。不难推知，计算时不管怎样截、拆静定结构，所得全部分析对象上的未知量（约束反力或内力）总个数恒与能列出的独立平衡方程个数相等。因此，静定结构的静力平衡方程组存在唯一的一组解答。

2）静定结构的约束反力和构件内力与构件的材料性质和截面形状尺寸等无关。

静定结构的约束反力、内力只需用静力平衡方程即可解出。这说明它们只由静力平衡条件确定，而静力平衡条件只与结构的整体形状及尺寸、荷载等有关，与各构件横截面形状及尺寸、材料种类等无关。因此，静定结构约束反力及构件内力的大小和方向与构件材料性质和截面形状尺寸无关。

3）静定结构不会因支座变位、温差和制造误差等因素产生支座反力和内力。

静定结构是无多余约束的几何不变体系。因此，支座变位、温差和制造误差等因素只能引起结构体系的变位而不会产生支座反力和内力，如图 2.34（a）、（b）所示。

对于超静定结构，由于是有多余约束的几何不变体系，这会导致结构构件产生变形，从而引起支座反力和内力，如图 2.34（c）、（d）所示。

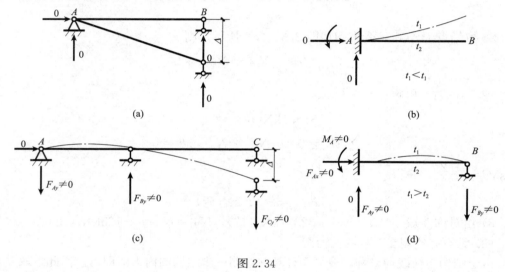

图 2.34

4）当静定结构的某一几何不变部分受到平衡力系作用时，只有该部分内的构件产生内力，其余部分内力仍为零，且不会引起支座反力，如图 2.35（a）、（b）所示。

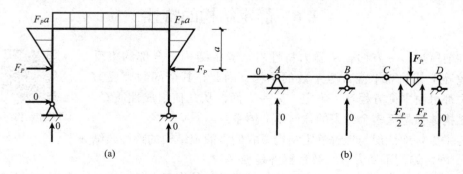

图 2.35

5）当静定结构的某一几何不变部分上的单个外力或外力系被代之以等效力系时，仅引起该部分构件的内力发生变化，而其余部分内力不变，如图 2.36（a）、（b）所示，AC、DB 两段内力不变，只是 CD 部分内力发生变化。

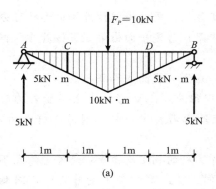

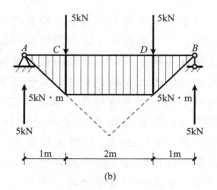

图 2.36

本 章 小 结

本章我们学习了多跨静定梁、静定平面刚架、三铰拱、静定平面桁架、静定平面组合结构等五类静定结构的内力计算方法。

多跨静定梁是指至少由两根单跨梁铰接在一起并与其基础联结成的无多余约束的几何不变体系。其约束反力和杆件内力全部都能由静力平衡方程确定（即解出）。其杆件横截面内力有剪力和弯矩。其计算关键是分解出构造层次，然后按高层次附属部分→低层次附属部分→基本部分的顺序用单跨静定梁计算方法即可求解。

静定平面刚架是若干杆件主要以刚结点（有时也有少量组合结点或铰接点）相联结且各杆轴线共面的无多余约束几何不变体系。其杆件横截面上的内力一般有弯矩、剪力和轴力。静定平面刚架的常见类型有悬臂刚架、简支刚架、三铰刚架和多跨静定刚架四大类。

静定平面刚架内力计算步骤是：①求出结构的支座反力；②计算各杆段控制截面内力；③根据已求出的控制截面弯矩值及杆段弯矩图分布规律作出刚架弯矩图；④根据已求得的控制截面剪力值及杆段剪力图分布规律作出刚架剪力图；⑤根据已求得的控制截面轴力值及杆段轴力图分布规律作出刚架轴力图；⑥校核计算结果。

拱结构是含有拱形曲杆且在竖向荷载作用下会产生水平推力的结构。拱结构有拱顶、拱身、拱趾（或拱脚）、拱跨和拱高（或矢高）。拱高与跨度之比称为拱的高跨比（或矢跨比）。三铰拱是两拱形曲杆与基础用三铰两两相连而成的无多余约束几何不变体系，是拱结构中的静定结构。

拱横截面上内力有弯矩、剪力和轴力三种。拱的内力图有两种绘制方式：一是以拱轴线为基线绘制；二是以代梁为基线绘制。三铰拱内力图的计算步骤是：①计算拱的支座反力；②将拱跨等分为若干段并列表计算各分段点处拱横截面内力值；③在选定的基线上按计算出的内力值作出拱的内力图。

全拱各横截面上只有轴向压力，弯矩剪力均为零的拱轴线称为**合理拱轴线**。拱的合理拱轴线形状由拱的荷载形式决定。

理想桁架是全部由链杆铰接而成的几何不变体系。静定平面桁架是桁架所有杆件的轴线都位于同一平面内且无多余约束的几何不变体系。平面桁架按外轮廓形状可分为平行弦桁架、三角形桁架、折线形桁架和抛物线桁架；静定平面桁架还可按其几何体系的构成方法分为简单桁架、联合桁架和复杂桁架。

桁架的内力只有轴力一种，其计算方法有结点法、截面法和联合法。

桁架中轴力为零的杆称为零杆。零杆判定规律有：①V 形结点上不受外力时，两杆均为零杆；②V 形结点上受一外力作用，且外力沿其中一杆，则另一杆必为零杆；③Y 形结点不受外力时，则单支杆必为零杆。

桁架中轴力绝对值相等的杆称为等力杆。等力杆的判定规律有：①X 形结点不受外力时，每对共线杆都为等力杆，且轴力符号相同；②K 形结点不受外力时，同侧两杆为等力杆，且轴力符号相反；③Y 形结点不受外力时，则对称的两杆为等力杆，且轴力符号相同。

用截面法求解静定平面桁架时，若脱离体受力图含有 $n > 3$ 个未知轴力，且其中 $n-1$ 个或汇交于一点或平行，则用平衡方程可解出第 n 个未知轴力。

组合结构是指既包含二力杆又包含受弯杆的杆件结构体系。

静定结构的特性有：①静定结构平衡方程有解且解答是唯一的；②静定结构的约束反力和构件内力与构件的材料性质和横截面形状尺寸等无关；③静定结构不会因支座变位、温差和制造误差等因素引起支座反力和内力；④静定结构的某一几何不变部分受到平衡力系作用时，则只有该部分内的构件产生内力，其余部分内力仍为零，且不会引起支座反力；⑤静定结构的某一几何不变部分上的单个外力或外力系被代之以等效力系时，仅引起该部分内构件的内力发生变化，而其余部分内力不变。

思 考 题

2.1　什么是多跨静定梁？多跨静定梁的构造特点和受力特点是什么？

2.2　如何计算多跨静定梁的内力？

2.3　如果多跨静定梁中附属部分上有倾斜荷载，每一层次还能用"等效简支梁"法计算吗？

2.4　单跨静定斜梁支座反力、弯矩与相应代梁的支座反力、弯矩有什么关系？

2.5　什么是静定平面刚架？静定平面刚架分为哪几类？

2.6　静定平面刚架的内力有几种？正负号是如何规定的？如何计算静定平面刚架的内力？

2.7　什么是拱？曲梁与拱结构有什么区别？拱分为哪几类？静定平面拱有几种？

2.8　三铰拱的内力如何计算？三铰拱的内力图有几种作法？

2.9　什么是三铰拱的合理拱轴线？如何确定三铰拱的合理拱轴线？

2.10　什么是桁架？桁架的内力有几种？什么是静定平面桁架？静定平面桁架分为哪几类？

2.11　静定平面桁架的内力计算方法有几种？试述每一种方法的解题思路。

2.12　什么是零杆？试述零杆的判定规则。什么是等力杆？试述等力杆的判定规则。

2.13　用截面法计算桁架内力时，什么情况下未知轴力个数超过三个也能解出所求轴力？

2.14　什么是静定平面组合结构？计算静定平面组合结构内力时应着重注意什么？

2.15　静定结构有哪些特性？

习　题

2.1　计算习题 2.1 图示多跨静定梁并作出其内力图。

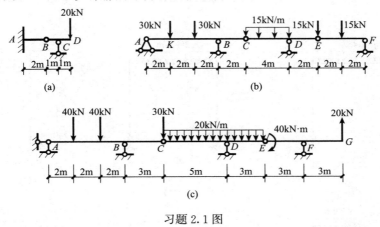

习题 2.1 图

2.2　试作习题 2.2 图示斜梁的内力图。

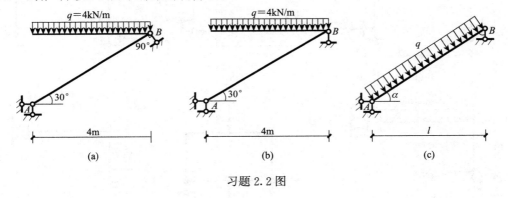

习题 2.2 图

2.3 计算习题 2.3 图示静定刚架并作出其内力图。

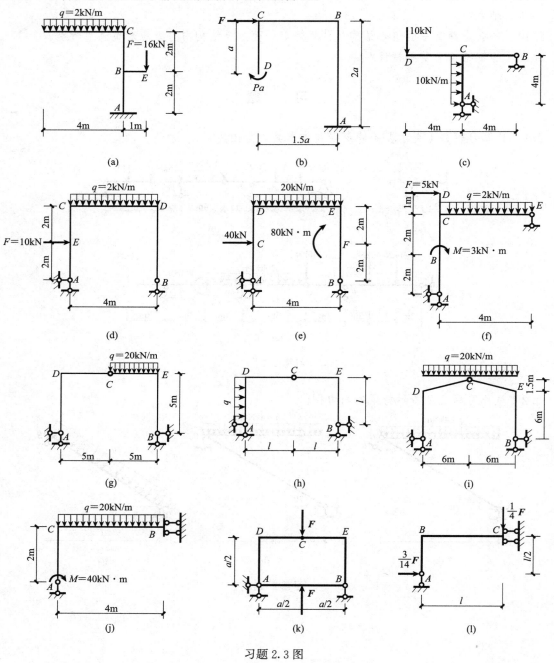

习题 2.3 图

2.4 计算习题 2.4 图示三铰拱横截面 K、D、E 的内力。

2.5 作出习题 2.4 中图（b）所示三铰拱的内力图。

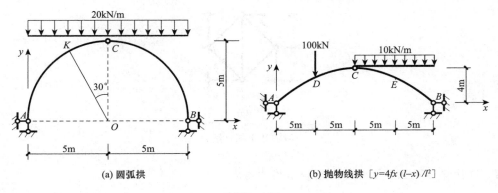

(a) 圆弧拱　　　　　　　　　　　　(b) 抛物线拱 $[y=4fx\,(l-x)\,/l^2]$

习题 2.4 图

2.6　试确定习题 2.6 图中对称三铰拱在满跨均布荷载 $q=10\mathrm{kN/m}$ 作用下的合理拱轴线形状（要求写出确定合理拱轴线全过程，不能直接代已有公式）。

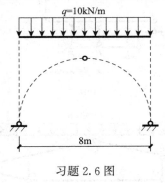

习题 2.6 图

2.7　试计算习题 2.7 图示静定平面桁架上指定杆件的内力。

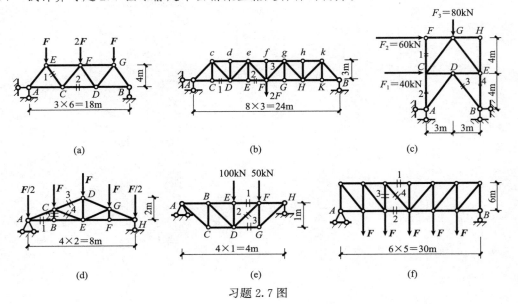

习题 2.7 图

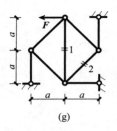

(g)

习题 2.7 图（续）

2.8 试计算习题 2.8 图示静定组合结构的内力。

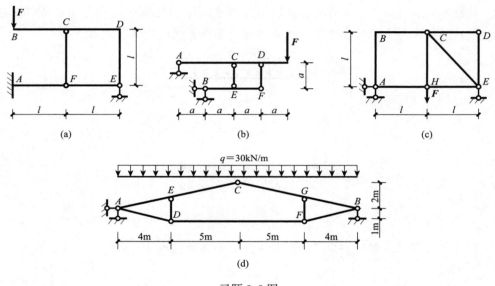

习题 2.8 图

第3章

影响线及其应用

学习指引☞ 本章主要介绍影响线的概念，绘制静定梁、有间接荷载的主梁影响线的方法。阐明如何利用影响线来求结构的内力以及内力的最大值、简支梁绝对最大弯矩，介绍简支梁内力包络图的画法、我国公路与铁路标准荷载制及其等代均布荷载的使用方法。

3.1 概　　述

前面两章所讨论的各种静定结构的计算都是在恒载作用下的计算，即荷载作用的位置、方向及大小均为固定不变的。在这种情况下，结构的支座反力和任一截面的内力也是固定不变的。但在实际工程中，结构除承受固定荷载外，还可能承受移动荷载的作用，如吊车梁上移动的吊车荷载[图 3.1 （a）、（b）]、桥梁上行驶的车辆[图 3.1 （c）] 或移动的人群等。

3.1 概述

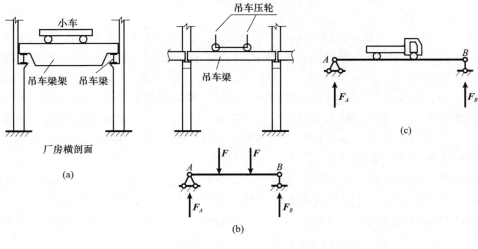

图 3.1

在移动荷载作用下，结构的支座反力和内力都随荷载的移动而发生变化。如图3.1（b）所示吊车轮压在吊车梁 AB 上自 A 向 B 移动时，再者，如图3.1（c）所示汽车在桥梁 AB 上自 A 向 B 行驶时，支座反力 F_A 将逐渐减小，而支座反力 F_B 将逐渐增大。因此，需要研究移动荷载位置变化时结构的支座反力和内力的变化规律，才能求出相应最大值，以作为结构设计依据。也就是说，需确定移动荷载使结构的某一量值（如支座反力、内力等）达到最大值时的荷载位置。我们称这一荷载位置为该量值的最不利荷载位置。

移动荷载的类型很多，如逐个讨论其最不利位置，需作繁杂的计算。现仍利用通常所用的分解和叠加方法，即将多个移动荷载视为单位移动荷载的组合。只要把单位移动荷载 $F=1$ 作用下支座反力和内力变化规律分析清楚，根据叠加原理，就可以顺利地解决多个移动荷载作用下支座反力和内力的计算及最不利荷载位置的确定问题。下面先用简例说明。

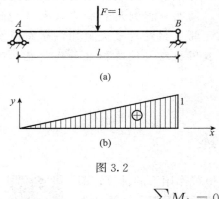

(a)

(b)

图 3.2

图3.2（a）所示为一简支梁 AB，当单位竖向荷载 $F=1$ 沿梁移动时，研究支座反力 F_B 的变化规律。

取点 A 为坐标原点，以梁轴线为横坐标，x 表示荷载 $F=1$ 作用点的位置。注意，这里荷载作用点位置坐标 x 是变量。纵坐标 y 表示支座反力大小的变化规律。当荷载 $F=1$ 在梁上任意位置 x 时，利用平衡方程，可求出支座反力 F_B。由

$$\sum M_A = 0 \qquad -1 \times x + F_B l = 0$$

得

$$F_B = \frac{x}{l} \qquad (0 \leqslant x \leqslant l)$$

由此可知 F_B 是 x 的一次函数，所以在坐标系中绘出该函数图像为一直线，如图3.2（b）所示。

图3.2（b）中的图形清楚地表明了支座反力 F_B 随荷载 $F=1$ 移动的变化规律：当荷载 $F=1$ 从点 A 开始，逐渐向点 B 移动时，支座反力 F_B 则相应地从零开始逐渐增大，最后达到最大值 F_B，且等于1。我们称该函数图形为 F_B 的影响线。于是得出影响线的定义为：反映**单位竖向荷载在结构上移动时，结构的某量值 S**（如支座反力，杆件指定截面的弯矩、剪力、轴力或挠度等）**变化规律的函数图形称为该量值的影响线**。影响线上任一点的横坐标 x 表示荷载位置参数，相应的纵坐标 y 表示单位荷载 $F=1$ 作用于此点时该量值 S 的取值。

绘制影响线图形时，正值画在基线上面，负值画在基线下面。由于 $F=1$ 是量纲为1的量。因此，量值 S 的影响线纵坐标的量纲等于 S 值的量纲除以力的量纲。

绘出量值的影响线后，就可利用它来确定量值的最不利荷载位置，从而求出量值的最大值。下面先讨论影响线的绘制方法，然后讨论影响线的应用。

3.2　单跨静定梁支座反力及内力的影响线

绘制影响线的方法有两种：静力法和机动法。本书只介绍静力法。

3.2 单跨静定梁支座反力及内力的影响线

所谓静力法，就是以单位移动荷载 $F=1$ 的位置 x 为自变量，利用静力平衡条件列出某指定量值与 x 之间的函数关系式（称为该量值的影响线方程），然后建立以 x 为横坐标、量值 S 为纵坐标的平面直角坐标系，绘出影响线方程的函数图形，即为所求影响线。

3.2.1　简支梁的影响线

1. 支座反力影响线

我们前面讨论了图 3.2 中简支梁支座反力 F_B 的影响线，现在来讨论 F_A 的影响线。如图 3.3 所示，现仍取 A 为原点，以梁轴线为 x 轴且取向右为正。当 $F=1$ 在梁上任意位置 x 时（$0 \leqslant x \leqslant l$），设 F_A 向上为正，由平衡条件 $\sum M_B = 0$ 有

$$-F_A l + F(l-x) = 0$$

解得

$$F_A = F\frac{l-x}{l} = \frac{l-x}{l} \quad (0 \leqslant x \leqslant l)$$

由于 F_A 是 x 的一次函数，故影响线为一条斜直线，如图 3.3（c）所示。

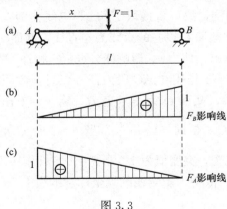

图 3.3

由于作影响线时，均假定单位力 $F=1$ 不带任何单位，故支座反力影响线的纵坐标量纲为 1，以后利用影响线研究实际荷载的影响量时，只需代入实际荷载单位即可。

从 F_A 影响线图形可清楚地看出单位荷载在梁上移动时反力 F_A 的变化规律：当 $F=1$ 作用在支座 A 时，其值最大；当 $F=1$ 逐渐远离支座 A 时，反力 F_A 呈直线递减；当 F_A 到达支座 B 时其值变为零。支座反力影响线是绘制梁影响线的重要基础，必须很好掌握。

2. 剪力影响线

现绘制图 3.4（a）所示简支梁指定截面 C 的剪力影响线。当 $F=1$ 作用在点 C 以左或以右时，剪力 V_C 影响线方程具有不同的表达式，故应分别进行分析。

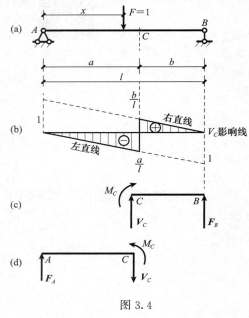

图 3.4

当 $F=1$ 在 AC 段移动时，为分析方便，取 CB 段为隔离体，剪力以绕隔离体顺时针转为正 [3.4（c）]。由 $\sum Y=0$ 得

$$V_C+F_B=0 \quad V_C=-F_B$$

即

$$V_C=-\frac{x}{l} \quad (0 \leqslant x \leqslant a)$$

当 $F=1$ 作用在 CB 段时，取 AC 段为隔离体 [图 3.4（d）]。

由 $\sum Y=0$ 可得

$$F_A-V_C=0$$

故

$$V_C=F_A=\frac{l-x}{l} \quad (a<x \leqslant l)$$

可以看出，在 AC 段内，V_C 影响线与 F_B 影响线相同，但正负号相反，故可取负 F_B 影响线作为 V_C 在 AC 段的影响线；在 CB 段内，V_C 影响线与 F_A 影响线相同，故可直接取 F_A 的影响线作为 V_C 在 CB 段的影响线，如图 3.4（b）所示。通常称截面 C 以左的直线为左直线，截面 C 以右的直线为右直线。

从图 3.4（b）可以看出，剪力 V_C 影响线分成 AC 和 BC 两段，由两条平行线组成，且在点 C 形成台阶。当 $F=1$ 作用在 AC 段内任一点时，截面 C 为负号剪力，当 $F=1$ 作用在 CB 段内任一点时，截面 C 为正号剪力。当 $F=1$ 作用在点 C 左侧时，$V_C=-\frac{a}{l}$；当 $F=1$ 作用在点 C 右侧时，$V_C=\frac{b}{l}$；当 $F=1$ 由 C 左侧越过点 C 移到 C 右侧时，截面 C 的剪力发生突变，突变值为 1；当 $F=1$ 恰好作用于点 C 时，V_C 值不确定。

由于 $F=1$ 不带单位，故剪力影响线的纵坐标量纲为 1。

3. 弯矩影响线

绘制图 3.5（a）所示简支梁指定截面 C 的弯矩 M_C 的影响线。

当 $F=1$ 在截面 C 以左的梁段 AC 上移动时，为计算方便，仍取 CB 段为隔离体 [图 3.4（c）]，并以使梁下边纤维受拉的弯矩为正，由 $\sum M_C=0$ 可得

$$-M_C+F_B b=0$$

故

$$M_C = F_B b = \frac{x}{l} b \quad (0 \leqslant x \leqslant a)$$

当 $F=1$ 在截面 C 以右的梁段 CB 上移动时，此时取截面 C 以左部分为隔离体 [图 3.4（d）]，可求得

$$M_C = F_A a = \frac{l-x}{l} a \quad (a \leqslant x \leqslant l)$$

由影响线方程可见，M_C 的影响线也由左、右两段直线构成，如图 3.5（b）所示，并可分别看作是 F_A 与 F_B 影响线纵坐标放大 a 倍与 b 倍后，取其相应范围内的部分构成。两直线在截面 C 处相交形成一个三角形，交点即三角形顶点，其纵坐标为 $\dfrac{ab}{l}$。

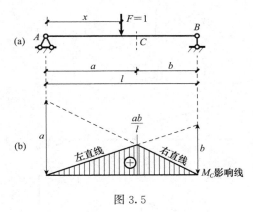

图 3.5

由于 $F=1$ 不带单位，因此弯矩影响线纵坐标量纲应为长度量纲。

3.2.2　外伸梁的影响线

1. 支座反力影响线

如图 3.6（a）所示外伸梁，取 A 为坐标原点，x 以向右为正。当 $F=1$ 作用于梁上任一点时，由平衡方程求得支座反力影响线方程为

$$\begin{cases} F_A = \dfrac{l-x}{l} \\ F_B = \dfrac{x}{l} \end{cases} \quad [-l_1 \leqslant x \leqslant (l+l_2)]$$

可以看出，这两个方程与跨度相同的简支梁支座反力影响线方程完全一样，只是荷载 $F=1$ 的作用范围有所扩大；当 $F=1$ 位于 A 点以左时，x 取负值。作出 F_A、F_B 的影响线如图 3.6（b）、（c）所示。由图 3.6 可见，AB 段的影响线与相应简支梁的影响线完全相同，两个外伸部分的影响线则为 AB 段影响线的延长线。

2. 跨内部分截面内力影响线

绘制跨内梁段上横截面 C [图 3.6（a）] 的剪力和弯矩影响线。

当 $F=1$ 在截面 C 以左移动时，取截面 C 以右部分为隔离体，得

$$V_C = -F_B$$

$$M_C = F_B b$$

当 $F=1$ 在截面 C 以右移动时，取截面 C 以左部分为隔离体，得

$$V_C = -F_A$$

$$M_C = F_A a$$

据此可绘出 V_C 和 M_C 的影响线，如图 3.6（d）、（e）所示。可以看出，只需将相同跨度简支梁相应截面的剪力和弯矩影响线向两外伸部分延长，即得外伸梁的剪力和弯矩影响线。

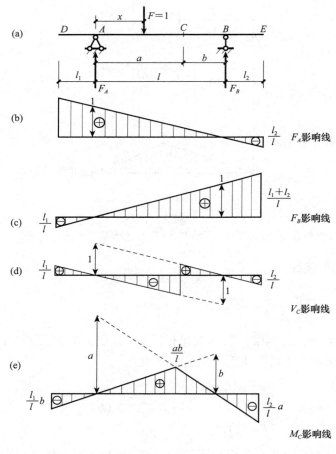

图 3.6

3. 伸臂部分截面内力影响线

绘制伸臂部分任一指定截面 K 的 ［图 3.7（a）］ 剪力和弯矩影响线，为计算方便，改取 K 点为坐标原点，并规定 x 以向左为正，当 $F=1$ 在 K 截面以左（即 DK 段上）移动时，取 K 截面以左部分为隔离体，得

$$V_K = -1$$
$$M_K = -x$$

当 $F=1$ 在 K 截面以右（即 KE 段上）移动时，仍取 K 截面以左部分为隔离体，得

$$V_K = 0$$
$$M_K = 0$$

由上可绘出 V_K 和 M_K 的影响线，如图 3.7（b）、（c）所示。

对于支座截面的剪力影响线，需分别就支座左、右两侧的截面进行讨论，因为这两侧的截面分别属于伸臂部分和跨内部分。例如，支座 A 左侧截面的剪力 $V_{A左}$ 的影响线，可由 V_K 的影响线使截面 K 趋于截面 A 左而得到，如图 3.7（d）所示。支座 A 右侧截面的剪力 $V_{A右}$ 的影响线，则应由 V_C 的影响线［图 3.6（d）］使截面 C 趋于截面 A 右而得到，如图 3.7（e）所示。

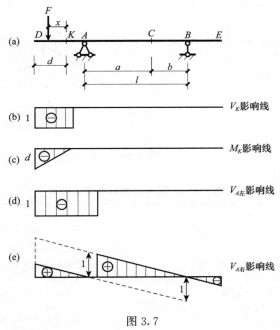

图 3.7

3.2.3　内力影响线与内力图的区别

影响线和内力图是两个不同的力学概念。作内力影响线时，是针对一个指定截面的内力；荷载只有一个单位竖向集中力，并且是移动的。作内力图（包括弯矩图或剪力图）时，则是针对结构上各个不同的截面内力；荷载不限定个数和大小，不限定形式，并且位置固定不动。显然两者是不同的。

如图 3.8 所示，图 3.8（a）表示简支梁在 C 点作用有集中荷载 F 时的弯矩图；图 3.8（b）表示简支梁 C 截面的弯矩影响线。从外形上看，两图非常相似，但它们的含义截然不同，即图中纵、横坐标所表示的意义完全不同：图 3.8（a）表示简支梁在

集中荷载 F 作用下各截面弯矩的分布规律，其横坐标表示截面的位置，纵坐标表示在固定荷载 F 作用下，该截面的弯矩大小，如 D 点的纵坐标 y_D 表示 C 截面作用有固定荷载 F 时截面 D 的弯矩大小 M_D；图 3.8（b）表示在单位移动荷载 $F=1$ 作用下 C 截面弯矩 M_C 的变化规律，其横坐标表示荷载 $F=1$ 的作用位置，纵坐标表示荷载 $F=1$ 作用到该点时，C 截面的弯矩大小，如 D 点纵坐标 y_D 表示单位荷载 $F=1$ 作用于 D 截面时，C 截面弯矩 M_C 的大小。

为了清楚起见，现列表 3.1 说明两者的区别。

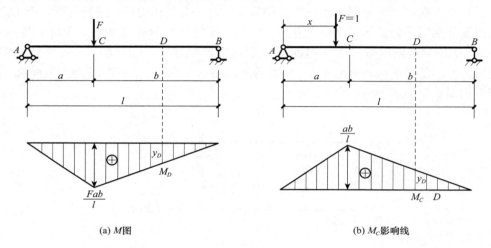

(a) M 图　　　　　　　　　　　　(b) M_C 影响线

图 3.8

表 3.1　内力图与内力影响线比较表

项目	内力图	内力影响线
图的含义	表示结构在某种固定的实际荷载作用下，各个截面的某一内力的分布规律	表示结构某一指定截面的某一内力随单位荷载的位置改变而变化的规律
荷载形式	任意类型的固定荷载	移动的竖向单位集中荷载 $F=1$
横坐标的意义	表示截面的位置	表示荷载 $F=1$ 的位置
纵坐标的意义	表示在固定的实际荷载作用下，该截面的指定内力的大小	表示荷载 $F=1$ 移动到该点时，指定截面的内力大小

3.3　结点荷载作用下的影响线

前面我们所讨论的影响线，都是考虑移动荷载直接作用于结构上的情形，但在实际工程中，有时移动荷载并不直接作用于我们研究的结构上，如图 3.9（a）所示桥梁结构纵横梁系统中的主梁简图。通常假定纵梁简支在横梁上，横梁简支在主梁上。移动荷载直接作用在纵梁上，再通过横梁传递到主梁。主梁只在各横梁支承处（也是纵梁支承处，是三类梁的联结点，故称为结点）受到集中荷载作用。对主梁来说，这种荷载称为结点荷载。下面我们以主梁上截面 C 的弯矩为例来说明结点荷载作用下影响线的绘制方法。

首先，考虑荷载 $F=1$ 移动到各结点处时的情况。显然，此时与荷载直接作用在主梁上的情况完全相同。因此，我们可先作出单位荷载直接作用下主梁 M_C 的影响线 [图 3.9 (b)]，各结点处的纵坐标也就是所求结点荷载作用时影响线的纵坐标值。

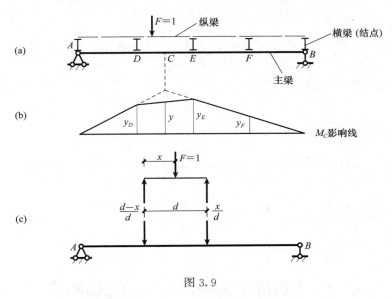

图 3.9

其次，考虑荷载 $F=1$ 在任意两相邻结点间的纵梁上移动时的情况。例如，当荷载 $F=1$ 在相邻结点 D、E 间的纵梁上移动时，主梁在 D、E 处分别受到结点荷载 $\dfrac{d-x}{d}$ 及 $\dfrac{x}{d}$ 的作用 [图 3.9 (c)]。设直接荷载作用下 M_C 影响线在 D、E 处的纵坐标分别为 y_D 和 y_E，则根据影响线的定义和叠加原理可知，在上述两结点荷载作用下 M_C 值应为

$$y=\frac{d-x}{d}y_D+\frac{x}{d}y_E$$

上式为 x 的一次函数式，说明在 DE 段内 M_C 随 x 呈直线变化。由 $x=0$ 时，$y=y_D$ 和 $x=d$ 时，$y=y_E$ 可知，此直线就是连接纵坐标 y_D 和 y_E 的直线 [图 3.9 (b)]。

上面的结论，也适用于结点荷载作用下任何量值的影响线。由此可知，在结点荷载作用下影响线的基本特点是：**任意两相邻结点间影响线呈直线变化。**

下面我们将结点荷载作用下影响线的绘制方法归纳如下：首先作出直接荷载作用下所求量值的影响线。然后取各结点处的纵坐标，并将其相邻顶点在每一纵梁范围内连以直线。

图 3.10 所示为间接荷载作用下影响线的另一个例子，读者可自行校核。

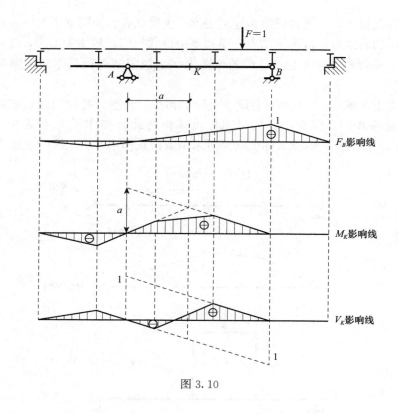

图 3.10

3.4 多跨静定梁的反力与内力影响线

对于多跨静定梁，只需分清它的基本部分和附属部分及这些部分之间的传力关系，再利用单跨静定梁的已知影响线，便可将多跨静定梁的影响线顺利绘制出来。例如，图 3.11（a）所示多跨静定梁，由基本部分 AC 和附属部分 CD 所组成。我们先来绘制附属部分 CD 上截面 E 的弯矩影响线。当荷载 $F=1$ 在 AC 上移动时，附属部分 CD 不受力，因此，在 AC 段上 M_E 的影响线纵坐标为零；当荷载 $F=1$ 在 CD 上移动时，取 CD 梁为隔离体［图 3.11（d）］，其受力情况与简支梁无异，所以，在 CD 段 M_E 的影响线与相应简支梁相同［图 3.11（b）］。

下面我们再来讨论基本部分 AC 上截面 B 左的剪力影响线。当荷载 $F=1$ 在基本部分 AC 上移动时，附属部分 CD 不受力，可将其撤去。于是 AC 的受力情况与单跨外伸梁无异。因此，在 AC 段 $F_{B左}$ 的影响线与相应单跨外伸梁的剪力影响线相同。当荷载 $F=1$ 在附属部分 CD 上移动时，基本部分受到铰 C 处传来的约束反力 F'_C 的作用［图 3.11（e）］。根据平衡条件，由图 3.11（d）可求得

$$F'_C = F_C = \frac{l_1 - x}{l_1}$$

由图 3.11（e）可求得

$$F_{B左}=F'_C-F_B=-\frac{c}{l}F'_C=-\frac{c\,(l_1-x)}{ll_1}$$

因 F'_C 是 x 的一次函数，所以 $F_{B左}$ 的影响线在 CD 段必为一直线，只需定出两点即可将其绘出。当 $F=1$ 作用于铰 C 时，$F_{B左}$ 影响线的纵坐标已由 AC 段的影响线得出；$F=1$ 作用于支座 D 处时 $x=l_1$，因此 $F_{B左}=0$，于是可绘出 $F_{B左}$ 的整个影响线，如图 3.11 (c) 所示。

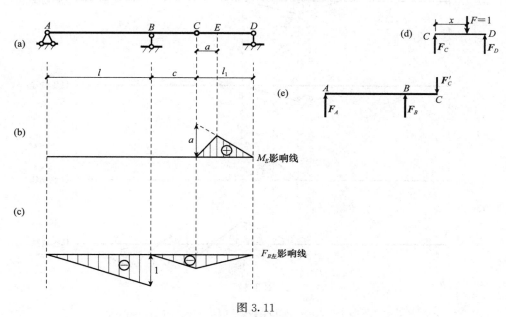

图 3.11

由上可得出如下结论。

1）位于附属部分的量值的影响线，只限于附属部分，且可按相应单跨静定梁绘出，基本部分范围的影响线纵坐标为零。

2）位于基本部分的量值的影响线，不限于该基本部分，还涉及其附属部分，且在附属部分该量值的影响线为直线。

图 3.12 (a) 所示多跨静定梁，按上述结论不难绘出 F_A、M_1、M_2、V_3 的影响线，分别如图 3.12 (b)、(c)、(d)、(e) 所示。读者可自行校核。

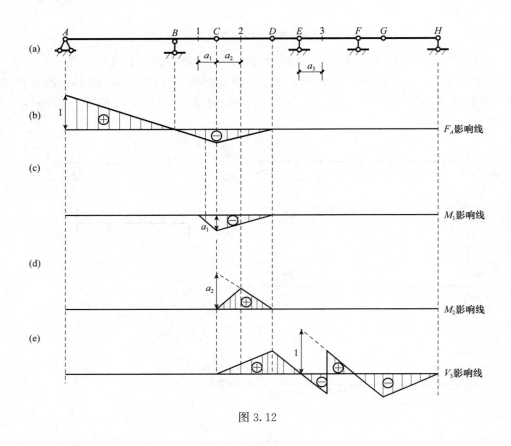

图 3.12

3.5 我国公路和铁路的标准荷载制

为了方便后面讨论影响线的应用，我们先介绍一下我国公路和铁路的标准荷载。

在公路桥梁上行驶的车辆种类繁多，轮距、轴距规格不一，且运载情况复杂，设计结构时不可能对每种情况都进行计算，而是按一种统一的标准荷载来进行设计。这种标准荷载是经过统计分析制定出来的，它既概括了当前各类车辆的情况，又适当考虑了将来的发展。

我国公路桥涵设计使用的标准荷载，分为**计算荷载**和**验算荷载**两种。计算荷载以汽车车队表示，有汽车-10 级、汽车-20 级和汽车-超 20 级三个等级，如图 3.13 所示。每种等级的车队分两种汽车：一种为重车，只有一辆；另一种为主车，其数目不限。图 3.13 中的荷载数值分别为车辆的前后轴总重。各车辆的轴间距离不能改变，车辆间的距离可任意变更，但不能小于图示最小距离。因车队可能从左向右或从右向左通过桥梁，故还需考虑掉头行驶问题，对多车道桥梁还要考虑各车队平行行驶的问题。

验算荷载以履带车、平板挂车表示，分为履带-50、挂车-100、挂车-120 等三种，如图 3.14 所示。其他规定可参看有关规范。

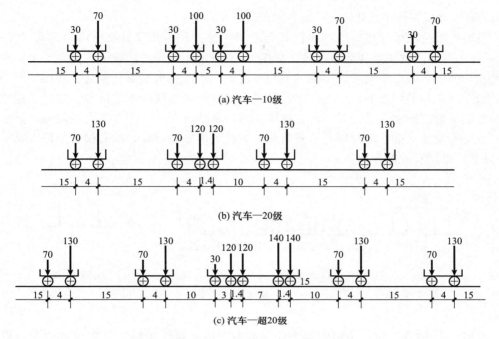

图 3.13　（重力单位：kN，长度单位：m）

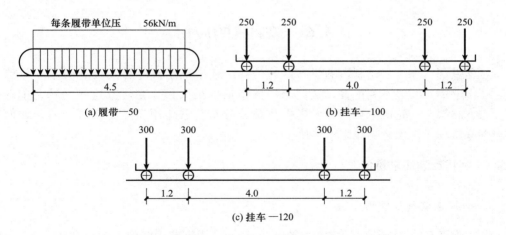

图 3.14　（重力单位：kN，长度单位：m）

　　由于这种车辆荷载标准模式存在一些不尽合理之处（如采用车队荷载模式在桥涵结构设计时计算非常烦琐、车队荷载在不同跨径的结构上产生的效应的连贯性不够合理、标准荷载的级差不尽合理等），因此，2004 年，在交通部的新标准中对公路桥涵结构设计采用的标准车辆荷载模式及其分级做了调整，将原标准车队荷载改为公路—Ⅰ级、公路—Ⅱ级两级汽车荷载；取消了在四级公路上使用的汽车—10 级车辆荷载。经过如此调整，从荷载水平看，公路—Ⅰ级基本相当于原标准的汽车—超 20 级车辆荷载，公路—Ⅱ级基本相当于原标准的汽车—20 级车辆荷载。另外，从形式上取消了验算荷载，而将验算荷载的影响通过多种途径间接地反映到汽车荷载模式中。

我国铁路桥涵设计使用的标准荷载为中华人民共和国铁路标准活载，简称"中-活载"，分为普通活载和特种活载两种，如图 3.15 所示。在普通活载中，前面 5 个集中活载代表一台机车的 5 个轴重，中部一段均布荷载代表其煤水车部分及与之联挂的另一台机车和煤水车的平均重力，后面任意长的均布荷载代表车辆的平均重力。特种活载代表个别重型车辆的轴重。设计时，看普通活载与特种活载哪一个产生较大的内力，就采用哪一个作为设计标准。不过特种活载虽然轴重较大但轴数较少，故其仅对短跨度梁（约 7m 以下）设计有控制作用。

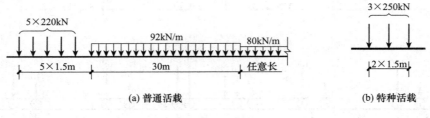

图 3.15

使用"中-活载"时，可由图示中任意截取，但不得变更轴距。列车可由左端或右端进入桥梁，以产生较大内力的方式为准。

3.6　影响线的应用

3.6 影响线的应用

绘制影响线的目的是利用它来确定实际移动荷载对某一量值的最不利位置，从而求出该量值的最大值。在研究这一问题之前，应先讨论当若干个集中荷载或分布荷载作用于某已知位置时，如何利用影响线来求量值。

3.6.1　利用影响线求量值

1. 一组集中荷载作用

设某量值 S 的影响线已绘出，如图 3.16 所示。现有若干竖向集中荷载 F_1、F_2、$\cdots$、F_n 作用于已知固定位置，各荷载对应于影响线上的纵坐标分别为 y_1、y_2、$\cdots$、y_n。现求这些集中荷载作用所产生的量值 S 的大小。

我们知道，影响线的竖坐标 y_1 代表荷载 $F=1$ 作用于该处时量值 S 的大小。若荷载不是 1 而是 F_1，则 S 应为 $F_1 y_1$。因此，当有若干集中荷载作用时，根据叠加原理可知，所产生的量值 S 为

$$S = F_1 y_1 + F_2 y_2 + \cdots + F_n y_n = \sum F_i y_i \tag{3.1}$$

式（3.1）表明，**若干固定集中荷载共同作用所产生的量值 S 等于各集中力与其作用点处量值影响线纵坐标的乘积的代数和。**

应当指出，当若干个集中荷载作用于某一直线段范围时（图 3.17），为简化计算，可用它们的合力 R 来代替全部荷载来计算，而不会改变所求量值的数值。下面给予证明，将影响线上的直线段延长使之与基线相交于 O 点，则有

$$S = F_1 y_1 + F_2 y_2 + \cdots + F_n y_n$$
$$= (F_1 x_1 + F_2 x_2 + \cdots + F_n x_n) \times \tan\alpha$$
$$= \tan\alpha \sum F_i x_i$$

因为 $\sum F_i x_i$ 为各力对 O 点之矩的代数和，根据合力矩定理，它应等于合力 R 对 O 点之矩，即

$$\sum F_i x_i = R\bar{x} \tag{3.2}$$

则

$$S = R\bar{x}\tan\alpha = R\bar{y}$$

式中：$\bar{y}$ 为合力 R 所对应的影响线纵坐标。结论得证。

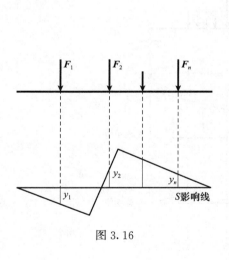

图 3.16

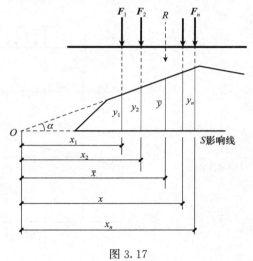

图 3.17

2. 分布荷载作用

已知梁某量值 S 的影响线及梁上作用有分布荷载 q_x，如图 3.18 所示。现将分布荷载沿其长度分成许多无穷小的微段，则每一微段 $\mathrm{d}x$ 上的荷载 $q_x \mathrm{d}x$ 都可看作一微小"集中"荷载，故在 ab 区段内分布荷载所产生的量值 S 为

$$S = \int_a^b q_x y \, \mathrm{d}x \tag{3.3}$$

若 q_x 为均布荷载 q（图 3.19），则式（3.3）成为

$$S = q \int_a^b y \, \mathrm{d}x = qw \tag{3.4}$$

式中：w 表示影响线在均布荷载范围 ab 内的面积。

式（3.4）表明：**均布荷载作用产生的某量值等于该均布荷载集度与所对应部分影**

响线图形面积之积。但应注意，在计算面积 w 时，若影响线有正有负，则所取面积应为正负面积的代数和。

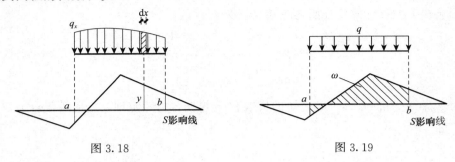

图 3.18　　　　　　　　　图 3.19

【例题 3.1】　试利用影响线求图 3.20（a）所示简支梁在荷载作用下的 F_A、V_C、M_C 和 V_D 的值。

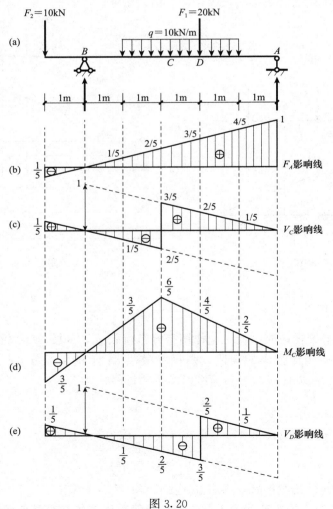

图 3.20

【解】　绘制出 F_A、V_C、M_C 和 V_D 各量值影响线，并求出荷载作用点处的纵坐标，如图 3.20（b）、（c）、（d）和（e）所示。于是

$$F_A=20\times\frac{3}{5}-10\times\frac{1}{5}+10\times\frac{1}{2}\times\left(\frac{1}{5}+\frac{4}{5}\right)\times3=25\text{（kN）}$$

$$V_C=20\times\frac{2}{5}+10\times\frac{1}{5}+10\times\frac{1}{2}\times\left(\frac{1}{5}+\frac{3}{5}\right)\times2-10\times\frac{1}{2}\times\left(\frac{2}{5}+\frac{1}{5}\right)\times1=15\text{（kN）}$$

$$M_C=20\times\frac{4}{5}-10\times\frac{3}{5}+10\times\frac{1}{2}\times\left(\frac{6}{5}+\frac{2}{5}\right)\times2+10\times\frac{1}{2}\times\left(\frac{6}{5}+\frac{3}{5}\right)\times1=35\text{（kN·m）}$$

由于 F_1 恰好作用在 D 截面时，V_D 影响线在 D 处有突变。因此，V_D 应按 F_1 作用于 D 截面左侧和右侧分别计算。当求 $F_{D左}$ 时，F_1 应位于 D 截面之左，其相应的影响线纵坐标为 $+\frac{2}{5}$，而在求 $V_{D右}$ 时，F_1 则位于 D 截面之右，其相应影响线纵坐标为 $-\frac{3}{5}$。

$$V_{D左}=20\times\frac{2}{5}+10\times\frac{1}{5}-10\times\frac{1}{2}\times\left(\frac{3}{5}+\frac{1}{5}\right)\times2+10\times\frac{1}{2}\times\left(\frac{2}{5}+\frac{1}{5}\right)\times1=5\text{（kN）}$$

$$V_{D右}=-20\times\frac{3}{5}+10\times\frac{1}{5}-10\times\frac{1}{2}\times\left(\frac{3}{5}+\frac{1}{5}\right)\times2+10\times\frac{1}{2}\times\left(\frac{2}{5}+\frac{1}{5}\right)\times1=-15\text{（kN）}$$

3.6.2　利用影响线确定最不利荷载位置

前面已指出，在移动荷载作用下，结构上的各种量值均随荷载位置而变化，而设计时必须求出各种量值的绝对最大值（包括最大正值和最大负值，最大负值也称最小值），以作为设计依据。为此，必须先确定使某一量值达到最大（或最小）值的荷载位置，即最不利荷载位置。只要所求量值的最不利荷载位置确定下来，其最大（最小）值便可按 3.6.1 节所述方法算出。本节将讨论如何利用影响线来确定最不利荷载位置。

当只有一个集中移动荷载 F 时，显然将 F 置于 S 影响线的最大纵坐标处即产生 S_{max}；将 F 置于最大负坐标处即产生 S_{min} 值（图 3.21）。

对于可以任意断续布置的均布荷载（也称可动均布荷载，如人群、货物等），由式（3.4）易知，将荷载布满影响线所有正面积部分对应的梁段，则产生 S_{max}；反之，将荷载布满影响线所有负面积部分对应的梁段，则产生 S_{min} 值（图 3.22）。

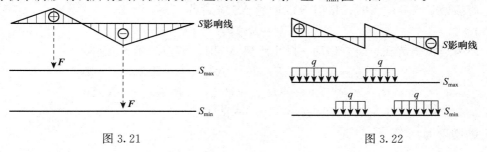

图 3.21　　　　　　　　　　　　　图 3.22

对于行列荷载，即一系列间距不变的移动集中荷载（也包括均布荷载），如汽车车队等，最不利荷载位置就难以直观确定。下面从 S 值的变化规律来解决这个问题。

设量值 S 的影响线如图 3.23（a）所示为一折线形，各段直线的倾角为 α_1、α_2、…、α_n。取坐标轴 x 向右为正，y 向上为正，倾角 α 以逆时针方向为正。现有一组集中荷载

处在图 3.23 （b） 所示位置，所产生的量值以 S 表示。若每一段直线范围内各荷载的合力分别为 $\boldsymbol{R}_1$、$\boldsymbol{R}_2$、$\cdots$、$\boldsymbol{R}_n$，则有

$$S_1 = R_1 y_1 + R_2 y_2 + \cdots + R_n y_n \tag{3.5}$$

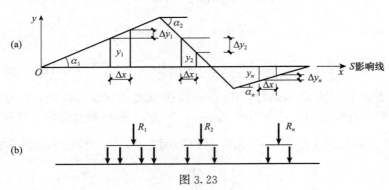

图 3.23

从式 （3.5） 可看出，对于由直线组成的多边形影响线，y 与 x 成正比，则移动荷载作用时的影响量 S 由 x 的一次函数式所组成。使 S 达极大值时荷载的临界位置为：荷载自临界位置微微向左移动或向右移动时，S 量值均应减少或等于零，如图 3.24 （a） 和图 3.24 （b） 所示。

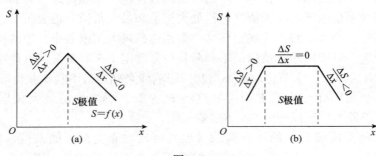

图 3.24

荷载处于临界位置时，量值 S 的增量 ΔS 应满足

$$\Delta S \leqslant 0 \tag{3.6}$$

因为当整个荷载组向右移动一微小距离 Δx 时，相应的量 S_2 值为

$$
\begin{aligned}
S_2 &= R_1 (y_1 + \Delta y_1) + R_2 (y_2 + \Delta y_2) + \cdots + R_n (y_n + \Delta y_n) \\
&= R_1 y_1 + R_2 y_2 + \cdots + R_n y_n + R_1 \Delta y_1 + R_2 \Delta y_2 + \cdots R_n \Delta y_n \\
&= S_1 + R_1 \Delta y_1 + R_2 \Delta y_2 + \cdots + R_n \Delta y_n
\end{aligned}
$$

故 S 的增量为

$$\Delta S = S_2 - S_1 = R_1 \Delta y_1 + R_2 \Delta y_2 + \cdots + R_n \Delta y_n = \sum_{i=1}^{n} R_i \Delta y_i$$

设各荷载都移动 Δx （向右移动时，Δx 为正），R_i 作用线也移动 Δx；则根据几何关系，纵坐标 y_i 的增量为

$$\Delta y_i = \Delta x \tan \alpha_i$$

因此，S 的增量为

$$\Delta S = \Delta x \sum_{i=1}^{n} R_i \tan\alpha_i$$

S 达到值 S_{max} 时，荷载的临界位置应满足条件式（3.6），代入上式，得

$$\Delta x \sum_{i=1}^{n} R_i \tan\alpha_i \leqslant 0 \qquad (3.7)$$

式（3.7）可以分为两种情况。

$$\begin{cases} \text{当荷载稍向右移时}, \Delta x > 0, \sum_{i=1}^{n} R_i \tan\alpha_i \leqslant 0 \\ \\ \text{当荷载稍向左移时}, \Delta x < 0, \sum_{i=1}^{n} R_i \tan\alpha_i \geqslant 0 \end{cases} \qquad (3.8a)$$

同理，使 S 达 S_{min} 值时，荷载的临界位置必须满足如下条件：

$$\begin{cases} \text{当荷载稍向右移时}, \Delta x > 0, \sum_{i=1}^{n} R_i \tan\alpha_i \geqslant 0 \\ \\ \text{当荷载稍向左移时}, \Delta x < 0, \sum_{i=1}^{n} R_i \tan\alpha_i \leqslant 0 \end{cases} \qquad (3.8b)$$

式（3.8）说明：如果 S 为极值，其荷载稍向左或稍向右移动时，$\sum R_i \tan\alpha_i$ 必须变号（包括由正、负变为零或由零变为正、负）。

那么，在什么情况下 $\sum R_i \tan\alpha_i$ 才能变号呢？式中 $\tan\alpha_i$ 是影响线各段直线的斜率，它们是常数，并不随荷载的位置而改变。在此欲使荷载向左、右移动微小距离时 $\sum R_i \tan\alpha_i$ 变号，各段上的合力 R_i 的数值就必须发生改变，显然，这只有当某个集中荷载恰好作用在影响线某一个顶点（转折点）处时才有可能。当然，不一定每个集中荷载位于顶点时都能使 $\sum R_i \tan\alpha_i$ 变号。我们把能使 $\sum R_i \tan\alpha_i$ 变号的集中荷载称为**临界荷载**，此时的荷载位置称为**临界位置**，而把式（3.8）称为临界位置判别式。

确定临界位置一般需要通过试算，即先将行列荷载中的某一集中荷载置于影响线的某一顶点，然后令荷载分别向左、右移动，计算相应的 $\sum R_i \tan\alpha_i$ 值，看其是否变号。计算中，当荷载微微左移后，此集中荷载应作为该顶点左边直线段上的荷载，而微微右移后则应作为右边直线段上的荷载。如果此时 $\sum R_i \tan\alpha_i$ 不变号，则说明此荷载位置不是临界位置，应换一个荷载置于顶点再进行试算，直至使 $\sum R_i \tan\alpha_i$ 变号（包括由正、负变为零或由零变为正、负），就找出了一个临界位置。在一般情况下，临界荷载或临界位置可能不止一个，这就需要将与各临界位置相应的 S 极值求出，再从中选取最大（最小）值，其相应的荷载位置即最不利荷载位置。

为了减少试算次数，宜事先大致估计最不利荷载位置。一般估计方法是将移动行列荷载中数值较大且较为密集的部分置于影响线的最大纵坐标附近，同时注意位于同符号影响线范围内的荷载应尽可能得多，就可能产生较大的 S 值。

【例题 3.2】 图 3.25（a）表示某量值影响线，试求在"汽车－20 级"移动荷载作用下最不利荷载位置，并求最大与最小影响量。

【解】　（1）求 S_{max}

车队自左向右行驶，选重车后轮 F_3 置于影响线顶点坐标 $\frac{1}{2}$ 处，其荷载位置如图 3.25（b）所示。

影响线各直线段的斜率为

$$\tan\alpha_1 = \frac{1}{16}, \quad \tan\alpha_2 = \frac{1}{16}, \quad \tan\alpha_3 = \frac{3}{16}, \quad \tan\alpha_4 = -\frac{1}{16}$$

按式（3.8a），有

$$130 \times \frac{1}{16} - 70 \times \frac{1}{16} - (120 + 180) \times \frac{1}{16} < 0$$

$$130 \times \frac{1}{16} - 70 \times \frac{1}{16} + 120 \times \frac{3}{16} - 180 \times \frac{1}{16} > 0$$

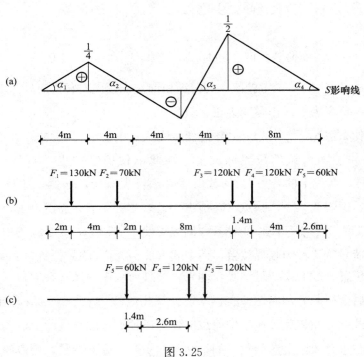

图 3.25

故知这是一临界荷载位置。计算其影响量值为

$$S = 130 \times \frac{1}{8} + 70 \times \frac{1}{8} + 120 \times \frac{1}{2} + 120 \times \frac{1}{2} \times \frac{6.6}{8} + 60 \times \frac{1}{2} \times \frac{2.6}{8}$$

$$= 144.25 \text{ (kN)}$$

若将重车另一后轮 F_4 置于顶点坐标 $\frac{1}{2}$ 处，于是有

$$130 \times \frac{1}{16} - 70 \times \frac{1}{16} + 120 \times \frac{3}{16} - 180 \times \frac{1}{16} > 0$$

$$130 \times \frac{1}{16} - 70 \times \frac{1}{16} + (120 + 120) \times \frac{3}{16} - 60 \times \frac{1}{16} > 0$$

故知这不是临界荷载位置。其他情形更不可能。

当考虑车队调头行驶时，由于重车后轮 F_3 作用影响线 $\frac{1}{2}$ 处时，前轮 F_5 处在影响线的负值处，故不可能产生最大值。

所以影响量最大值 $S_{max} = 144.25 \text{kN}$。此时荷载位置［图 3.25 （b）］即为 S 取正值时的最不利荷载位置。

（2）求 S_{min}

选重车后轮 F_3 置于影响线负值的唯一顶点处，其荷载位置如图 3.25 （c）所示，于是有

$$-180 \times \frac{1}{16} - 120 \times \frac{1}{16} < 0$$

$$-180 \times \frac{1}{16} + 120 \times \frac{3}{16} > 0$$

满足不等式条件，故 F_3 为临界荷载。其他荷载均不满足上述条件。此时车队由右向左行驶，影响量取极小值，即

$$S_{min} = 60 \times \frac{1}{4} \times \frac{1.4}{4} - 120 \times \frac{1}{4} \times \frac{2.6}{4} - 120 \times \frac{1}{4} = -44.25 \text{ (kN)}$$

此时荷载位置［图 3.25 （c）］即为 S 取负值时的最不利荷载位置。

对于经常遇到的三角形影响线（图 3.26），临界位置的判别式可简化为更便于应用的形式。设临界荷载 F_K 处于三角形影响线的顶点，并以 R_a、R_b 分别表示 F_K 以左和以右荷载的合力，则根据荷载向左、向右微微移动时 $\sum R_i \tan\alpha_i$ 应由正变负，可写出如下两个不等式：

$$(R_a + F_K) \tan\alpha - R_b \tan\beta \geqslant 0$$

$$R_a \tan\alpha - (F_K + R_b \tan\beta) \leqslant 0$$

将 $\tan\alpha = \dfrac{h}{a}$ 和 $\tan\beta = \dfrac{h}{b}$ 代入，得

$$\begin{cases} \dfrac{F_a + F_K}{a} \geqslant \dfrac{R_b}{b} \\ \dfrac{R_a}{a} \leqslant \dfrac{F_K + R_b}{b} \end{cases} \tag{3.9}$$

这就是在三角形影响线上判别临界位置的公式。对这两个不等式可以这样来理解：把临界荷载 F_K 算入影响线顶点的哪一边，则哪一边上的"平均荷载"值就大些。

对于均布荷载跨过三角形影响线顶点的情况（图 3.27），则可由 $\dfrac{\mathrm{d}s}{\mathrm{d}x} = \sum_{i=1}^{n} R_i \tan\alpha_i = 0$ 的条件来确定临界荷载位置。此时有

$$\sum_{i=1}^{n} R_i \tan\alpha_i = R_a \frac{h}{a} - R_b \frac{h}{b} = 0$$

得

$$\frac{R_a}{a} = \frac{R_b}{b} \tag{3.10}$$

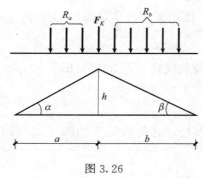

图 3.26

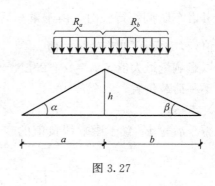

图 3.27

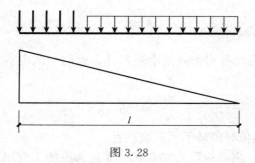

图 3.28

即均布荷载处于临界荷载位置时，三角形左、右两边的"平均荷载"应相等。

最后必须指出，对于直角三角形影响线，判别式（3.8a）、式（3.8b）和式（3.9）均不再适用。此时的最不利荷载位置，一般可直观判定。如图 3.28 所示，对"中-活载"，显然第一轮位于影响线顶点时所产生的量值最大，即此时的位置为最不利荷载位置。

【例题 3.3】 图 3.29（a）所示为一简支吊车梁，跨度为 12m。两台吊车传来的最大轮压为 82kN（$F_1 = F_2 = F_3 = F_4 = 82$kN），轮距为 3.5m，两台吊车并行的最小间距为 1.5m。求截面 C 弯矩最大时的最不利荷载位置及 M_C 的最大值。

【解】 作 M_C 的影响线如图 3.29（b）所示。

临界荷载 F_K 可能是 F_2 或 F_3，先把 F_2 视为 F_K，如图 3.29（c）所示。用式（3.9）验算：

荷载稍向左移，$\dfrac{82+82}{3.6} > \dfrac{82+82}{8.4}$

荷载稍向右移，$\dfrac{82}{3.6} < \dfrac{82+82+82}{8.4}$

故 F_2 是一临界荷载。

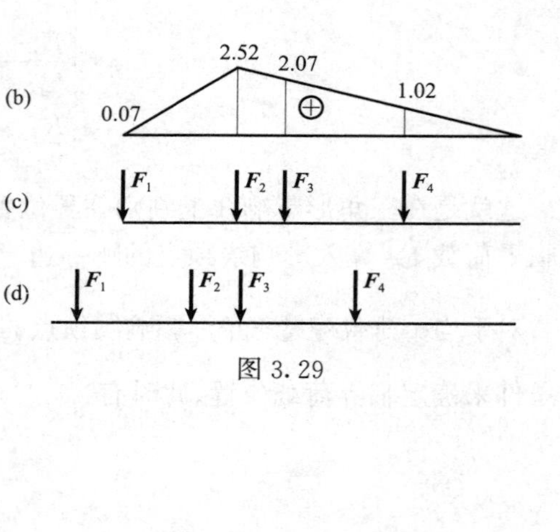

图 3.29

再把 F_3 视为 F_K，如图 3.29（d）所示。用式（3.9）验算，此时荷载 F_1 已出梁外。

$$荷载稍向左移，\frac{82+82}{3.6}>\frac{82}{8.4}$$

$$荷载稍向右移，\frac{82}{3.6}>\frac{82+82}{8.4}$$

故 F_3 不是一临界荷载。

将 F_2 置于点 C 为 M_C 的最不利荷载位置，相应最大弯矩为

$$M_{Cmax}=82\times（0.07+2.52+2.07+1.02）=465.76（kN\cdot m）$$

【例题 3.4】 试求图 3.30（a）所示在"汽车—10 级"荷载作用下，简支梁截面 C 的最大弯矩。

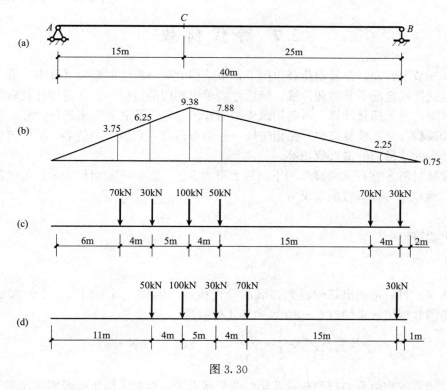

图 3.30

【解】 作出 M_C 的影响线如图 3.30（b）所示。

首先，考虑车队由左向右开行，将重车后轮置于影响线顶点 ［图 3.30（c）］，按式（3.9）有

$$\frac{100+100}{15}>\frac{150}{25}$$

$$\frac{100}{15}<\frac{100+150}{25}$$

可知所试位置为一临界荷载位置。此时在梁上的荷载较多且最重的车轮位于影响线最大纵坐标处，故无须再考虑其他位置。

其次，考虑车队调头向左开行。仍将重车后轮置于顶点处试算 [图 3.30 (d)]，有

$$\frac{50+100}{15} > \frac{130}{25}$$

$$\frac{50}{15} < \frac{100+130}{25}$$

可知，这又是一临界荷载位置，且此情况下其他荷载位置也不用考虑。

根据上述两临界位置，可分别算出相应的 M_C 值。经比较得知图 3.30（c）对应的 M_C 值更大，所以该位置为 M_C 最不利荷载位置。此时

$$M_{C\max}=70\times3.75+30\times6.25+100\times9.38+50\times7.88+70\times2.55+30\times0.75$$
$$=1983（kN \cdot m）$$

3.7 等 代 荷 载

由 3.6 节内容知，在移动荷载作用下，求结构上某一量值的最大（最小）值，一般需先通过试算确定最不利荷载位置，然后才能求出相应的量值，计算过程比较麻烦。在实际工作中，为了简化计算，可利用预先编制好的"等代荷载表"来进行计算。

等代荷载（又称**换算荷载**）是指这样一种均布荷载，它所产生的某一量值与所给行列荷载产生的该量值的最大值相等。

如设某量值 S 在行列荷载作用下的最大值为 $S_{\max}$，影响线的面积为 w，等代荷载集度为 K，则根据等代荷载的定义有

$$S_{\max}=Kw$$

由上式可得

$$K=\frac{S_{\max}}{w} \tag{3.11}$$

由式（3.11）可求出任何行列荷载的等代荷载。例如，对于例 3.4 中的弯矩 M_C，由已算得的数据可求得的汽车—10 级的等代荷载为

$$K=\frac{M_{C\max}}{w}=\frac{1983}{\frac{1}{2}\times40\times9.38}=10.6（kN \cdot m）$$

等代荷载的数值只与行列荷载及影响线形状有关，但对于纵坐标成固定比例的各影响线，其等代荷载相等。现证明如下：设有两种影响线 [图 3.31（a）、（b）] 的各纵坐标完全按同一比例变化，即 $y_2=ny_1$，从而可知 $w_2=nw_1$。现假设有一行列荷载在两影响线上移动，则由此算得的两个 S 最大值有如下关系。

$$S_{2\max}=\sum F_i y_{2i}=\sum F_i n y_{1i}=n\sum F_i y_{1i}=nS_{1\max}$$

于是等代荷载

$$K_2=\frac{S_{2\max}}{w_2}=\frac{nS_{1\max}}{nw_1}=\frac{S_{1\max}}{w_1}=K_1$$

由此可知，**凡长度相同，顶点位置也相同，但最大纵坐标不同的各三角形影响线，**

可用同一等代荷载。

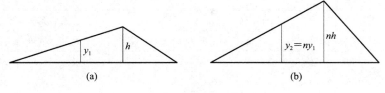

图 3.31

表 3.2 和表 3.3 分别列出了我国现行公路汽车－10 和汽车－20 级的等代荷载。它们是根据三角形影响线制成的。

表 3.2　汽车－10 级的等代荷载 K　　（每车列，单位：kN/m）

跨径或荷载长度/m	影响线顶点位置									
	标准车列					无加重车列				
	端部	1/8 处	1/4 处	3/8 处	跨中	端部	1/8 处	1/4 处	3/8 处	跨中
1	200.0	200.0	200.0	200.0	200.0	140.0	140.0	140.0	140.0	140.0
2	100.0	100.0	100.0	100.0	100.0	70.0	70.0	70.0	70.0	70.0
3	66.7	66.7	66.7	66.7	66.7	46.7	46.7	46.7	46.7	46.7
4	50.0	50.0	50.0	50.0	50.0	35.0	35.0	35.0	35.0	35.0
6	38.9	37.3	35.2	33.3	33.0	26.7	25.7	24.4	23.3	23.3
8	31.3	30.4	29.2	27.5	25.0	21.3	20.7	20.0	19.0	17.5
10	26.0	25.4	24.7	23.6	22.0	17.6	17.3	16.8	16.2	15.2
13	21.5	20.4	19.9	19.3	19.4	14.0	13.7	13.5	13.1	12.5
16	18.9	18.0	16.9	17.3	17.0	11.6	11.4	11.3	11.0	10.6
20	17.1	16.0	15.8	16.1	15.2	9.8	9.3	9.2	9.0	8.8
25	14.9	14.2	14.1	14.3	13.7	9.2	8.3	7.5	7.4	7.2
30	13.3	12.7	12.6	12.7	12.3	8.6	7.9	7.0	6.4	6.1
35	12.5	11.5	11.4	11.4	11.1	7.9	7.4	6.8	6.3	5.6
40	11.8	10.8	10.7	10.5	10.2	7.5	6.9	6.4	6.0	5.4
45	11.0	10.3	10.2	10.0	9.7	7.3	6.6	6.1	5.8	5.6
50	10.5	9.7	9.7	9.5	9.3	7.3	6.5	5.8	5.5	5.1
65	9.8	9.0	8.7	8.7	8.7	6.7	6.2	5.7	5.5	5.6

表 3.3　汽车－20 级的等代荷载 K　（每车列，单位：kN/m）

跨径或荷载长度/m	影响线顶点位置									
	标准车列					无加重车车列				
	端部	1/8 处	1/4 处	3/8 处	跨中	端部	1/8 处	1/4 处	3/8 处	跨中
1	260.0	260.0	260.0	260.0	260.0	260.0	260.0	260.0	260.0	260.0
2	156.0	144.0	130.0	130.0	130.0	130.0	130.0	130.0	130.0	130.0
3	122.7	117.3	110.2	100.0	86.7	86.7	86.7	86.7	86.7	86.7
4	99.0	96.0	92.0	86.4	78.0	65.0	65.0	65.0	65.0	65.0
6	72.7	69.3	67.6	65.1	61.3	51.1	48.9	45.9	43.3	43.3
8	59.6	57.4	54.5	51.6	49.5	41.3	40.0	38.3	36.0	32.5
10	50.2	48.8	46.9	44.3	43.7	34.2	33.6	32.5	31.0	28.8
13	40.3	29.5	38.4	36.3	36.0	27.5	27.0	26.4	25.5	24.1
16	33.7	33.1	32.4	31.4	31.1	22.8	22.5	22.1	21.5	20.6
20	29.2	27.2	26.7	26.1	25.9	19.3	18.4	18.1	17.8	17.2
25	25.7	24.3	24.3	22.8	22.0	18.0	16.3	14.8	14.6	14.2
30	22.7	21.8	22.4	21.5	19.9	17.0	15.6	13.9	12.6	12.1
35	20.9	19.9	20.5	19.8	18.7	15.7	14.7	13.4	12.4	11.1
40	20.0	18.9	18.3	17.5	14.9	15.0	13.8	12.7	12.0	10.8
45	19.0	18.4	17.7	16.9	16.8	14.6	13.1	12.0	11.5	11.2
50	18.0	17.7	17.0	16.4	16.3	14.2	12.8	11.6	11.0	11.4
60	16.9	16.3	15.7	15.3	15.2	13.4	12.2	11.3	10.0	11.2

使用时应注意以下问题。

1）荷载长度 L 是指同符号影响线长度（图 3.32）。

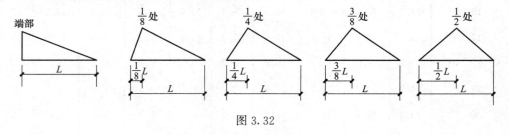

图 3.32

2）影响线顶点位置是指顶点到较近零点距离的水平距离与荷载长度之比。

3）荷载长度在表 3.2 和表 3.3 所列数值之间或三角形影响线的顶点不在表 3.2 和表 3.3 所列位置时，K 值可按内插法求得。

原汽车荷载采用的是相对固定间距的集中荷载来模拟过桥的汽车车队，这种方法虽然比较接近实际情况，但需要采用计算烦琐的试算来确定车队的最不利布置位置。因此，最新规范已采用计算简单方便的车道荷载和车辆荷载来代替原有的汽车—10 级、汽车—20 级等代荷载，详细内容可见《公路桥涵设计通用规范》（JTG D60—2015）。

【**例题 3.5**】　试利用等代荷载表计算在"汽车—10 级"荷载作用下，图 3.33（a）所示简支梁截面 C 的最小剪力、最大剪力和最大弯矩。

【**解**】　作出 V_C 及 M_C 的影响线，如图 3.33（b）、（c）所示。

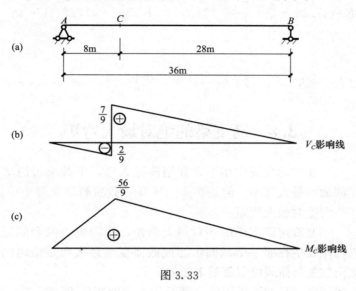

图 3.33

（1）计算最小剪力 V_{Cmin}

此时荷载长度 $L=8\text{m}$（即 V_C 影响线的负号部分长），影响线顶点位于端部。查表 3.1 得 $K=31.3\text{kN/m}$，故可得

$$V_{Cmin}=Kw=31.3\times\left(-\frac{1}{2}\times8\times\frac{2}{9}\right)=-27.82\ (\text{kN})$$

（2）计算最大剪力 V_{Cmax}

此时荷载长度 $L=24\text{m}$（即 V_C 影响线正号部分长），影响线顶点位于端部。因 L 在表 3.1 所列数值之间，K 值需通过直线内插计算。

$$当 L=26\text{m} 时，K=14.6\text{kN/m}$$
$$当 L=30\text{m} 时，K=13.3\text{kN/m}$$

（3）计算最大弯矩 M_{Cmax}

此时 $L=36\text{m}$，影响线顶点位于 $\frac{2}{9}$ 处，两者均在表 3.1 所列数值之间，K 值需进行两次内插。

当 $L=36\text{m}$，顶点位于 $\frac{1}{8}$ 处时，有

$$K=10.8+\frac{40-36}{40-35}\times(11.5-10.8)=11.36\ (\text{kN/m})$$

当 $L=36\text{m}$，顶点位于 $\frac{1}{4}$ 处时，有

$$K=10.7+\frac{40-36}{40-35}\times(11.4-10.7)=11.26\ (\text{kN/m})$$

然后，由以上两值内插求得当 $L=36\mathrm{m}$，顶点位于 $\dfrac{2}{9}$ 处时的 K 值，得

$$K=11.26+\frac{\dfrac{2}{8}-\dfrac{2}{9}}{\dfrac{2}{8}-\dfrac{1}{8}}\times(11.36-11.26)=11.28\ (\mathrm{kN/m})$$

则

$$M_{C\mathrm{max}}=Kw=11.28\times\left(\frac{1}{2}\times36\times\frac{56}{9}\right)=1263.36\ (\mathrm{kN\cdot m})$$

3.8　简支梁的绝对最大弯矩

3.8 简支梁的绝对
最大弯矩

在移动荷载作用下，利用前述方法，不难求出简支梁上任一指定截面的最大弯矩。但是在梁的所有各截面的最大弯矩中，又有最大的，称为绝对最大弯矩。

要确定简支梁的绝对最大弯矩，必须解决两个问题：①绝对最大弯矩发生在哪一个截面？②此截面发生最大弯矩值时的荷载位置。也就是说，此时截面位置与荷载位置都是未知的。

为了解决上述问题，我们可以把各个截面的最大弯矩值都求出来，然后加以比较。但是实际上梁上的截面有无穷多个，不可能一一计算，因而只能选取有限多个截面来进行比较，以求得问题的近似解答。当然这也是比较麻烦的。

但是，当梁上作用的移动荷载都是集中荷载时，问题可以简化。我们知道，梁在集中荷载作用下（图 3.34），无论荷载在任何位置，弯矩图的顶点总是在集中荷载作用点处。因此可以断定，绝对最大弯矩必定发生在某一集中荷载作用点处的截面上。剩下的问题只是确定它究竟发生在哪一荷载位置时

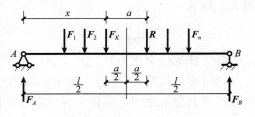

图 3.34

的哪一集中荷载下面。为此，可采取如下办法来解决，即先任选一集中荷载，看荷载在什么位置时，该荷载作用点处截面的弯矩达到最大值；然后按同样方法，分别求出其他各荷载作用点处截面的最大值；再加以比较，即可确定绝对最大弯矩。下面从临界荷载在合力左侧为例，导出相关公式。

如图 3.34 所示，试取某一集中荷载 $\boldsymbol{F}_K$，它至左支座 A 的距离为 x，而梁上荷载的合力 $\boldsymbol{R}$ 至 $\boldsymbol{F}_K$ 的距离为 a，则左支座的反力为

$$F_A=\frac{R}{l}\ (l-x-a)$$

$\boldsymbol{F}_K$ 作用点截面的弯矩 M_x 为

$$M_x=\boldsymbol{F}_A x-M_{K左}=\frac{R}{l}\ (l-x-a)\ x-M_{K左}$$

式中：M_K 表示 $\boldsymbol{F}_K$ 以左梁上荷载对 $\boldsymbol{F}_K$ 作用点的力矩总和，它是一个与 x 无关的常数。

当 M_x 为极大值时，根据极值条件

$$\frac{\mathrm{d}M_x}{\mathrm{d}x}=\frac{R}{l}\ (l-2x-a)\ =0$$

得

$$x=\frac{l}{2}-\frac{a}{2} \tag{3.12}$$

这表明，当 F_K 与合力 R 对称于梁的中心点时，F_K 所在截面的弯矩达到最大值，其值为

$$M_{\max}=\frac{R}{l}\left(\frac{l}{2}-\frac{a}{2}\right)^2-M_{K左} \tag{3.13}$$

若 F_K 在合力 R 的右侧，则在式（3.13）中的 a 用负值代入即可。

利用上述结论，我们可以将各个荷载作用点截面的最大弯矩求出，将它们加以比较就可得出绝对最大弯矩。不过，当荷载数目较多时，这仍是较麻烦的。实际计算时，宜事先估计发生绝对最大弯矩的临界荷载。因为简支梁的绝对最大弯矩总是发生在梁的中点附近，故可设想，使梁中点产生最大弯矩的临界荷载，也就是发生绝对最大弯矩的临界荷载。经验表明，这种设想在通常情况下都是正确的。据此，计算绝对最大弯矩可按下述步骤进行：首先确定使梁中点截面发生最大弯矩的临界荷载 F_K，然后移动荷载使 F_K 与作用在梁上荷载的合力 R 对称于梁的中点，再计算此时 F_K 作用点截面的弯矩，即得绝对最大弯矩。

值得注意的是，R 为梁上实有荷载的合力。在安排 F_K 与 R 的位置时，梁上实有荷载的个数可能会有增减，这时，就需要重新计算合力 R 的数值和位置。合力 R 作用线的位置可用理论力学中已学过的合力矩定理确定。

【例题 3.6】　试求图 3.35（a）所示简支梁在"汽车—10 级"荷载作用下的绝对最大弯矩，并与跨中截面最大弯矩比较。

【解】　（1）求跨中截面 C 的最大弯矩

绘出跨中截面弯矩 M_C 的影响线如图 3.35（b）所示。显然，重车后轮作用于影响线顶点时为最不利位置［图 3.35（a）］，即临界荷载为 100kN。M_C 最大值为

$$M_{C\max}=50\times3.0+100\times5.0+30\times2.5+70\times0.5=760\ (\mathrm{kN\cdot m})$$

（2）求绝对最大弯矩

设发生绝对最大弯矩时梁上有 4 个荷载，其合力为

$$R=50+100+30+70=250\ (\mathrm{kN})$$

R 至临界荷载（即 100kN）的距离 a 由合力矩定理（以临界荷载 100kN 作用点为矩心）求得

$$a=\frac{30\times5+70\times9-50\times4}{250}=2.32\ (\mathrm{m})$$

使临界荷载 100kN 与 R 对称于梁的中点，荷载安排如图 3.35（c）所示，此时梁上荷载情况与求合力时相同，且合力位于 F_K 的右侧，则绝对最大弯矩为

$$M_{\max}=\frac{250}{20}\times\left(\frac{20}{2}-\frac{2.32}{2}\right)^2-50\times4=776.82\ (\mathrm{kN\cdot m})$$

由上述计算结果知，绝对最大弯矩比跨中最大弯矩大 $\dfrac{776.82-760}{760}\times100\%=$

2.21％，在实际工作中，有时也用跨中最大弯矩来近似代替绝对最大弯矩。

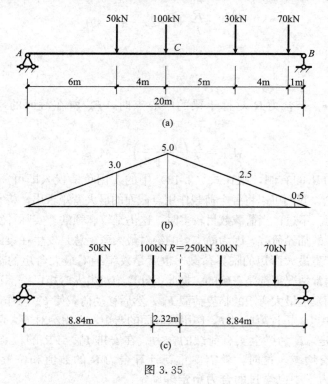

图 3.35

【**例题 3.7**】 求图 3.36（a）所示简支梁在移动荷载作用下的绝对最大弯矩。

【**解**】 当跨中截面 C 的弯矩 M_C 有最大值时，临界荷载为 $F_K = F_2 = 200\text{kN}$。F_2 也就是产生绝对最大弯矩的临界荷载 F_K，荷载的合力 $R = 480\text{kN}$，与 F_K 的距离为

$$a = \frac{200 \times 8 - 80 \times 8}{480} = 2 \text{（m）}$$

合力 R 位于临界荷载 F_K 的右侧，当 F_K 与 R 的距离被梁跨中线所平分时，$F_1 = 80\text{kN}$ 已离开梁面，梁上只有两个荷载 F_2、F_3，其合力已不再是 480kN，故应重新进行计算。

当梁上只有 F_2 和 F_3 两个荷载作用时，显然临界荷载为其中之一。现仍以 F_2 为 F_K 进行计算。F_K 位于合力 $R = 400\text{kN}$ 的左侧，距离 $a = 4\text{m}$。当 a 被梁跨中线所平分时〔图 3.36（c）〕，有

$$x = \frac{17}{2} - \frac{4}{2} = 6.5 \text{（m）}$$

于是绝对最大弯矩为

$$M_{max} = M_D = \frac{400}{17} \times 6.5^2 = 994.12 \text{（kN·m）}$$

如以 F_3 为 F_K，R 与 a 值不变，但 F_K 位于合力 R 的右侧，a 应为负值。此时当 a 被梁跨中线所平分时〔图 3.36（d）〕，有

$$x = \frac{17}{2} + \frac{4}{2} = 10.5 \text{ (m)}$$

绝对最大弯矩为

$$M_{\max} = M_D = \frac{400}{17} \times 10.5^2 - 200 \times 8 = 994.12 \text{ (kN · m)}$$

当然，由于荷载对称，产生的绝对最大弯矩必然相等，一般只算其中之一。

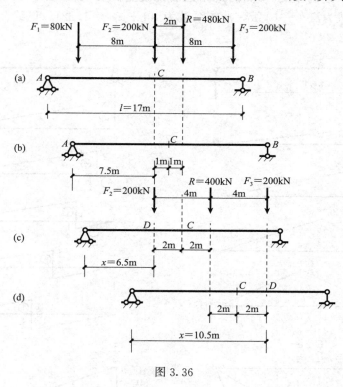

图 3.36

3.9　简支梁的内力包络图

　　一般结构会受到恒载和活载的共同作用，设计时必须考虑两者的共同影响，求出各个截面可能产生的最大和最小内力值作为设计依据。如果将梁上各截面的最大和最小内力值按同一比例标在图上，连成曲线，则这种曲线图形称为内力包络图。梁的内力包络图有弯矩包络图和剪力包络图两种。

　　包络图表示梁在已知恒载和活载共同作用下各截面可能产生的内力的极限范围。

　　在公路桥梁中，主要荷载有恒载（结构自重）、移动活载（汽车、人群等）以及考虑移动荷载动力作用的冲击荷载。结构自重产生的内力 S_q 可用影响线面积求，表示为 $q \sum w$；移动活载产生的内力 S_k 可用等代荷载来求，其最大与最小值计算式分别为 $K w_+$（最大值）及 $K w_-$（最小值）；移动活载的冲击作用用冲击系数 μ 反映，μ 值可根据结构类型查阅交通运输部部颁标准《公路桥涵设计通用规范》（JTG D60—2015）

来确定。于是在恒载与活载共同作用下，梁内力的最大值与最小值分别为

$$\begin{cases} S_{\max} = S_q + S_{k\max} = q\sum w + (1+\mu)Kw_+ \\ S_{\min} = S_q + S_{k\min} = q\sum w + (1+\mu)Kw_- \end{cases} \tag{3.14}$$

下面以一实例来说明简支梁弯矩包络图和剪力包络图的绘制方法。

【例题 3.8】　一跨度为 16m 的公路钢筋混凝土简支梁桥（图 3.37），恒载为 $q = 12.5\text{kN/m}$，活载为汽车—10 级，冲击系数为 $(1+\mu) = 1.221$。试绘制梁的弯矩包络图及剪力包络图。

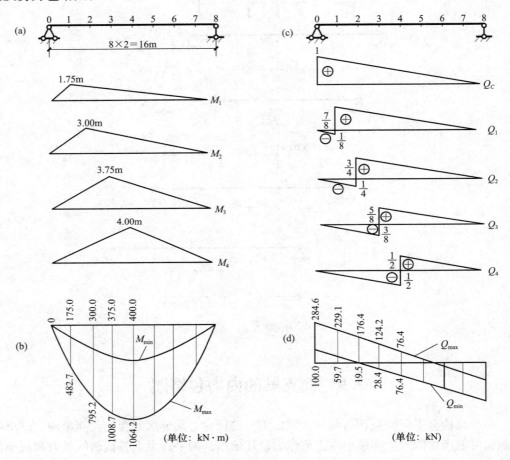

图 3.37

【解】　将梁分成 8 等份，计算各等分点处的截面在恒载和活载作用下的最大（最小）弯矩和剪力值。为此，先绘出各截面的弯矩影响线、剪力影响线，如图 3.37 (a)、(c) 所示。

(1) 弯矩包络图

根据式 (3.14)，弯矩的最大、最小值的计算式可写为

$$M_{\max} = M_q + M_k = qw + (1+\mu)Kw_+$$

$$M_{\min} = M_q$$

为清楚起见，将全部计算列表进行说明（详见表 3.4，由于对称，只需计算左半跨的 4 个截面）。然后根据计算结果，将各截面的最大、最小弯矩值点绘出来并分别用曲线相连，即得到弯矩包络图 [图 3.37（b）]。这里，梁的绝对最大弯矩近似地以跨中最大弯矩代替。

表 3.4 弯矩计算表

截面	影响线		荷载弯矩 $M_q = qw$	等代荷载 K	冲击系数 $1+\mu$	活载弯矩 $M_k = (1+\mu)Kw$	最大弯矩 $M_{max} = M_q + M_k$	最小弯矩 $M_{min} = M_q$
	L	w						
单位	m	m²	kN·m	kN/m		kN·m	kN·m	kN·m
1	16	14	175.0	18.0	1.221	307.7	482.7	175.0
2	16	24	300.0	16.9	1.221	495.2	795.2	300.0
3	16	30	375.0	17.3	1.221	633.7	1008.7	375.0
4	16	32	400.0	17.0	1.221	664.2	1064.2	400.0

（2）剪力包络图

根据式（3.14），剪力的最大、最小值的计算式可写为

$$\begin{cases} S_{max} = S_q + S_{k\max} = q\sum w + (1+\mu)Kw_+ \\ S_{min} = S_q + S_{k\min} = q\sum w + (1+\mu)Kw_- \end{cases}$$

　　全部计算列于表 3.5 中。根据计算结果将各截面最大、最小剪力值分别用曲线相连，即得剪力包络图如图 3.37（d）所示。可以看出，它很接近直线，故实用上只需求作出两端和跨中最大、最小剪力，然后，以直线连接作为近似的剪力包络图（图 3.38）。

表 3.5 剪力计算表

截面	影响线			恒载剪力 $V_q = q\sum w$	等代荷载 K	冲击系数 $1+\mu$	活载剪力 $V_k = (1+\mu)Kw$	最大剪力 (V_{max}) 或最小剪力 $(V_{min}) = V_q + V_k$
	L	w	$\sum w$					
单位	m	m²	m²	kN	kN/m		kN	kN
0	16	+8	+8	+100	18.9	1.221	+184.6	+284.6
							0	+100.0
1	14	+6.125	+6	+75	20.6	1.221	+154.1	+229.1
	2	−0.125			100.0		−15.3	+59.7
2	12	+4.5	+4	+50	23.0	1.221	+126.4	+176.4
	4	−0.5			50.0		−30.5	+19.5
3	10	+3.125	+2	+25	26.0	1.221	+99.5	+124.2
	6	−1.125			38.9		−53.4	−28.4
4	8	+2	0	0	31.3	1.221	+76.4	+76.4
	8	+2			31.3		−76.4	−76.4

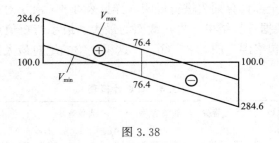

图 3.38

本 章 小 结

本章讨论移动荷载作用下静定结构的反力及内力的计算问题。影响线是在移动荷载作用下进行结构计算的基本工具。

首先要理解影响线的含义。它表示结构某一量值（指某个支座反力，某一截面的内力——弯矩、剪力或轴力，某一截面的挠度或转角等）随单位移动荷载 $F=1$ 位置改变而变化的规律。

要注意内力影响线与内力图的区别。内力影响线表示某一指定截面的某一内力值（弯矩、剪力或轴力）随单位荷载的位置改变而变化的规律；内力图表示结构在某种固定荷载作用下各个截面的某一内力的分布规律。

要弄清影响线纵、横坐标分别代表的意义。影响线任一点的横坐标，表示单位移动荷载的位置，其单位为长度单位。影响线任一点的纵坐标，表示单位荷载移动到该点时某个量的数值，其单位等于该量的单位除以力的单位。

作静定结构反力、内力影响线的静力法是根据隔离体平衡条件写出影响线的方程，再用图线表示出来。要注意的是一个量的影响线可能分为几段，因此，应分段列出方程。

单跨静定梁在直接荷载作用下，其反力和内力影响线的特点应该牢固掌握。

在结点荷载作用下，结构任一量值的影响线在相邻两结点间为一直线。

多跨静定梁中附属部分的任何量值的影响线，都可按与该附属部分相应的单跨梁的影响线作出，而在基本部分范围内的纵坐标则为零。对于基本部分上的某量值的影响线，则先作出与该基本部分相应的单跨梁的相应量值的影响线，再找出控制纵距（铰接和支座处），作出其在附属部分范围内的影响线。

影响线可用来确定各种固定荷载的影响值，也可用来确定移动荷载作用时某量值的最不利荷载位置。当移动荷载为一组集中荷载时，为了确定最不利荷载位置，先要确定临界荷载位置。

固定集中荷载的影响值为

$$S = \sum F_i y_i$$

固定均布荷载的影响值为

$$S = qw$$

行列荷载在多边形影响线上，临界荷载的判别式为 $\sum R\tan\alpha_i$。荷载稍向左、向右移动时，$\sum R\tan\alpha_i$ 必须变号，才可能是临界荷载位置。

在移动均布荷载作用下，最不利荷载位置按一般求极值的方法，即用 $\dfrac{\mathrm{d}s}{\mathrm{d}x}=0$ 的条件来确定。

影响线为三角形时，行列荷载的临界荷载判别式为

$$\frac{R_a+F_K}{a}>\frac{R_b}{b}$$

$$\frac{R_a}{a}<\frac{F_K+R_b}{b}$$

为了简化计算，在实际工程中，通常利用预先制好的"等代荷载表"来求结构的最大（最小）内力。等代荷载的数值只与行列荷载和影响线的形状有关。若两量值影响线纵坐标成固定比例，则其等代荷载的值相等。

简支梁受移动荷载作用时，在梁的所有各截面的最大弯矩中最大的一个称为绝对最大弯矩。绝对最大弯矩总是发生在梁的中点截面附近，使梁中点截面发生最大弯矩的临界荷载一般就是发生绝对最大弯矩的临界荷载。产生绝对最大弯矩的截面与梁上实有荷载的合力恰好位于梁跨中截面两侧等距离处。

连接梁各截面的最大（最小）内力值的曲线称为内力包络图。

影响线是一个新概念，学习时应注意不要把内力影响线与内力图混淆起来。要用运动和变化的观点去分析问题，由易到难，做一定数量的习题，掌握影响线的作图方法。一些基本的影响线的特点应该记住，以便用于分析问题。

思 考 题

3.1 影响线的含义是什么？绘制影响线为什么要选用量纲为 1 的单位竖向集中荷载 $F=1$？影响线的纵坐标与这个单位竖向集中荷载有什么联系？

3.2 说明用静力法绘制影响线的原理、步骤和注意事项。

3.3 在什么情况下影响线必须分成几段来求？

3.4 简支梁剪力的影响线为什么有突变？它和剪力图的突变有何异同？

3.5 影响线和内力图有什么区别？

3.6 间接荷载作用下主梁的影响线有什么特点？

3.7 什么叫最不利荷载位置？最不利荷载位置与临界荷载位置有何不同？二者有何关系？

3.8 怎样确定最不利荷载位置？这种确定方法是否在一切情况下都适用？

3.9 什么叫简支梁的绝对最大弯矩？绝对最大弯矩与跨中截面的最大弯矩有何不同？什么情况下两者是一样的？

3.10 什么叫简支梁的内力包络图？它和内力图有无区别？

习　题

3.1　用静力法绘习题 3.1 图示各梁的影响线。

(a) F_A、F_B、M_C、V_C、M_D、V_D;

(b) F_B、M_B、V_C、M_C;

(c) F_A、F_B、V_D、M_D、$V_{A右}$、$V_{A左}$;

(d) M_D、V_D、M_E、V_E、$V_{B左}$、$V_{B右}$。

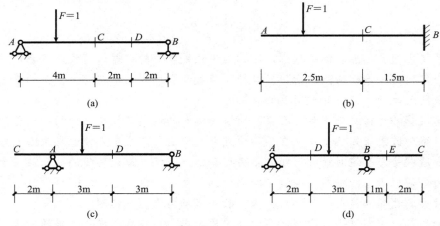

习题 3.1 图

3.2　试作习题 3.2 图示斜梁 V_A、V_B、F_B、M_C、V_C 的影响线。

3.3　试作习题 3.3 图示梁 F_B、M_C、V_C 的影响线。

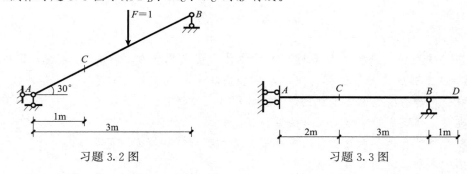

习题 3.2 图　　　　　　　　　　习题 3.3 图

3.4　作习题 3.4 图示主梁 F_B、M_C、M_D、V_C、$V_{D左}$、$V_{D右}$ 的影响线。

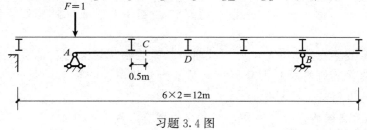

习题 3.4 图

3.5　作习题 3.5 图示主梁 M_A、F_B、M_C、V_C、M_D 和 V_D 的影响线。

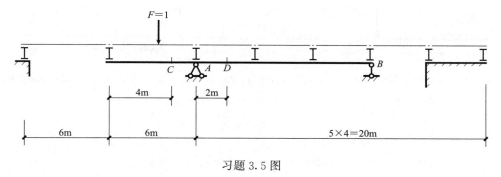

习题 3.5 图

3.6　试作习题 3.6 图示结构 M_E、V_E、F_B 的影响线（$F=1$ 在 ACD 上移动）。

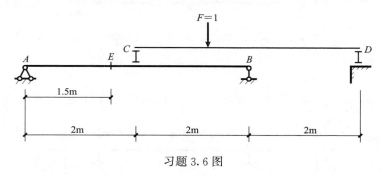

习题 3.6 图

3.7　试作习题 3.7 图示多跨静定梁 F_C、M_K、V_K、$V_{B左}$、F_D 的影响线。

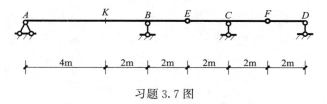

习题 3.7 图

3.8　试作习题 3.8 图示多跨静定梁 F_A、M_K、V_K、F_D 的影响线。

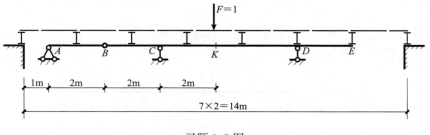

习题 3.8 图

3.9 用影响线求习题 3.9 图示梁指定截面的内力。

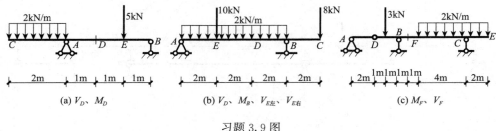

(a) V_D、M_D　　　　(b) V_D、M_B、$V_{E左}$、$V_{E右}$　　　　(c) M_F、V_F

习题 3.9 图

3.10 习题 3.10 图示多跨静定梁除自重 $q_1 = 10\text{kN/m}$，还承受可任意布置的均布荷载 $q_2 = 30\text{kN/m}$，试求支座 A 的最大及最小反力，以及 E 截面的最大和最小弯矩。

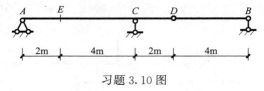

习题 3.10 图

3.11 试求习题 3.11 图示外伸梁在汽车—20 级荷载作用下截面 K 的最大、最小剪力值。

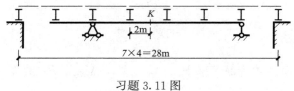

习题 3.11 图

3.12 试求习题 3.12 图示简支梁在履带—50 荷载作用下截面 K 的最大弯矩值。

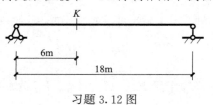

习题 3.12 图

3.13 试求习题 3.13 图示简支梁在汽车—10 级荷载作用下 M_K 最大值，要求按判别式确定最不利荷载位置。

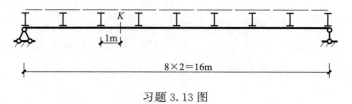

习题 3.13 图

3.14　试判定在汽车—10 级荷载作用下习题 3.14 图示简支梁最不利荷载位置，并求出 M_K 最大值。

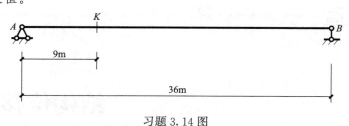

习题 3.14 图

3.15　试判定在汽车—10 级荷载作用下习题 3.15 图示简支梁最不利荷载位置，并求出 F_A 最大值及 V_C 的最大、最小值。

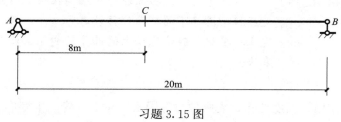

习题 3.15 图

3.16　试利用等代荷载表计算习题 3.14 及习题 3.15。

3.17　试求习题 3.17 图示简支梁的绝对最大弯矩。

习题 3.17 图

3.18　求习题 3.18 图示 AB 梁的绝对最大弯矩。

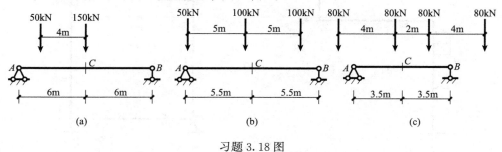

习题 3.18 图

3.19　试绘制跨度为 10m 的简支梁的弯矩及剪力包络图。设恒载 $q=20$kN/m，承受活载为汽车—10 级，冲击系数为 $(1+\mu)=1.221$。

第4章

结构位移计算

学习指引☞ | 本章介绍用虚功原理计算结构在荷载作用、温度变化或支座移动情况下的截面位移计算方法——单位荷载法；讨论建立在单位荷载法基础上的计算结构在荷载作用下位移的图乘法。

结构在荷载作用、温度变化、支座位移等因素影响下，将产生变形或结构位置的变化。如图 4.1 所示刚架，在荷载作用下发生如图 4.1 中虚线所示变形。截面从 A 移动到 A' 点，我们将 Δ_A 称为 A 点的线位移，其中水平分量 Δ_A^H 称为 A 点的水平线位移，竖向分量 Δ_A^V 称为 A 点的竖向线位移；φ_A 称为 A 截面的角位移。这里的线位移和角位移都是**绝对位移**。

如图 4.2 所示刚架在荷载作用下发生图 4.2 中虚线所示变形。A、B 两点分别产生绝对线位移 Δ_A、Δ_B，则 A 点相对于 B 点产生线位移 $\Delta_{AB} = \Delta_A + \Delta_B$，称为 A 点与 B 点的**相对线位移**；C、D 两截面分别产生绝对角位移 φ_C、φ_D，则 C 截面相对于 D 截面产生转角 $\varphi_{CD} = \varphi_C + \varphi_D$，称为 C 截面与 D 截面的**相对角位移**。相对角位移和相对线位移都是**相对位移**。

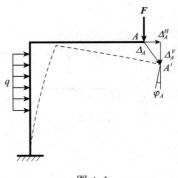

图 4.1

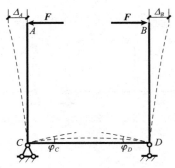

图 4.2

我们在前面讨论过单个杆件的位移计算，如利用胡克定律计算轴心拉压构件变形、利用积分法求梁的挠度和转角等。但这些方法对于计算杆件结构（如刚架、桁架、组合结构和拱等）的位移是很不方便的。本章将从虚功原理出发导出计算杆件结构位移计算的一般方法——**虚功法**（也称**单位荷载法**）。

　　工程中，结构位移计算主要有两个目的：一是为了校核结构的刚度，保证其在施工和使用过程中不产生过大的变形；二是因为在计算超静定结构支座反力和内力时，仅利用静力平衡条件不能得出唯一解，必须考虑变形协调条件，因此也要进行结构位移计算。

4.1　外力在变形体上的实功、虚功与虚功原理

4.1.1　功的概念

4.1 外力在变形体
上的实功、虚功与
虚功原理

　　以前在物理课中已经学过功的概念。例如，图 4.3（a）所示物体上 M 点受到常力 F 的作用，若 M 点发生线位移 Δ，则

$$W = F\Delta\cos\theta$$

称为力 F 在线位移 Δ 上所做的功。

　　上式中 θ 是力的方向与位移方向之间的夹角。当力 F 与位移 Δ 方向一致时（即 $\theta = 0$ 时）

$$W = F\Delta$$

　　又如，物体受力偶矩 $M = F \cdot d$ 作用而发生角位移 φ［图 4.3（b）］，则力偶矩 M 所做的功可以用构成力偶的两个力所做功的和来计算

$$W = 2F\frac{d}{2}\varphi = Fd\varphi = M\varphi$$

即力偶所做的功等于力偶矩与角位移的乘积。

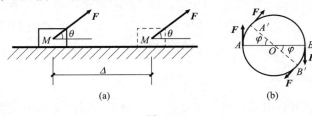

(a)　　　　(b)

图 4.3

4.1.2　实功与虚功

　　功包含了两个要素：力和位移。当位移是由力本身引起的时，即力与相应位移彼此相关时，力在位移上所做的功称为**实功**；当力与相应位移彼此无关时，力在位移上所做的功称为**虚功**。

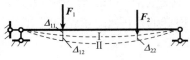

图 4.4

　　如图 4.4 所示简支梁，其上作用有一静力荷载 F_1，梁产生如图 4.4 中虚线所示变形。此时 F_1 作用点产生线位移 Δ_{11}（Δ_{11} 的第一个脚标"1"表示位移

的地点和方向，即在 F_1 作用点沿 F_1 方向的位移；第二个脚标"1"表示产生位移的原因，即由 F_1 所引起的位移）。因此，F_1 在 Δ_{11} 上所做的功 W_{11} 为实功。

$$W_{11} = \frac{1}{2}F_1\Delta_{11}$$

由于静力荷载 F_1 是变力，加载时其值是由零逐渐增加到 F_1 的，对于弹性结构来说，F_1 与 Δ_{11} 呈线性关系，故计算式中有系数"$\frac{1}{2}$"。

如 F_1 加载完毕，梁达到曲线Ⅰ所示平衡位置后，再加静力荷载 F_2，梁又继续变形到曲线Ⅱ的位置达成平衡（图 4.4），则 F_2 作用点产生位移 Δ_{22}。F_2 在 Δ_{22} 上所做功也为实功：

$$W_{22} = \frac{1}{2}F_2\Delta_{22}$$

由于施加荷载 F_2，F_1 的作用点沿 F_1 作用方向又产生了新的位移 Δ_{12}（脚标的含义为：由 F_2 所引起的 F_1 作用点，沿 F_1 作用方向的位移），但 Δ_{12} 与 F_1 无关，故 F_1 在 Δ_{12} 上所"做"的功 W_{12} 为虚功：

$$W_{12} = F_1\Delta_{12}$$

正因为位移 Δ_{12} 是由荷载 F_2 所引起的，与 F_1 无关，故 F_1 在做功过程中不随位移而变化，是常力，因此计算式中没有系数"$\frac{1}{2}$"。

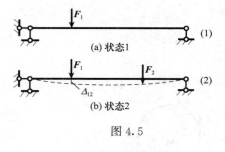

（a）状态1 (1)

（b）状态2 (2)

图 4.5

为清楚起见，把做虚功的力 F_1 和位移 Δ_{12}（F_2 所引起的位移）分别绘在两个图上，称为同一结构的两个状态：如图 4.5（a）代表力状态，以（1）表示，称为"状态 1"；图 4.5（b）代表位移状态，以（2）表示，称为"状态 2"。于是虚功 W_{12} 可表述为：状态 1 上的力在状态 2 的位移上所做的虚功。

4.1.3　变形体的虚功原理

更进一步的力学研究证明：处于平衡力系作用下的弹性变形体发生任何约束所允许的、微小的、连续的变形位移时，作用于体系上的所有外力（包括荷载和支座反力）在相应位移上所做虚功之和（称为外力虚功）$W_{外}$ 等于全部内力在相应变形上所做虚功之和（称为内力虚功或变形虚功）$W_{变}$，即

$$W_{外} = W_{变} \tag{4.1}$$

此结论称为**变形体虚功原理**，式（4.1）叫作变形体的虚功方程。

图 4.6（a）和（c）分别表示同一结构的力状态（也称状态 1）和位移状态（也称状态 2）。位移状态中的位移与力状态中的力无关，它是由其他原因（图示为另一力系，当然也可以是温度变化、支座位移等，甚至是虚设因素）引起的。因此，状态 1 上的力在状态 2 的位移上所做的功为虚功。

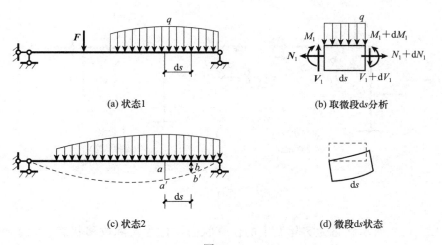

(a) 状态1 (b) 取微段ds分析

(c) 状态2 (d) 微段ds状态

图 4.6

取图 4.6（a）中一个微段 ds 进行分析，如图 4.6（b）所示。作用在微段 ds 上的力可分解为两个部分：一是外力（图 4.6 中荷载 q，也可能为集中荷载或支座反力），它在图 4.6（c）所示位移上做外力虚功，用 $\mathrm{d}W_\text{外}$ 来表示；二是微段 ds 两侧截面上的内力（轴力 N、弯矩 M 和剪力 V），这些力对于结构而言是内力，但对于所取微段而言是"外"力，所以这些力要在图 4.6（c）所示变形上做变形虚功，用 $\mathrm{d}W_\text{变}$ 表示。以 $\mathrm{d}u$、$\mathrm{d}\varphi$、$\gamma\mathrm{d}s$ 分别表示位移状态中微段 ds 的轴向变形、弯曲变形和剪切变形，以 N、M、V 表示力状态中微段 ds 的内力（因微段很短，故内力增量可忽略），则有

$$\mathrm{d}W_\text{变} = N\mathrm{d}u + M\mathrm{d}\varphi + V\gamma\mathrm{d}s \tag{4.2}$$

全结构上 $\mathrm{d}W_\text{外}$ 的总和即为 $W_\text{外}$；全结构上 $\mathrm{d}W_\text{变}$ 的总和即为 $W_\text{变}$：

$$W_\text{外} = \sum \int_0^l \mathrm{d}W_\text{外}$$

$$W_\text{变} = \sum \int_0^l \mathrm{d}W_\text{变} = \sum \int_0^l (N\mathrm{d}u + M\mathrm{d}\varphi + V\gamma\mathrm{d}s)$$

变形体虚功方程是基于两点得到的，即力系平衡条件和变形连续条件，与材料的物理性质无关。因此，变形体虚功方程不仅适用于弹性体，同时也适用于非弹性体。

4.2 结构位移公式及应用

4.2.1 结构位移计算的一般公式

利用虚功方程可推导出结构位移计算的一般公式。

4.2 结构位移
公式及应用

以图 4.7（a）所示刚架结构为例，该刚架由于某种实际原因（荷载、温度变化、支座位移等）而发生图 4.7（a）中虚线所示变形。现在要计算结构中任意一点沿任一方向的位移，如 K 点沿 K—K 方向的位移 Δ_K。可以利用虚功原理按以下步骤来进行求解。

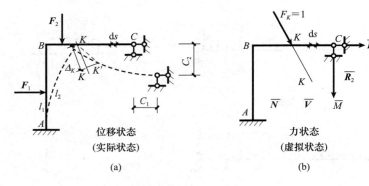

图 4.7

图 4.7（a）所示状态为实际发生的位移状态，称为**实际位移状态**。为了利用虚功方程求得 Δ_K，可虚设图 4.7（b）所示力状态，即在 K 点沿 K—K 方向加上一个单位集中力 $F_K=1$。这时，A 点的支座反力和 C 点的支座反力 $\overline{R}_1$、$\overline{R}_2$ 与单位力 $F_K=1$ 构成一组平衡力系。由于力状态是虚设的，故称为**虚拟力状态**。虚拟力系的全部外力（包括支座反力）在实际位移状态的位移上所做的外力虚功为

$$W_{外} = F_K\Delta_K + \overline{R}_1C_1 + \overline{R}_2C_2 = \Delta_K + \overline{R}_1C_1 + \overline{R}_2C_2$$

简写为

$$W_{外} = \Delta_K + \sum \overline{R}_iC_i \qquad (4.3)$$

式中：$\overline{R}_i$ 表示虚拟状态中的支座反力；C_i 表示实际状态中的支座位移；$\sum \overline{R}_iC_i$ 表示支座反力所做虚功之和。

以 $\mathrm{d}u$、$\mathrm{d}\varphi$、$\gamma\mathrm{d}s$ 分别表示实际位移状态中微段 $\mathrm{d}s$ 的轴向变形、弯曲变形和剪切变形，以 $\overline{N}$、$\overline{M}$、$\overline{V}$ 表示虚拟力状态中同一微段 $\mathrm{d}s$ 的内力，则变形虚功为

$$W_{变} = \sum \int_0^l \overline{N}\mathrm{d}u + \sum \int_0^l \overline{M}\mathrm{d}\varphi + \sum \int_0^l \overline{V}\gamma\mathrm{d}s \qquad (4.4)$$

将式（4.3）、式（4.4）代入虚功方程 $W_{外}=W_{变}$，得

$$\Delta_K + \sum \overline{R}_iC_i = \sum \int_0^l \overline{N}\mathrm{d}u + \sum \int_0^l \overline{M}\mathrm{d}\varphi + \sum \int_0^l \overline{V}\gamma\mathrm{d}s$$

即

$$\Delta_K = \sum \int_0^l \overline{N}\mathrm{d}u + \sum \int_0^l \overline{M}\mathrm{d}\varphi + \sum \int_0^l \overline{V}\gamma\mathrm{d}s - \sum \overline{R}_iC_i \qquad (4.5)$$

这就是结构位移计算的一般公式。

这种沿所求位移方向虚设单位荷载（$F_K=1$），利用虚功原理求结构位移的方法，称为**单位荷载法**。应用这个方法，每次可以计算一种位移。虚拟单位力的指向可以任意假设，如计算结果为正值，即表示实际位移方向与所设的单位力指向相同，否则相反。

单位荷载法不仅可以用于计算结构的线位移，而且可以计算结构的任意广义位移，只要所虚设的单位力与所计算的广义位移相对应即可。图 4.8 列出了常见的几种广义力与广义位移的情况。

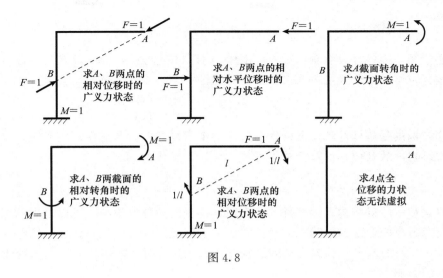

图 4.8

4.2.2　平面杆系结构仅受荷载作用时的位移计算一般公式

当结构只承受荷载作用而无支座位移（$C_i=0$）时，则式（4.5）可简化为

$$\Delta_K = \sum \int_0^l \overline{N} \mathrm{d}u + \sum \int_0^l \overline{M} \mathrm{d}\varphi + \sum \int_0^l \overline{V} \gamma \mathrm{d}s \tag{4.6}$$

对于弹性结构，由材料力学可得实际位移状态中杆件微段 $\mathrm{d}s$ 的变形为

$$\mathrm{d}u = \frac{N_P}{EA} \mathrm{d}s \tag{4.7}$$

$$\mathrm{d}\varphi = \frac{M_P}{EI} \mathrm{d}s \tag{4.8}$$

$$\gamma \mathrm{d}s = k \frac{V_P}{GA} \mathrm{d}s \tag{4.9}$$

式中：EA、EI、GA 分别为杆件截面的抗拉、抗弯、抗剪刚度；k 为剪应力不均匀分布系数（它与截面形状有关，对于矩形截面 $k=\dfrac{6}{5}$，圆形截面 $k=\dfrac{10}{9}$，薄壁圆环截面 $k=2$）。

如用 Δ_{KP} 表示荷载引起的 K 截面的位移，将式（4.7）、式（4.8）、式（4.9）代入式（4.6），得

$$\Delta_{KP} = \sum \int_0^l \frac{\overline{N} N_P}{EA} \mathrm{d}s + \sum \int_0^l \frac{\overline{M} M_P}{EI} \mathrm{d}s + \sum \int_0^l k \frac{\overline{V} V_P}{GA} \mathrm{d}s \tag{4.10}$$

这就是平面杆系结构在荷载作用下的结构位移计算的一般公式。其中，等号右侧的第一、二、三项分别表示实际位移状态中由杆件轴向变形、弯曲变形、剪切变形引起的 K 点沿 K—K 方向的位移。

4.2.3　几类常用结构仅受荷载作用时位移计算的简化公式

对于梁和刚架，位移主要是由杆件弯曲引起的，轴力和剪力的影响很小，故可只考虑弯矩的影响，其位移计算公式由式（4.10）简化为

$$\Delta_{KP} = \sum \int_0^l \frac{\overline{M}M_P}{EI} ds \tag{4.11}$$

对于桁架，因各杆只有轴向变形，且每一杆件的轴力 $\overline{N}$、N_P 及 EA 沿杆长 l 均为常数，故其位移计算公式可由式（4.10）简化为

$$\Delta_{KP} = \sum \int_0^l \frac{\overline{N}N_P}{EA} ds = \sum \frac{\overline{N}N_P}{EA} l \tag{4.12}$$

组合结构由受弯杆件和拉压杆件组成。对受弯杆件可只考虑弯矩的影响，对链杆则只有轴力影响，故其位移计算公式可由式（4.10）简化为

$$\Delta_{KP} = \sum^{\text{全部受弯杆}} \int_0^l \frac{\overline{M}M_P}{EI} ds + \sum^{\text{全部链杆}} \frac{\overline{N}N_P}{EA} l \tag{4.13}$$

对曲梁和一般拱结构，因杆件的曲率对结构变形的影响很小，可以略去不计，通常也只需要考虑弯曲变形的影响，即其位移仍可近似地用式（4.11）计算。仅在计算扁平拱（$f/l < 1/5$）的水平位移或当拱轴形状与压力线接近时，才需要同时考虑弯曲变形和轴向变形的影响。

【例题 4.1】　求图 4.9（a）所示简支梁截面 B 的转角 φ_B。$EI =$ 常数。

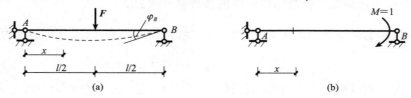

图 4.9

【解】　所求位移为转角 φ_B，故应在截面 B 加一单位力偶 $M=1$ 构成虚拟力状态 [图 4.9（b）]。由于梁实际位移状态左右两半部分的 M_P 表达式不同，所以要分段积分。设以 A 为坐标原点，x 轴向右为正。

当 $0 \leqslant x \leqslant \frac{l}{2}$ 时，　$\overline{M} = -\frac{x}{l}$，$M_P = \frac{F}{2}x$

当 $\frac{l}{2} \leqslant x \leqslant l$ 时，　$\overline{M} = -\frac{x}{l}$，$M_P = \frac{F}{2}x - F\left(x - \frac{l}{2}\right)$

由式（4.11）得

$$\varphi_B = \int_0^{l/2} \left(-\frac{x}{l}\right) \frac{Fx}{2} \frac{dx}{EI} + \int_{l/2}^l \left(-\frac{x}{l}\right) \left[\frac{Fx}{2} - F\left(x - \frac{l}{2}\right)\right] \frac{dx}{EI}$$

$$= -\frac{Fl^2}{16EI} \text{（逆时针）}$$

计算结果得负值，表明实际位移与所设单位力偶方向相反，即截面 B 的转角为逆时针方向。

【例题 4.2】　求图 4.10（a）所示桁架结点 C 的竖向位移 Δ_C^V。各杆 $EA =$ 常数。

【解】　为求 C 点的竖向位移，应在 C 点加一竖向单位力构成虚拟力状态 [图 4.10（b）]。然后分别求出实际荷载与单位荷载引起的各杆轴力 N_P 与 $\overline{N}$ [图 4.10（a）、（b）]，然后根据式（4.12）计算，得

$$\Delta_C^V = \sum \frac{\overline{N} N_P l}{EA} = \frac{1}{2} \times \frac{F}{2} \times \frac{d}{EA} \times 2 + \left(-\frac{\sqrt{2}}{2}\right) \times \left(-\frac{\sqrt{2}F}{2}\right) \times \frac{\sqrt{2}d}{EA} \times 2$$

$$= \left(\frac{1}{2} + \sqrt{2}\right) \frac{Fd}{EA} = 1.914 \frac{Fd}{EA} (\downarrow)$$

结果得正值，表明位移 Δ_C^V 的实际方向与假设的单位力方向一致，即向下。

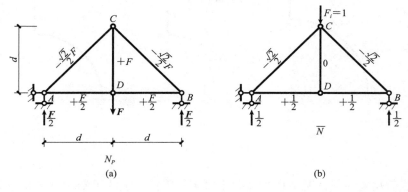

图 4.10

【例题 4.3】　求图 4.11 所示半径为 R 的等截面圆弧形曲杆（1/4 圆周）B 点的竖向位移 Δ_B^V。EI、EA、GA 均为常数。

【解】　求 B 点的竖向位移，应在 B 点加一竖向单位力 $F=1$ 构成虚拟力状态，如图 4.11（c）所示。取圆心 O 点为坐标原点。与 OB 线成 φ 角的截面 C 上的内力在实际位移状态和虚拟力状态分别为

$$M_P = FR \sin\varphi, \quad N_P = F \sin\varphi, \quad V_P = F \cos\varphi$$

$$\overline{M} = R\sin\varphi, \quad \overline{N} = \sin\varphi, \quad \overline{V} = \cos\varphi$$

内力 M_P、N_P、V_P 的正方向如图 4.11（b）所示。将以上内力表达式及 $\mathrm{d}s = R\mathrm{d}\varphi$ 代入式（4.10），得

$$\Delta_B^V = \int_B^A \frac{\overline{M} M_P}{EI} \mathrm{d}s + \int_B^A \frac{\overline{N} N_P}{EA} \mathrm{d}s + \int_B^A k \frac{\overline{V} V_P}{GA} \mathrm{d}s$$

$$= \frac{FR^3}{EI} \int_0^{\pi/2} \sin^2\varphi \, \mathrm{d}\varphi + \frac{FR}{EA} \int_0^{\pi/2} \sin^2\varphi \, \mathrm{d}\varphi + k\frac{FR}{GA} \int_0^{\pi/2} \cos^2\varphi \, \mathrm{d}\varphi$$

$$= \frac{\pi}{4} \frac{FR^3}{EI} + \frac{\pi}{4} \frac{FR}{EA} + k\frac{\pi}{4} \frac{FR}{GA}$$

上式中等号右侧三项分别为弯矩、轴力、剪力引起的位移，设

$$\Delta_M = \frac{\pi}{4} \frac{FR^3}{EI}$$

$$\Delta_N = \frac{\pi}{4} \frac{FR}{EA}$$

$$\Delta_V = k \frac{\pi}{4} \frac{FR}{GA}$$

设梁的截面为矩形 $b \times h$，则 $k=1.2$，$\dfrac{I}{A} = \dfrac{h^2}{12}$。此外，参考有关资料取 $G=0.4E$，则有

$$\Delta_V / \Delta_M = \frac{1}{4}\left(\frac{h}{R}\right)^2$$

$$\Delta_N / \Delta_M = \frac{1}{12}\left(\frac{h}{R}\right)^2$$

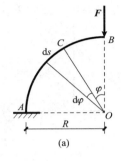 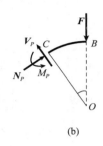 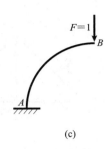

图 4.11

拱的截面高度一般情况下比半径要小得多，因此由上式可知轴力和剪力对于拱结构变形的影响很小，可忽略不计，故可只考虑弯矩一项影响。

4.3 静定梁与静定刚架位移计算的图乘法

4.3 静定梁与静定
刚架位移计算的
图乘法

在求解梁与刚架的位移时，首先要列出 M_P 和 $\overline{M}$ 的表达式，然后利用公式

$$\Delta_{KP} = \int_B^A \frac{\overline{M} M_P}{EI} \mathrm{d}s$$

进行积分计算。

这种方法对杆件数目较多、荷载较复杂的结构，计算工作是比较麻烦的。对于我们常见的等截面直杆，通常可以利用更简便的图乘法代替上述积分运算。现以图 4.12 中两个弯矩图来说明图乘法与积分运算之间的关系。设等截面直杆 AB 段上两个弯矩图中，$\overline{M}$ 图为直线图形，M_P 图为任意图形。以杆轴为 x 轴，以 $\overline{M}$ 图延长线与 x 轴交点 O 为原点，建立直角坐标系 xOy。因 $\overline{M}$ 图为直线，故有 $\overline{M} = x\tan\alpha$，且 $\tan\alpha$、EI 为常数，则

$$\int_A^B \frac{\overline{M} M_P}{EI}\mathrm{d}s = \int_A^B \frac{\tan\alpha}{EI} x M_P \mathrm{d}s$$

$$= \frac{\tan\alpha}{EI}\int_A^B x \mathrm{d}\omega \qquad\qquad (4.14)$$

式中：$M_P \mathrm{d}s = \mathrm{d}\omega$ 为图 4.12 所示 M_P 图中阴影部分的微面积，故 $x\mathrm{d}\omega$ 为这个微面积 $\mathrm{d}\omega$ 对 y 轴的静矩，积分 $\int_A^B x\mathrm{d}\omega$ 为整个 M_P 图的面积对 y 轴的静矩。根据合力矩定理，它应等于 M_P 图的总面积 ω 乘以其形心 C 到 y 轴的距离 x_C，即

$$\int_A^B x \, \mathrm{d}\omega = \omega x_C$$

代入式（4.14）有

$$\int_A^B \frac{\overline{M}M_P}{EI}\mathrm{d}s = \frac{\tan\alpha}{EI}\omega x_C = \frac{\omega}{EI}x_C\tan\alpha = \frac{\omega y_C}{EI}$$

这里，y_C 为 M_P 图的形心 C 处所对应的 $\overline{M}$ 图的纵坐标。于是

$$\Delta_{KP} = \sum\int \frac{\overline{M}M_P}{EI}\mathrm{d}s = \sum \frac{\omega y_C}{EI} \tag{4.15}$$

式中：$\sum$ 表示各 EI 相同的杆段分别图乘，然后相加。

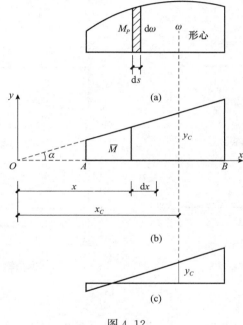

图 4.12

这种用 M_P 和 $\overline{M}$ 两个图形相乘求结构位移的方法称为**图乘法**。它将积分运算简化为图形面积、形心纵坐标的代数计算。

应用图乘法时应注意以下几点。

1）图乘法的应用条件是：积分段为同材料等截面（$EI=$ 常数）的直杆段，且 M_P 和 $\overline{M}$ 两个弯矩图中至少有一个是直线图形。

2）取纵坐标 y_C 的图形必须是直线图形（$\alpha=$ 常数），而不是折线或曲线图形。

3）$\overline{M}$ 图纵坐标 y_C 与 M_P 图在杆轴同一侧时，其乘积 ωy_C 取正号，反之取负号。

4）若两个图形（M_P 图与 $\overline{M}$ 图）都是直线图形，则纵坐标取自哪个图形都可以。

5）若 M_P 图是曲线图形，$\overline{M}$ 图是折线图形，则应将 $\overline{M}$ 分成若干直线段图乘。

6）若为阶梯形杆（各段截面不同，而在每段范围内截面不变），则各段分别图乘。

7）若 EI 沿杆长连续变化，或是曲杆，则不能利用图乘法，必须积分计算。

　　计算中经常遇到三角形、二次和三次抛物线图形面积及其形心位置的计算，为应用方便，将其列入图 4.13 中。需要指出的是，图 4.13 中所示抛物线均为标准抛物线，即含有顶点且顶点处的切线与基线平行的抛物线。

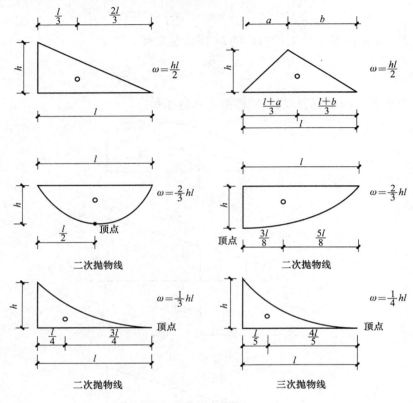

图 4.13

　　当图形复杂，其面积及形心位置无现成图表可查时，可将其分解为几个易于确定面积和形心的简单图形，将它们分别图乘然后累加。如图 4.14（a）所示为一段直杆 AB 在均布荷载 q 作用下的弯矩图，图形较复杂，一般可将其视为相应的简支梁 [图 4.14（b）]，则弯矩图可分解为三个部分 [图 4.14（c）、（d）、（e）]。应当注意，分解后的图形与原弯矩图图形虽然不同，但面积与形心位置是相同的，故与原弯矩图等效。

　　根据上述图形分解原则，梯形 [图 4.15（a）] 可分解为两个三角形（也可以分解为一个矩形和一个三角形）。

　　同样反梯形 [图 4.15（b）] 也可分解为两个三角形，但一个（ADB）在杆轴线上面，一个（ABC）在杆轴线下面。

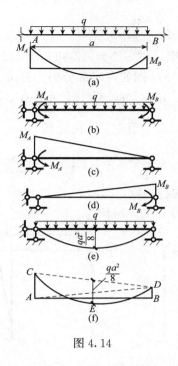

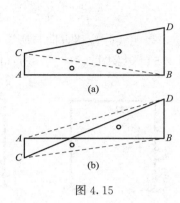

图 4.14　　　　　　　　　　　　图 4.15

计算直线图形纵坐标时，有时也需要作图形分解，求梯形的纵坐标（曲线图形形心所对应的纵坐标）y 时 ［图 4.16（a）］，可分别求出三角形的纵坐标 y_1 及矩形的纵坐标 y_2 而后相加得 $y = y_1 + y_2$。求反梯形的纵坐标 ［图 4.16（b）］与此类似，但 $y = y_1 - y_2$。

【**例题 4.4**】　求图 4.17（a）所示简支梁中点 C 的竖向位移 Δ_C^V。$EI =$ 常数。

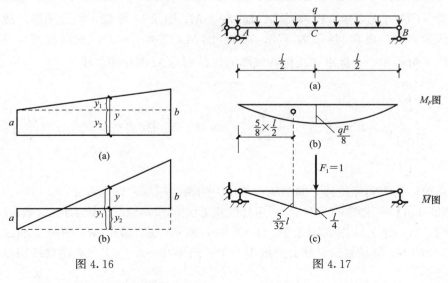

图 4.16　　　　　　　　　　　　图 4.17

【**解**】　M_P 图及 $\overline{M}$ 图分别如图 4.17（b）、（c）所示。

M_P 图的面积为 $\dfrac{2}{3} \times \dfrac{ql^2}{8} l$，其形心所对应的 $\overline{M}$ 图的纵坐标为 $\dfrac{l}{4}$，于是

$$\Delta_C^V = \frac{1}{EI}\left(\frac{2}{3} \times l \times \frac{ql^2}{8} \times \frac{l}{4}\right) = \frac{ql^4}{48EI}(\downarrow)$$

这个结果显然是错误的。原因在于 $\overline{M}$ 图是折线图形，应当分为 AC 和 BC 两段图乘。

由于对称，只在左半跨图乘，再乘以 2 即可。M_P 图的左半部分仍为标准二次抛物线，可应用图 4.17（b）所示面积和形心横坐标。其形心所对应 $\overline{M}$ 图的纵坐标，按比例为跨中央纵坐标 $\left(\frac{l}{4}\right)$ 的 $\frac{5}{8}$。两图在杆轴线同侧，乘积取正号，由此得

$$\Delta_C^V = \frac{1}{EI}\left[\left(\frac{2}{3} \times \frac{l}{2} \times \frac{ql^2}{8}\right) \times \frac{5l}{32}\right] \times 2 = \frac{5ql^4}{384EI}(\downarrow)$$

结果为正值，表明实际位移方向与所设单位力指向相一致，即向下。

【例题 4.5】   求图 4.18（a）所示刚架支座 D 处的水平位移。$EI=$ 常数。

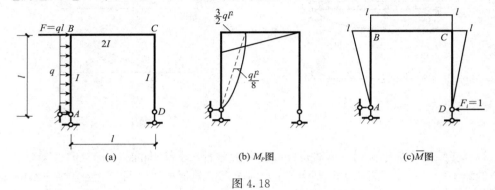

(a)   (b) M_P 图   (c) $\overline{M}$ 图

图 4.18

【解】   作出 M_P 图及 $\overline{M}$ 图如图 4.18（b）、（c）所示。逐杆进行图乘，而后相加。在 M_P 图中 CD 杆无弯矩，图乘得零。BC 杆上 M_P 图及 $\overline{M}$ 图都是直线图形，故可任取一图形作为面积，现取 M_P 图为面积。AB 杆的 M_P 图不是标准二次抛物线，可将其分解为一个三角形和一个标准二次抛物线图形，分别与 $\overline{M}$ 图相乘。于是

$$\Delta_D^H = \sum \frac{\omega y_C}{EI}$$

$$= -\frac{1}{2EI}\left(\frac{1}{2} \times l \times \frac{3ql^2}{2}\right) \times l - \frac{1}{EI}\left[\left(\frac{1}{2} \times l \times \frac{3ql^2}{2}\right) \times \frac{2}{3}l + \left(\frac{2}{3} \times l \times \frac{ql^2}{8}\right) \times \frac{l}{2}\right]$$

$$= -\frac{11ql^4}{12EI}(\rightarrow)$$

结果为负值，表明实际位移方向与所设单位力的指向相反，即向右。

【例题 4.6】   求图 4.19（a）所示伸臂梁 C 点的竖向位移。设 $EI=$ 常数。

【解】 M_P 图及 $\overline{M}$ 图如图 4.19（b）、（c）所示。BC 段的 M_P 图是标准二次抛物线；AB 段的 M_P 图较复杂，将其分解为一个三角形和一个标准二次抛物线图形。于是由图乘法得

$$\Delta_C^V = \frac{1}{EI}(\omega_1 y_1 + \omega_2 y_2 - \omega_3 y_3)$$

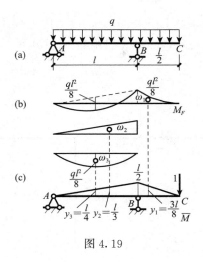

图 4.19

其中

$$\omega_1 = \frac{1}{3} \times \frac{l}{2} \times \frac{ql^2}{8} \qquad y_1 = \frac{3}{4} \times \frac{l}{2}$$

$$\omega_2 = \frac{l}{2} \times \frac{ql^2}{8} \qquad y_2 = \frac{2}{3} \times \frac{l}{2}$$

$$\omega_3 = \frac{2l}{3} \times \frac{ql^2}{8} \qquad y_3 = \frac{1}{2} \times \frac{l}{2}$$

故

$$\Delta_C^V = \frac{1}{EI}\left(\frac{ql^3}{48} \times \frac{3}{8}l + \frac{ql^3}{16} \times \frac{l}{3} - \frac{ql^3}{12} \times \frac{l}{4} \right) = \frac{ql^4}{128EI}(\downarrow)$$

结果为正值，表明实际位移方向与所设单位力的指向相同，即向下。

4.4 温度改变和支座移动引起的结构位移计算

结构除了在荷载作用下会产生位移外，温度改变、支座移动等也会引起位移。本节讨论这两种外因作用下结构位移计算的问题。

4.4.1 温度改变引起的位移计算

当温度改变时，静定结构虽然不产生附加内力，但由于材料产生热胀冷缩，结构会有变形和位移的发生。若温度变化均匀，则结构的各杆件只有轴向变形；若各杆的温度非均匀改变，则除了轴向变形外，尚有弯曲变形。

由温度改变引起的结构位移，仍可用虚功原理来进行计算。

如图 4.20（a）所示结构，当外侧温度升高 t_1℃，内侧温度升高 t_2℃时，我们来计算由此引起的结构任意一点沿任一方向的位移，如 K 点沿竖向的位移 Δ_K。图 4.20（a）为实际位移状态，在 K 点沿竖向虚设一单位力建立虚拟力状态如图 4.20（b）所示。由于没有支座位

4.4 温度改变和
支座移动引起
的结构位移计算

移的影响，所以 $C_i=0$。同时，对于杆件结构，温度变化并不引起剪切变形，即剪应变 $\gamma=0$。若将温度变化所引起的结构位移用 Δ_{Kt} 表示，则位移计算式 (4.5) 可简化为

$$\Delta_{Kt} = \sum \int_0^l \overline{N} \mathrm{d}u + \sum \int_0^l \overline{M} \mathrm{d}\varphi \qquad (4.16)$$

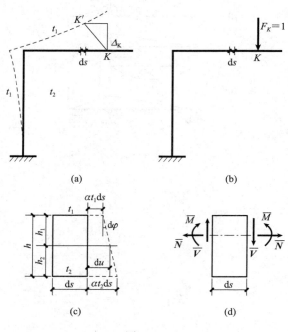

图 4.20

取实际位移状态中长度为 $\mathrm{d}s$ 的一微段分析。设材料的线膨胀系数为 α，则微段上、下边缘纤维伸长分别为 $\alpha t_1 \mathrm{d}s$ 和 $\alpha t_2 \mathrm{d}s$。为简化计算，假设温度沿横截面高度 h 呈直线规律变化。这样横截面在变形后仍保持为平面。由几何关系可求得微段在杆件形心处的伸长量

$$\mathrm{d}u = \alpha t_1 \mathrm{d}s + (\alpha t_2 \mathrm{d}s - \alpha t_1 \mathrm{d}s) \frac{h_1}{h}$$

$$= \alpha \left(\frac{h_2}{h} t_1 + \frac{h_1}{h} t_2 \right) \mathrm{d}s = \alpha t_0 \mathrm{d}s \qquad (4.17)$$

式中：$t_0 = \left(\frac{h_2}{h} t_1 + \frac{h_1}{h} t_2 \right)$ 为形心轴处的温度变化。对矩形等截面：$h_1 = h_2 = \frac{h}{2}$，则 $t_0 = \frac{t_1 + t_2}{2}$。

微段两端横截面的相对转角为

$$\mathrm{d}\varphi = \frac{\alpha t_2 \mathrm{d}s - \alpha t_1 \mathrm{d}s}{h} = \frac{\alpha (t_2 - t_1) \mathrm{d}s}{h} = \alpha \frac{\Delta t}{h} \mathrm{d}s \qquad (4.18)$$

式中：$\Delta t = t_2 - t_1$ 为两侧温度变化之差。

于是由式 (4.16) 可得

$$\Delta_{Kt} = \sum (\pm) \int \overline{N} \alpha t_0 ds + \sum (\pm) \int \overline{M} \frac{\alpha \Delta t}{h} ds \qquad (4.19)$$

式中：t_0、Δt 均取绝对值计算；"$\pm$"则按如下规定直接选取：若虚拟力状态中的伸缩或弯曲变形与实际位移状态中温度改变引起的相应变形方向一致，则取"$+$"号，相反则取"$-$"号。

如各杆均为等截面直杆，沿其全长的温度变化相同，且截面高度不变，则有

$$\Delta_{Kt} = \sum \alpha t \int \overline{N} ds + \sum \alpha \frac{\Delta t}{h} \int \overline{M} ds = \sum (\pm) \alpha t_0 \omega_{\overline{N}} + \sum (\pm) \frac{\alpha \Delta t}{h} \omega_{\overline{M}} \qquad (4.20)$$

式中：$\omega_{\overline{N}} \left(= \int \overline{N} ds = \overline{N} l \right)$ 为 $\overline{N}$ 图的面积；$\omega_{\overline{M}} \left(= \int \overline{M} ds \right)$ 为 $\overline{M}$ 图的面积。

注意：与只承受荷载情况不同的是，在计算由温度改变所引起的位移时不能略去轴向变形影响。

【例题 4.7】　如图 4.21（a）所示结构，内部温度上升 $t℃$，外部下降 $2t℃$，求 K 点的竖向位移 Δ_{Kt}^V。各杆截面相同，为矩形截面。

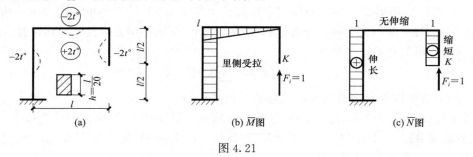

图 4.21

【解】　在 K 点沿竖向虚设一单位力建立虚拟力状态如图 4.21 所示，作出 $\overline{M}$ 图及 $\overline{N}$ 图。

$|\Delta t| = |t_2 - t_1| = |t - (-2t)| = 3t$（注意温变弯曲时各杆均为里侧伸长外侧缩短）

$|t_0| = \left| \frac{t_1 + t_2}{2} \right| = \left| \frac{(-2t) + t}{2} \right| = \frac{t}{2}$（注意温变时各杆轴处均降温产生轴向缩短）

$$\Delta_{Kt}^V = \sum (\pm) \frac{\alpha \Delta t}{h} \omega_{\overline{M}} + \sum (\pm) \alpha t_0 \omega_{\overline{N}}$$

$$= \frac{\alpha \times 3t}{l/20} \times \left(+l^2 + \frac{l^2}{2} \right) + \alpha \frac{t}{2} \left(-l + \frac{l}{2} \right)$$

$$= 90 \alpha t l - \frac{1}{4} \alpha t l = \frac{359}{4} \alpha t l (\uparrow)$$

结果为正，故温度变化引起的 K 点沿竖向的位移与虚设单位力方向相同，即竖直向上。

4.4.2　支座移动引起的位移计算

对于静定结构，支座移动并不引起任何内力和变形，而只产生刚体位移。如图 4.22（a）所示结构，其支座发生水平位移 C_1、竖向位移 C_2 和转角位移 C_3，现在要计算其上的任意一点沿任一方向的位移，如 K 点的竖向位移 Δ_K。对于这种由支座移动

引起的结构位移计算仍可用虚功原理来进行计算。

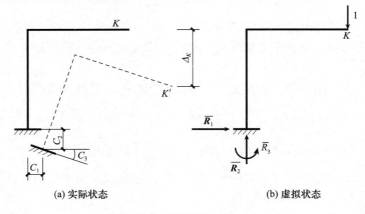

(a) 实际状态　　　　　　　　(b) 虚拟状态

图 4.22

在 K 点沿竖向虚设一单位力建立虚拟力状态如图 4.22（b）所示，因静定结构微段 ds 上的变形 $du = d\varphi = \gamma ds = 0$，若支座移动引起的 K 点位移用 Δ_{KC} 表示，则位移计算一般式（4.5）可简化为

$$\Delta_{KC} = -\sum \overline{R}_i C_i \qquad (4.21)$$

这就是静定结构因支座移动引起的位移计算公式。

当支座反力 $\overline{R}_i$ 与实际支座位移 C_i 方向一致时，其乘积 $\overline{R}_i C_i$ 取正，反之取负。

【例题 4.8】 图 4.23（a）所示静定刚架，若支座 A 发生如图 4.13 所示位移：$a = 1.0 \text{cm}$，$b = 1.5 \text{cm}$。试求 C 点的水平位移 Δ_C^H，竖向位移 Δ_C^V。

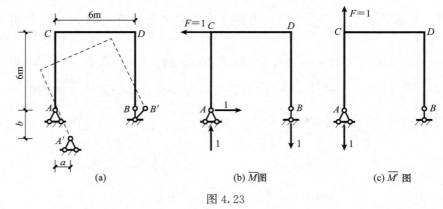

(a)　　　　　　　(b) $\overline{M}$图　　　　　　　(c) $\overline{M}'$ 图

图 4.23

【解】 在 C 点处分别加一水平和竖向单位力，求出其支座反力如图 4.23（b）、（c）所示。由式（4.14）得

$$\Delta_C^H = -(+1 \times a - 1 \times b) = -(1 \times 1.0 - 1 \times 1.5) = 0.5 \text{cm}(\leftarrow)$$

结果为正，说明支座移动引起的 C 点水平位移与虚拟单位力方向相同，即水平向左。

$$\Delta_C^V = -(+1 \times b) = -1.5 \times 1 = -1.5 \text{cm}(\downarrow)$$

结果为负，说明支座移动引起的 C 点水平位移与虚拟单位力方向相反，即竖直向下。

4.5 互 等 定 理

本节讨论弹性结构的三个互等定理，即功的互等定理、位移互等定理、反力互等定理。其中最基本的是功的互等定理，其他两个互等定理都可由此定理推导出来。这些定理在计算结构位移、求解超静定结构等问题中经常要用到。

4.5 互等定理

4.5.1 功的互等定理

功的互等定理可直接由变形体虚功原理推导出来。

设有两组外力分别作用在同一结构上，如图 4.24（a）、（b）所示，分别称为状态 1 和状态 2。

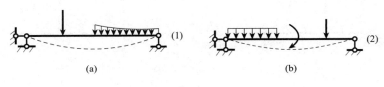

图 4.24

取状态 1 的力系作为做功的力系，取状态 2 的位移作为做功的位移，则状态 1 的内力在状态 2 的变形上所做的变形虚功为

$$W_{12}^{\mathfrak{D}} = \sum \int N_1 \, \mathrm{d}u_2 + \sum \int M_1 \, \mathrm{d}\varphi_2 + \sum \int V_1 \, \mathrm{d}\eta_2$$
$$= \sum \int \frac{N_1 N_2}{EA} \mathrm{d}s + \sum \int \frac{M_1 M_2}{EI} \mathrm{d}s + \sum \int k \frac{V_1 V_2}{GA} \mathrm{d}s \qquad (4.22)$$

再取状态 2 的力系作为做功的力系，取状态 1 的位移作为做功的位移，则状态 2 的内力在状态 1 的变形上所做的变形虚功为

$$W_{21}^{\mathfrak{D}} = \sum \int N_2 \, \mathrm{d}u_1 + \sum \int M_2 \, \mathrm{d}\varphi_1 + \sum \int V_2 \, \mathrm{d}\eta_1$$
$$= \sum \int \frac{N_1 N_2}{EA} \mathrm{d}s + \sum \int \frac{M_1 M_2}{EI} \mathrm{d}s + \sum \int k \frac{V_1 V_2}{GA} \mathrm{d}s \qquad (4.23)$$

对比式（4.22）、式（4.23），得

$$W_{12}^{\mathfrak{D}} = W_{21}^{\mathfrak{D}}$$

由变形体虚功方程 $W_{\text{外}} = W_{\text{变}}$，并设状态 1 上的外力在状态 2 位移上所做的外力虚功用 W_{12} 表示，状态 2 上的外力在状态 1 位移上所做的外力虚功用 W_{21} 表示，则

$$W_{12} = W_{21} \qquad (4.24)$$

式（4.24）即称为功的互等定理。可表述为：**状态 1 上的外力在状态 2 的位移上所做的虚功，等于状态 2 上的外力在状态 1 的位移上所做的虚功。**

4.5.2　位移互等定理

位移互等定理是功的互等定理的一种特殊情况。

如图 4.25 所示的两个状态中，设作用的荷载都是单位力，即 $F_1 = F_2 = 1$，与其相应的位移用 δ_{12} 和 δ_{21} 表示，则由功的互等定理式（4.14）得

$$1 \times \delta_{12} = 1 \times \delta_{21}$$

故

$$\delta_{12} = \delta_{21} \tag{4.25}$$

这就是位移互等定理。它可表述为：**单位力 F_2 引起的单位力 F_1 的作用点沿 F_1 作用方向的位移 δ_{12}，等于单位力 F_1 引起的单位力 F_2 的作用点沿 F_2 作用方向的位移 δ_{21}。**这里，F_1 和 F_2 可以是任何广义单位力，与此相应，δ_{12} 和 δ_{21} 也可以是任何相对应的广义位移。

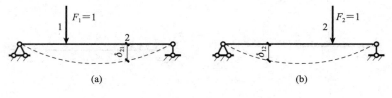

图 4.25

图 4.26 和图 4.27 所示为应用位移互等定理的两个例子。图 4.26 表示两个角位移互等的情况，即 $\varphi_{12} = \varphi_{21}$。图 4.27 表示线位移与角位移的互等情况，即 $\delta_{12} = \varphi_{21}$。后者只是数值上相等，量纲则不同。

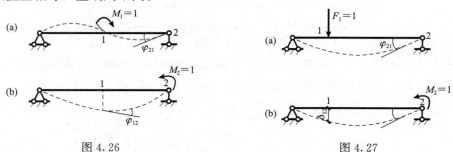

图 4.26　　　　　　　　　　　图 4.27

4.5.3　反力互等定理

反力互等定理也是功的互等定理的一种特殊情况。

在一个结构的诸约束中任取两个约束——约束 1 及约束 2，如图 4.28 所示。分别令约束 1 产生单位位移 $\Delta_1 = 1$ 作为状态 1，约束 2 产生单位位移 $\Delta_2 = 1$ 作为状态 2，并设状态 1 中支座 2 上产生的沿 Δ_2 方向的支座反力为 r_{21}；状态 2 中支座 1 上产生的沿 Δ_1 方向的支座反力为 r_{12}。这里，第一个脚标表示反力的地点和方向，第二个脚标表示引起反力的原因。

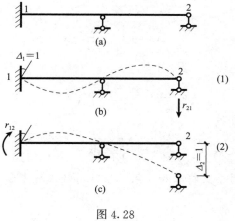

图 4.28

根据功的互等定理 $W_{12} = W_{21}$ 得

$$r_{21} \times \Delta_2 = r_{12} \times \Delta_1$$
$$r_{21} = r_{12} \qquad\qquad (4.26)$$

式（4.26）即为反力互等定理。可表述为：约束 1 的单位位移所引起的约束 2 上的反力 r_{21}，等于约束 2 的单位位移所引起的约束 1 上的反力 r_{12}。

本 章 小 结

1. 结构位移的概念

结构位置的变化称为结构的位移，它有线位移和角位移、绝对位移和相对位移等。线位移指杆件横截面形心所移动的距离，常用水平位移和竖向位移两个分量来表示。角位移指截面所转动的角度，常称为转角。结构上某两点水平（竖向）线位移的代数和（方向相反时相加）称为该两点的水平（竖向）相对线位移。某两个截面转角的代数和（方向相反时相加）称为该两截面的相对角位移。

2. 变形体虚功原理

处于平衡力系作用下的弹性变形体发生任何约束所允许的、微小的、连续的变形位移时，作用于体系上的所有外力（包括荷载和支座反力）在相应位移上所做虚功之和（称为外力虚功）$W_{外}$ 等于全部内力在相应变形上所做虚功之和（称为内力虚功或变形虚功）$W_{变}$，即 $W_{外} = W_{变}$。

3. 位移计算公式

位移计算的一般公式为

$$\Delta_K = \sum \int_0^l \overline{N} \mathrm{d}u + \sum \int_0^l \overline{M} \mathrm{d}\varphi + \sum \int_0^l \overline{V}\gamma \mathrm{d}s - \sum \overline{R}_i C_i$$

结构由荷载作用引起的位移公式为

$$\Delta_{KP} = \sum \int_0^l \frac{\overline{N} N_P}{EA} \mathrm{d}s + \sum \int_0^l \frac{\overline{M} M_P}{EI} \mathrm{d}s + \sum \int_0^l k \frac{\overline{V} V_P}{GA} \mathrm{d}s$$

对梁和刚架

$$\Delta_{KP} = \int_B^A \frac{\overline{M}M_P}{EI} \mathrm{d}s$$

对桁架

$$\Delta_{KP} = \sum \frac{\overline{N}N_P}{EA} l$$

对组合结构

$$\Delta_{KP} = \sum^{全部受弯杆} \int_0^l \frac{\overline{M}M_P}{EI} \mathrm{d}s + \sum^{全部链杆} \frac{\overline{N}N_P}{EA} l$$

上式等号右边第一项只对梁式杆求和，第二项只对链式杆求和。

对曲梁和拱

$$\Delta_{KP} = \sum \int \frac{\overline{M}M_P}{EI} \mathrm{d}s + \sum \int \frac{\overline{N}N_P}{EA} \mathrm{d}s$$

近似计算时仅取等号右侧第一项。

结构由温度变化引起的位移公式为

$$\Delta_{Kt} = \sum (\pm) \int \overline{N} \alpha t_0 \mathrm{d}s + \sum (\pm) \int \overline{M} \frac{\alpha \Delta t}{h} \mathrm{d}s$$

若各杆均为等截面杆，且温度改变沿杆长方向不变，则上式可简化为

$$\Delta_{Kt} = \sum (\pm) \alpha t_0 \omega_{\overline{N}} + \sum (\pm) \frac{\alpha \Delta t}{h} \omega_{\overline{M}}$$

结构由支座移动时引起的位移计算公式为

$$\Delta_{KC} = -\sum \overline{R}_i C_i$$

4. 互等定理

功的互等定理：$W_{12} = W_{21}$；位移互等定理：$\delta_{12} = \delta_{21}$；反力互等定理：$r_{21} = r_{12}$。

互等定理应用的条件是弹性结构和小变形。在上述诸公式中，功的互等定理是最基本的，其他两项定理均可由它导出。

思 考 题

4.1　变形体虚功原理与刚体虚功原理有何区别？

4.2　变形体虚功方程推导过程中，在什么地方利用了体系的平衡条件？在什么地方利用了虚位移的变形连续条件？

4.3　杆件结构在荷载作用下的位移计算公式（4.10）各项的物理意义是什么？

4.4　图乘法应用的条件是什么？求连续变截面梁和拱的位移时，可否利用图乘法？

4.5　反力互等定理是否可用于静定结构？试述其理由。

4.6　如思考题 4.6 图所示（图中曲线均为二次抛物线）的图乘结果是否正确？为什么？

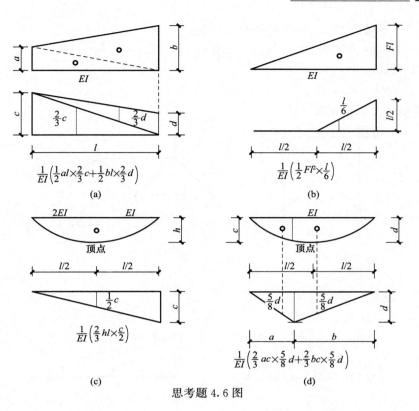

$$\frac{1}{EI}\left(\frac{1}{2}al\times\frac{2}{3}c+\frac{1}{2}bl\times\frac{2}{3}d\right)$$

(a)

$$\frac{1}{EI}\left(\frac{1}{2}Fl^{2}\times\frac{l}{6}\right)$$

(b)

$$\frac{1}{EI}\left(\frac{2}{3}hl\times\frac{c}{2}\right)$$

(c)

$$\frac{1}{EI}\left(\frac{2}{3}ac\times\frac{5}{8}d+\frac{2}{3}bc\times\frac{5}{8}d\right)$$

(d)

思考题 4.6 图

习　题

4.1　用积分法求习题 4.1 图示结构位移。EI＝常数。

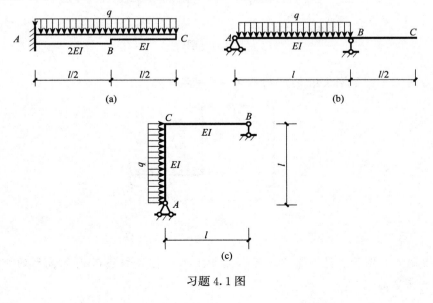

习题 4.1 图

（a）求 B 点的竖向位移 Δ_B^V 和 C 截面的转角 φ_C；

（b）求 C 点的竖向位移 Δ_C^V 及 C 截面的转角 φ_C；

（c）求 B 截面的转角 φ_B；

（d）求 B 点的水平位移 Δ_B^H。

4.2　求习题 4.2 图示桁架位移。

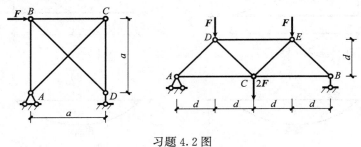

习题 4.2 图

（a）求 Δ_C^H，设各杆 EA 相等；

（b）求 Δ_C^V，设各杆 EA 相等。

4.3　用图乘法求习题 4.3 图示梁 A 端的竖向位移 Δ_A^V 和 A 截面的转角 φ_A。

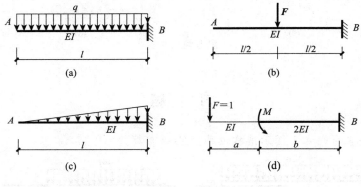

习题 4.3 图

4.4　求习题 4.4 图示刚架结点 K 的转角。$E＝$常数。

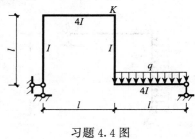

习题 4.4 图

4.5　求习题 4.5 图示三铰刚架 D、E 两点相对水平位移和铰 C 两侧截面的相对转角。$EI＝$常数。

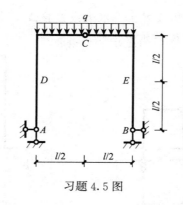

习题 4.5 图

4.6 求习题 4.6 图示组合结构 K 点的竖向位移。

4.7 求习题 4.7 图示刚架 A 点的水平位移。$EI=3\times10^3\,\text{kN}\cdot\text{m}^2$。

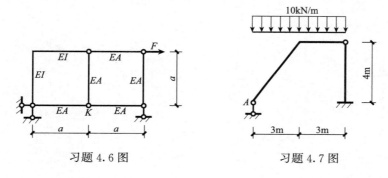

习题 4.6 图　　　　　习题 4.7 图

4.8 习题 4.8 图示三铰刚架内部温度升高 t℃，材料的线膨胀系数为 α。求中间铰 C 的竖向位移。各杆的截面高度 h 相同。

4.9 习题 4.9 图示桁架各杆温度升高 t℃，材料的线膨胀系数为 α。求 K 点的水平位移。

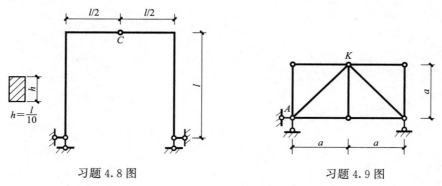

习题 4.8 图　　　　　习题 4.9 图

4.10 求习题 4.10 图示刚架由于支座位移 d_1、d_2、d_3 引起的 A、B 两截面的相对竖向位移。

4.11 习题 4.11 图示刚架支座 A 发生了水平线位移Δ_1、竖向线位移 Δ_2 及顺时针转角 φ，求由此引起的结点 K 的水平位移。

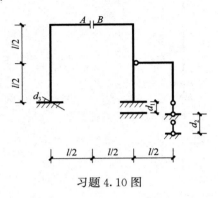

习题 4.10 图

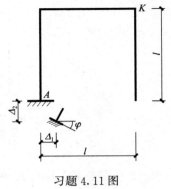

习题 4.11 图

第5章

力　法

学习指引☞　　本章介绍超静定结构最基本的计算方法——力法，重点介绍力法的应用，详细讨论利用结构的对称性简化力法计算的方法。同时介绍超静定结构在荷载作用下的位移计算、最后内力图校核以及在支座移动或温度改变时的力法计算方法。

5.1　力法的基本原理

5.1.1　力法求解超静定结构的基本思路

在前面各章中，已详尽地讨论了各种静定结构的内力和位移的计算。但在工程实际中，更多的结构是超静定结构。从本章开始，将讨论有关超静定结构的一些问题。

5.1 力法的基本原理

超静定结构是相对于静定结构而言的。从几何组成的角度来看，静定结构是没有多余约束的几何不变体系；而超静定结构是有多余约束的几何不变体系。从静力条件来看，静定结构的反力和各截面的内力只用平衡条件就能全部确定；而超静定结构的反力和各截面内力却不能完全由平衡条件来确定。

如图 5.1（a）所示的连续梁，共有 5 根支座链杆，从几何组成来看，此连续梁有两个多余约束。从反力的计算来看，在荷载 F 作用下，5 根支座链杆应有 5 个相应的支座约束反力。静力平衡条件只提供三个独立的平衡方程，尚缺少两个方程，故称该连续梁为二次超静定结构。

为了求解该连续梁，将原来结构中的两个多余约束去掉，如把 B、C 支座处的链杆看作是多余约束而切断，并代以相应的多余未知约束反力 X_1 和 X_2，就得到如图 5.1（b）所示的静定梁——简支梁，将原超静定结构中去掉多余约束后所得到的静定结构称为力法的基本结构。这个简支梁上就同时承受着已知荷载 F 和多余未知约束反力 X_1、X_2 的作用，基本结构在原有荷载和多余未知约束反力共同作用下的体系称为力法的基本体系，如图 5.1（b）所示。

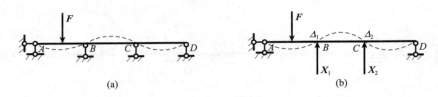

图 5.1

显然在简支梁上，荷载 F 是已知的，如果把多余未知约束反力 X_1 和 X_2 暂时作为荷载来看待，则根据静定结构的位移计算公式可以求得梁中任意点的位移。设简支梁上 B、C 两点的竖向位移为 Δ_1 和 Δ_2，显然 Δ_1 和 Δ_2 应为多余未知约束反力和荷载的函数，即

$$\Delta_1 = \Delta_1(X_1, X_2, F)$$
$$\Delta_2 = \Delta_2(X_1, X_2, F)$$

而原连续梁上 B、C 支座的竖向位移均为零 [图 5.1 (a)]。因此，为了使所得基本体系完全等效于原连续梁，简支梁必须满足两个变形条件：

$$\Delta_1(X_1, X_2, F) = 0$$
$$\Delta_2(X_1, X_2, F) = 0$$

这两个方程是去掉多余约束所得静定结构与原超静定结构变形一致的条件，故称为**变形协调条件**。由变形协调条件可以求解出多余未知约束反力 X_1 和 X_2。X_1 和 X_2 确定之后，原超静定结构计算问题就完全转化为静定结构计算问题。这种求解超静定结构的方法，是以多余未知力为基本未知量，故称之为**力法**。

下面我们首先来讨论如何确定超静定次数，以及有关力法的几个基本概念。

5.1.2 超静定结构的超静定次数及其力法基本结构

超静定结构与静定结构的根本区别在于，静定结构的约束都是形成几何不变体系所必需的约束（称为**必要约束**）；超静定结构除了形成几何不变体系所必需的约束以外还存在着**多余约束**。

超静定结构的全部反力和内力仅靠静力平衡条件是无法确定的。力法就是通过考虑变形条件来建立补充方程式，使超静定结构计算问题得以求解。一个超静定结构有多少个多余约束，相应地就有多少个多余未知力，就需要建立相同数目的补充方程，才能把多余未知力解算出来。因此，在用力法计算超静定结构时，首先要确定多余约束或多余未知力的数目。我们把多余约束或多余未知力的数目，就称为超静定结构的**超静定次数**。

从超静定结构上解除多余约束的方法很多，关键是要学会把原超静定结构拆成一个静定结构，常用的方式有以下几种。

1) 撤去一个可动铰支座或切断一根链杆，相当于去掉一个约束，图 5.2 (a)、(a′) 和 (b)、(b′) 所示。

2) 撤去一个固定铰支座或去掉一个单铰，相当于去掉两个约束，图 5.2 (c)、(c′) 和 (d)、(d′) 所示。

3) 撤去一个固定端支座或切断一根梁式杆，相当于去掉三个约束，图 5.2 (e)、(e′) 和 (f)、(f′) 所示。

4）将固定端支座改换成一个固定铰支座或将梁式杆某截面上的弯矩约束解除而改为简单铰，相当于去掉一个约束，图 5.2（g）、（g′）所示。

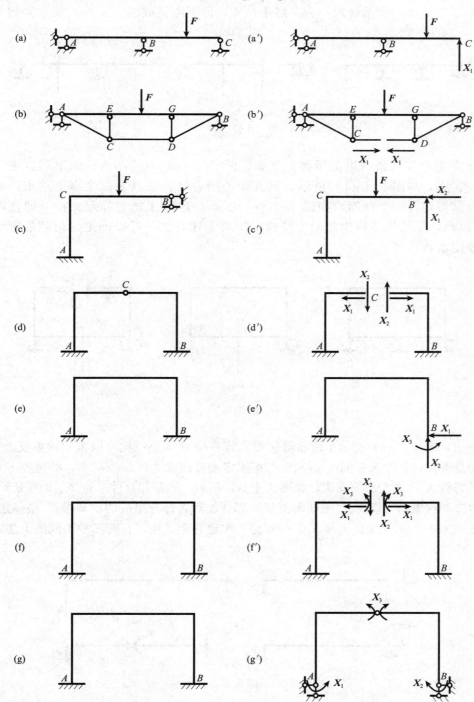

图 5.2

此外，还要注意以下几点。

1）不要把原超静定结构拆成一个几何可变体系。如图5.3（a）所示超静定结构，可拆成图5.3（b）所示情况，为一静定结构，但不能拆成图5.3（c）所示几何可变体系。

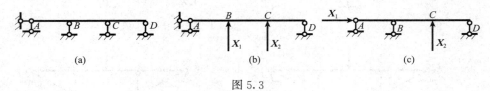

图5.3

2）要把全部多余约束都拆掉。例如，图5.4（a）中的结构，如果只拆去一个可动铰支座，如图5.4（b）所示，则其中的闭合框仍然具有三个多余约束。必须把闭合框再切开一个截面，如图5.4（c）所示，这时才成为静定结构（即基本结构）。因此，原结构为四次超静定结构。应用上述方法，可以确定任何超静定结构的超静定次数。

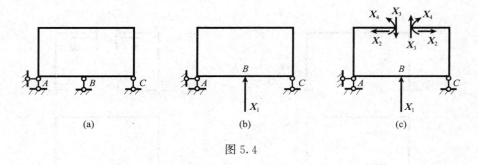

图5.4

例如，图5.5（a）所示单跨超静定梁，若去掉 B 支座，代之以未知约束反力 X_1，则变为悬臂梁，如图5.5（b）所示；若将固定端支座改为固定铰支座，需另加一未知约束反力偶 X_1，则变成简支梁，如图5.5（c）所示；若解除杆件某截面上的弯矩约束，代之以未知约束内力偶 X_1，则变为由基本部分加附属部分组成的"基-附"型静定梁，如图5.5（d）所示。由此可知5.5（a）是一次超静定结构，且有三种不同的力法基本结构。

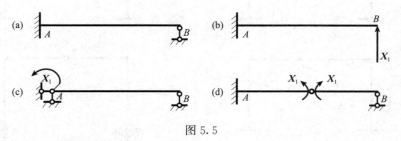

图5.5

如图5.6（a）所示的桁架，当切断四根斜杆或四根上（下）弦杆，代以多余未知

内力 X_1、X_2、X_3 和 X_4 后，则变为静定桁架，如图 5.6（b）、（c）所示，故原结构为四次超静定桁架。

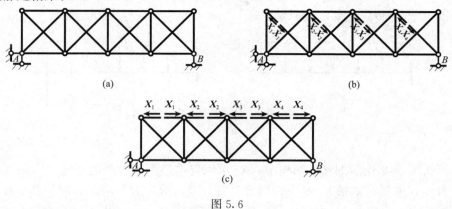

图 5.6

如图 5.7（a）所示刚架，当解除 B 处的固定铰支座，代以多余未知约束反力 X_1 和 X_2，则变为悬臂刚架，如图 5.7（b）所示。去掉不同的多余约束，代以相应的多余未知力 X_1 和 X_2，可以得到如图 5.7（c）、（d）、（e）、（f）所示的不同的静定结构，它们均可作为 5.7（a）所示原结构的力法基本结构。原结构为二次超静定刚架。

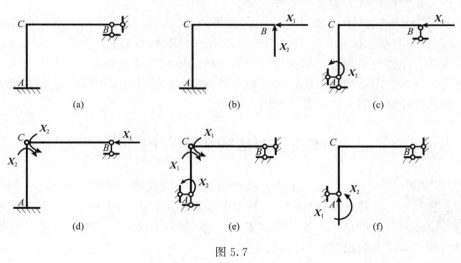

图 5.7

综上所述，可以看出：由于去掉多余约束的方式不同，因而同一结构所得到的静定基本结构也是多样的，但去掉的多余约束的数目总是相同的。

5.1.3　力法的基本未知量和基本方程

力法求解超静定结构问题的关键就是计算多余未知力，多余未知力一旦解出，其他未知量也就迎刃而解。我们把在力法中处于关键地位的多余未知力（内力、约束反力），称为力法的**基本未知量**。

为了确定基本未知量，我们将图 5.8（a）和（b）进行比较。在图 5.8（a）所示的超静定结构中，X_1 是被动力（作用于 B 点，图中未画出），是固定值。与 X_1 相应的位移 Δ_1（即 B 点的竖向位移）等于零。

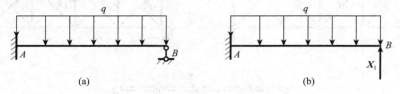

图 5.8

在图 5.8（b）所示的基本结构中，X_1 可以看作是主动力，是变量。如果 X_1 过大，则梁的 B 端往上翘；如果 X_1 过小，则 B 端往下垂。只有当 B 端的竖向位移正好等于零时，基本结构中的变力 X_1 才与超静定结构中的常力 X_1 正好相等，基本体系上虽然支座 B 处的多余约束已被去掉，但若其受力与变形情况与原超静定结构完全一致，则荷载 q 和多余未知力 X_1 共同作用下，其 B 点的竖向位移 Δ_1 也应等于零，即

$$\Delta_1 = 0$$

它是基本体系与原超静定结构之间的变形协调条件，是计算多余未知力时所需的位移补充方程，我们把它称为力法的**基本方程**。

综上所述，力法是去掉超静定结构的多余约束代之以多余未知力（约束反力或内力），得到静定的基本体系；然后以多余约束力作为基本未知量，根据在解除多余约束处基本体系变形要与原超静定结构变形协调一致的原则，建立基本方程，解出基本未知量；最后按分析静定结构的方法，由平衡条件或叠加法求得最后内力；力法的物理概念简明易懂，是计算超静定结构最基本的方法。

5.2 力法的典型方程

5.2 力法的典型方程

在 5.1 节中，我们讨论了一次超静定结构（图 5.8）和二次超静定结构（图 5.1）基本方程的建立方法。现在以三次超静定刚架为例来说明如何建立多次超静定结构的基本方程，并应用叠加原理写出其展开形式。

图 5.9（a）所示结构为三次超静定刚架，在荷载作用下结构的变形如图 5.9（a）中虚线所示。

去掉 B 支座，选取力法基本结构如图 5.9（b）所示，共有三个基本未知量，即水平方向的多余未知约束反力 X_1，竖直方向的多余未知约束反力 X_2 以及多余未知约束反力 X_3。在这组多余未知约束反力 X_1、X_2、X_3 和外荷载共同作用下，固定端 B 应保持原来的状态，即 B 端的水平位移总和 Δ_1、竖向位移总和 Δ_2 和角位移总和 Δ_3 均为零：$\Delta_1=0$、$\Delta_2=0$、$\Delta_3=0$。

为了利用叠加原理进行计算，先分别求出 $X_1=1$，$X_2=1$，$X_3=1$ 以及荷载 F 分别单独

作用在基本结构上 B 端的各个位移，把它们分别表示在图 5.9（c）、（d）、（e）、（f）各图中。

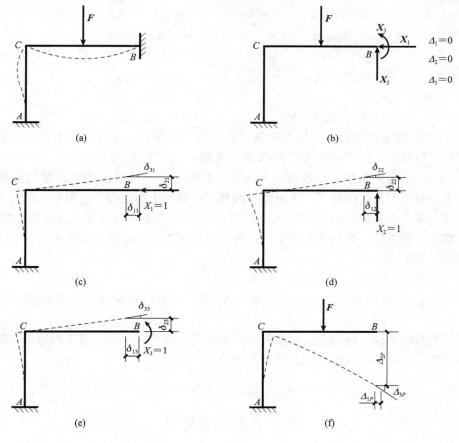

图 5.9

于是，B 端在 X_1 方向上的位移可表示为由四项组成：X_1 本身所引起的水平位移，其值为 δ_{11} 与 X_1 的乘积 $\delta_{11}X_1$，如图 5.9（c）所示；X_2 所引起的水平位移为 $\delta_{12}X_2$，如图 5.9（d）所示；X_3 所引起的水平位移为 $\delta_{13}X_3$，如图 5.9（e）所示；荷载所引起的水平位移为 Δ_{1P}，如图 5.9（f）所示。把这四项位移的代数值叠加起来即得原结构水平方向位移总和 Δ_1。原结构中 B 点的水平位移 Δ_1 应为零，故

$$\Delta_1 = 0 \qquad \delta_{11}X_1 + \delta_{12}X_2 + \delta_{13}X_3 + \Delta_{1P} = 0$$

同理，可以求得 B 端竖直方向的位移总和 Δ_2，以及 B 端的转角位移总和 Δ_3，它们也均为零。最后得

$$\Delta_2 = 0 \qquad \delta_{21}X_1 + \delta_{22}X_2 + \delta_{23}X_3 + \Delta_{2P} = 0$$

$$\Delta_3 = 0 \qquad \delta_{31}X_1 + \delta_{32}X_2 + \delta_{33}X_3 + \Delta_{3P} = 0$$

上列方程是以多余未知力作为基本未知量来表示的 B 端位移协调条件，即基本结构在全部多余未知力和荷载共同作用下，在去掉多余约束处所产生的位移应与原来超静定结构的相应位移协调一致，我们称之为力法方程或力法的**典型方程**。

由此推导出当静定结构具有 n 个多余约束时，其多余未知力为 X_1、X_2、$\cdots$、X_n，

力法典型方程的形式为

$$\begin{cases} \delta_{11}X_1 + \delta_{12}X_2 + \cdots + \delta_{1i}X_i + \cdots + \delta_{1n}X_n + \Delta_{1P} = 0 \\ \delta_{21}X_1 + \delta_{22}X_2 + \cdots + \delta_{2i}X_i + \cdots + \delta_{2n}X_n + \Delta_{2P} = 0 \\ \cdots\cdots \\ \delta_{i1}X_1 + \delta_{i2}X_2 + \cdots + \delta_{ii}X_i + \cdots + \delta_{in}X_n + \Delta_{iP} = 0 \\ \cdots\cdots \\ \delta_{n1}X_1 + \delta_{n2}X_2 + \cdots + \delta_{ni}X_i + \cdots + \delta_{nn}X_n + \Delta_{nP} = 0 \end{cases} \tag{5.1}$$

式（5.1）为 n 次超静定结构力法典型方程的一般形式。在方程中由左上角到右下角（不包括自由项）所引的对角线称为**主对角线**，在主对角线上的系数 δ_{11}、δ_{22}、$\cdots$、δ_{ii}、$\cdots$、δ_{nn}，称为**主系数**。主系数均不为零，且为正值。这是因为主系数代表单位力在其本身方向上引起的位移。在主对角线两侧的系数称为**副系数**，它表示某单位力所引起的沿其他单位力方向的位移，因此其值可正、可负，也可以为零。通常我们也称 δ_{ij} 为**柔度系数**。根据第 4 章位移互等定理，处于对称位置的副系数是互等的，如 $\delta_{12} = \delta_{21}$，$\delta_{23} = \delta_{32}$ 等，即

$$\delta_{ij} = \delta_{ji}$$

系数 δ_{ii}、δ_{ij} 和自由项 Δ_{1P}、Δ_{2P}、Δ_{iP}、Δ_{nP} 等，都可以用第 4 章计算位移的方法来确定。

不同类型的结构，这些主、副系数和自由项的计算公式不同。对于以弯曲变形为主的梁和刚架，主要考虑弯矩作用，可按下列公式计算：

$$\delta_{ii} = \sum\int_l \overline{M}_i{}^2 \mathrm{d}s/EI$$

$$\delta_{ij} = \sum\int_l \overline{M}_i\overline{M}_j \mathrm{d}s/EI$$

$$\Delta_{iP} = \sum\int_l \overline{M}_i M_P \mathrm{d}s/EI$$

式中：系数 δ_{ij} 和自由项 Δ_{iP} 都代表基本结构的位移。位移符号中采用两个脚标：第一个脚标表示位移的地点和方向，第二个脚标表示产生位移的原因。例如，δ_{ij} 为基本结构上由单位力 $X_j = 1$ 引起的 X_i 的作用点沿 X_i 方向的位移；Δ_{iP} 为基本结构上由荷载单独作用时所引起的沿 X_i 方向的位移。位移正、负号规定为：当位移 δ_{ij} 或 Δ_{iP} 的方向与所假定的未知力 X_i 的方向相同时，则位移为正。

$\overline{M}_i$、$\overline{M}_j$ 代表 $X_i = 1$ 及 $X_j = 1$ 在基本结构中所产生的单位弯矩；M_P 则表示荷载在基本结构中所产生的弯矩。如构件为直线等截面杆，则可用图乘法计算上列的系数和自由项。

将求得的系数与自由项代入力法典型方程即可解出多余未知力 $\boldsymbol{X}_1$、$\boldsymbol{X}_2$、$\cdots$、$\boldsymbol{X}_n$。然后将已求得的多余未知力和荷载一起施加在基本结构上，利用平衡条件即可求出其余反力和内力。在绘制最后内力图时，也可以利用基本结构的单位内力图和荷载作用下的内力图按叠加法得到，即

$$M = \overline{M}_1 X_1 + \overline{M}_2 X_2 + \cdots + M_P$$

5.3　力法应用举例

5.3.1　力法的计算步骤

根据以上所述，用力法计算超静定结构的步骤可归纳如下。

5.3 力法应用举例

1）选取基本结构。确定超静定次数，去掉结构的多余约束而以多余未知力代之，从而得到基本结构。

2）列出力法方程。根据基本结构在多余未知力和荷载共同作用下在所去掉多余约束处的位移应与原结构中相应位移相等的位移协调条件，建立力法典型方程。

3）作出基本结构的各个单位内力图和荷载内力图。令各多余未知力等于单位 1，分别单独作用在基本结构上，画出相应内力图，即为单位内力图——$\overline{M}_i$ 图；原结构的荷载单独作用在基本结构上，所得到的内力图，即为荷载内力图——M_P 图。

4）计算各系数和自由项。按照求位移的方法（积分法、图乘法等）计算力法典型方程中的各系数和自由项。

5）解算典型方程，求出各多余未知力。

6）按分析静定结构的方法，由平衡条件或叠加法绘出最后内力图。

7）校核最后内力图。

5.3.2　超静定梁计算

【例题 5.1】　求作图 5.10（a）所示梁的内力图。

【解】　（1）确定结构超静定次数及对应的基本结构

将支座 B 去掉，代以相应的多余未知力 X_1，即得到图 5.10（b）所示的静定结构，故此梁为一次超静定结构，图 5.10（b）为基本体系。

（2）列力法方程

根据原结构 B 处没有竖向位移，即 $\Delta_{BV}=0$ 的条件可建立力学的典型方程为

$$\delta_{11}X_1 + \Delta_{1P} = 0$$

（3）作 $\overline{M}_1$ 和 M_P 图

为了求系数和自由项，必须在基本结构上分别作出 $X_1 = 1$ 及荷载单独作用时的弯矩图，如图 5.10（c）、（d）所示。

（4）求系数和自由项

求 δ_{11} 时，用 $\overline{M}_1$ 自乘，有

$$\delta_{11} = \int_l \overline{M}_1 \overline{M}_1 \, \mathrm{d}s/EI = \sum \omega y / EI = \frac{1}{EI}\left(\frac{1}{2} \times L \times L \times \frac{2}{3} \times L\right) = L^3/3EI$$

求 Δ_{1P} 时，用 M_P 图和 $\overline{M}_1$ 图相乘，有

$$\Delta_{1P} = \sum \int_l \overline{M}_1 M_P \, \mathrm{d}s/EI = \sum \omega y / EI = \frac{1}{EI}\left(-\frac{1}{3} \times L \times \frac{qL^2}{2} \times \frac{3}{4} \times L\right) = -qL^4/8EI$$

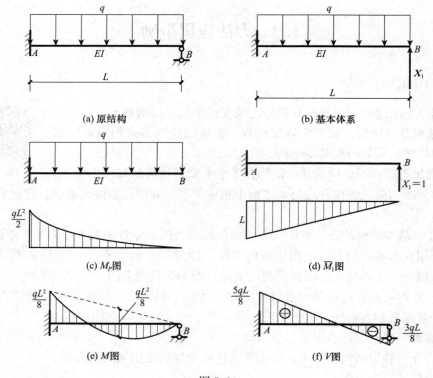

图 5.10

（5）解方程求未知量 X_1

将 δ_{11} 和 Δ_{1P} 代入力法方程中，得

$$X_1 = -\Delta_{1P}/\delta_{11} = -(-qL^4/8EI)/(L^3/3EI) = \frac{3}{8}qL\,(\uparrow)$$

得到的 X_1 为正值，表示 X_1 的实际方向与原假定的方向相同，即竖直向上。

（6）用叠加法作弯矩图

任一截面的弯矩为 $M = M_P + \overline{M}_1 X_1$，将 $\overline{M}_1$ 弯矩图乘以 $\frac{3}{8}qL$ 后与 M_P 相加，即得图 5.10（e）所示的原结构的弯矩图，即 M 图。

（7）依据 M 图绘制 V 图

将外荷载与 X_1 作用在基本结构上，利用平衡条件求出杆端剪力，然后作出剪力图，即图 5.10（f）所示 V 图。

5.3.3　超静定刚架和排架的计算

计算刚架位移时，通常忽略轴力和剪力的影响，而只考虑弯矩的影响，因而使计算得到简化。轴力的影响在高层刚架的柱中比较大，剪力的影响当杆件短而粗时比较大，当遇到这种情况时要做特殊处理。

图 5.11 所示为装配式单层厂房的排架计算简图。其中的柱是阶梯形变截面杆件，

柱底为固定端，柱顶与横梁（屋架）为铰接。计算时常
忽略横梁的变形，认为其刚度为无穷大。

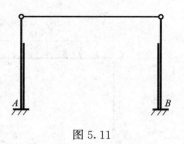

图 5.11

【**例题 5.2**】 图 5.12（a）所示为一超静定刚架，
梁和柱的截面惯性矩分别为 I_1 和 I_2，$I_1 : I_2 = 2 : 1$。当
横梁承受均布荷载 $q = 20\mathrm{kN/m}$ 作用时，求作刚架的内
力图。

【**解**】 这是一个一次超静定刚架。可以取 B 处的水
平反力为多余未知力。撤去 B 处水平支杆后，得到
图 5.12（b）所示的力法基本体系。

根据原结构 B 点的水平位移均为零的条件，可建立力法的典型方程。

$$\delta_{11} X_1 + \Delta_{1P} = 0$$

计算系数和自由项时，对于刚架通常可略去轴力和剪力的影响而只考虑弯矩一项。为
此，我们绘制基本结构在荷载作用下的弯矩图，即 M_P 图（荷载弯矩图），以及在单位力
$X_1 = 1$ 作用下的弯矩图，即 $\overline{M}_1$ 图（单位弯矩图），分别如图 5.12（c）和（d）所示。

计算位移时可采用图乘法：

$$\begin{aligned}
\delta_{11} &= \sum \int_l \overline{M}_1 \overline{M}_1 \mathrm{d}s / EI = \sum \omega y / EI \\
&= \frac{1}{EI_1} \times (6 \times 8) \times 6 + \frac{2}{EI_2} \times \left(\frac{1}{2} \times 6 \times 6 \right) \times \left(\frac{2}{3} \times 6 \right) \\
&= 288/EI_1 + 144/EI_2
\end{aligned}$$

因 $I_2 = I_1/2$，故

$$\delta_{11} = 576/EI_1$$

$$\Delta_{1P} = \sum \int_l \overline{M}_1 M_P \mathrm{d}s / EI = \sum \omega y / EI = -\frac{1}{EI_1} \left(\frac{2}{3} \times 8 \times 160 \right) \times 6 = -5120/EI_1$$

将 $\delta_{11} \Delta_{1P}$ 代入力法方程得

$$X_1 = -\Delta_{1P}/\delta_{11} = -(-5120/EI_1)/(576/EI_1) = 8.89\mathrm{kN}$$

多余未知力求出以后，作内力图的问题即属于静定问题。通常作内力图的次序为：
首先，利用已经作好的 $\overline{M}_1$ 和 M_P 图作最后弯矩图；然后，利用弯矩图作剪力图；最
后，利用剪力图作轴力图。现分述如下。

（1）作弯矩图

利用弯矩叠加公式

$$M = M_P + \overline{M}_1 X_1$$

任一截面的弯矩均可据此计算。将 $\overline{M}_1$ 弯矩图数据乘以 8.89 后，再与 M_P 图相加，
即得到 5.12（e）所示的原结构的弯矩图。

（2）作剪力图

作任一杆的剪力图时，可取此杆为隔离体，利用已知的杆端弯矩及荷载情况，由平
衡条件求出杆端剪力，然后根据剪力图分布规律作出杆的剪力图。

以杆 CD 为例，其隔离体图如图 5.12（f）所示（确定剪力时，不需考虑杆端轴力，

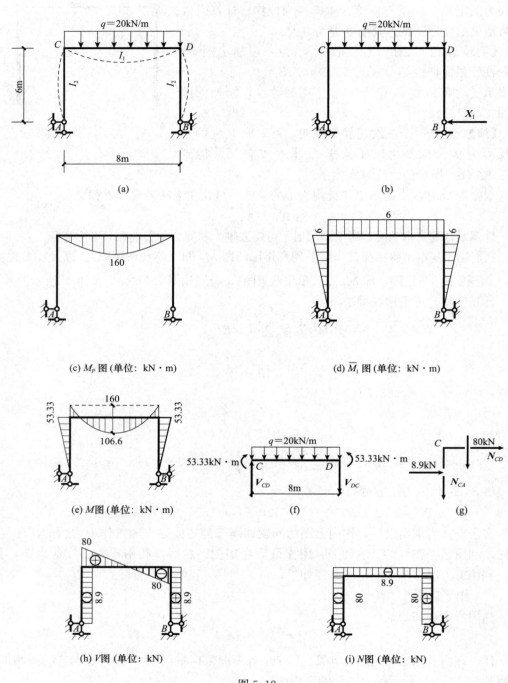

图 5.12

故在隔离体图中未标出轴力）。杆端作用有已知的弯矩（其值可由 M 图查得）。

$$M_{CD} = 53.33 \text{kN} \cdot \text{m} \quad （上边受拉）$$
$$M_{DC} = 53.33 \text{kN} \cdot \text{m} \quad （上边受拉）$$

待定的杆端剪力 V_{CD} 和 V_{DC} 可由平衡方程求出如下。

$$\sum M_D = 0 \qquad 53.33 - 8V_{CD} + 20 \times 8 \times 4 - 53.33 = 0$$

$$V_{CD} = 80\text{kN}$$

$$\sum M_C = 0 \qquad 53.33 - 20 \times 8 \times 4 - 8V_{DC} - 53.33 = 0$$

$$V_{DC} = -80\text{kN}$$

杆端剪力求出后，根据杆 CD "承受均布荷载，其剪力图为一斜直线"，即可在图 5.12（h）中作杆 CD 的剪力图。剪力图必须注明正负号。

（3）作轴力图

作杆件的轴力图时，可取结点为隔离体，利用已知的杆端剪力，由结点平衡条件可求出杆端轴力，然后作此杆的轴力图。当杆件上无沿杆轴方向的荷载时，杆件的轴力为常数，轴力图为杆轴平行线。

以结点 C 为例，其隔离体图如图 5.12（g）所示（确定轴力时，不需考虑杆端弯矩，故在隔离体图中未标出弯矩）。在隔离体上作用有已知的剪力（其值可由 V 图查得）：

$$V_{CD} = 80\text{kN} \quad （使隔离体有顺时针方向转动的趋势）$$

$$V_{CA} = -8.9\text{kN} \quad （使隔离体有逆时针方向转动的趋势）$$

待定的杆端轴力 N_{CD} 和 N_{CA}（隔离体图中均假设为拉力），可由投影平衡方程求出：

$$\sum F_x = 0 \qquad N_{CD} = -8.9\text{kN}$$

$$\sum F_y = 0 \qquad N_{CA} = -80\text{kN}$$

每个结点有两个投影平衡方程。按照适当的次序截取结点，就可以求出所有杆端轴力。轴力图如图 5.12（i）所示。轴力图也必须注明正负号。

【例题 5.3】 图 5.13（a）所示一单层单跨的铰接排架计算简图。求作其弯矩图。

【解】 杆 CD 是由屋架或大梁简化而来的，抗拉刚度可视为无限大（即 $EA \to \infty$），故 C、D 两点间的距离不变。因此，对排架的计算实际是对柱子进行内力分析，外荷载 24.5kN 为吊车水平制动力。

此铰接排架内部有一个多余联系，是一个超静定的结构。现将横杆 CD 切断，代之以多余未知力 X_1，其基本体系如图 5.13（b）所示。根据基本结构在原有荷载和多余未知力共同作用下，横杆切口处两侧截面相对水平位移等于零的条件，写出力法方程：

$$\delta_{11}X_1 + \Delta_{1P} = 0$$

为了求得系数 δ_{11} 和自由项 Δ_{1P}，分别作相应的荷载弯矩图 M_P 和单位弯矩图 $\overline{M}_1$，即图 5.13（c）和（d）所示。应用图乘法得

$$\delta_{11} = \sum \int_l \overline{M}_1 \overline{M}_1 \mathrm{d}s / EI = \sum \omega y / EI = \frac{2}{EI_1} \times [1/2 \times 4.2 \times 4.2 \times 2/3 \times 4.2]$$

$$+ \frac{2}{EI_2} \times [1/2 \times 9.4 \times 4.2 \times (2/3 \times 4.2 + 1/3 \times 13.6)$$

$$+ 1/2 \times 9.4 \times 13.6 \times (1/3 \times 4.2 + 2/3 \times 13.6)]$$

$$= 49.4/EI_1 + 1625/EI_2$$

$$= \frac{1}{EI_2} \times (49.4 \times I_2/I_1 + 1625)$$

$$= 1992/EI_2$$

$$\Delta_{1P} = \sum \int_l \overline{M}_1 M_P \mathrm{d}s/EI = \sum \omega y/EI = -\frac{1}{EI_1} \times [1/2 \times 1.2 \times 29.4$$

$$\times (4.2 - 1/3 \times 1.2)/4.2 \times 4.2] - \frac{1}{EI_2} \times [1/2 \times 9.4$$

$$\times 29.4 \times (2/3 \times 4.2 + 1/3 \times 13.6) + 1/2 \times 9.4 \times 260$$

$$\times (1/3 \times 4.2 + 2/3 \times 13.6)]$$

$$= -67/EI_1 - 13770/EI_2$$

$$= -\frac{1}{EI_2}(67 \times 7.42 + 13770)$$

$$= -14267/EI_2$$

将 δ_{11} 和 Δ_{1P} 代入力法方程中，得

$$X_1 = -\Delta_{1P}/\delta_{11} = -(-14267/EI_2)/(1992/EI_2) = 7.16\mathrm{kN}$$

按式 $M = M_P + \overline{M}_1 X_1$，得出原结构的弯矩图，如图 5.13（e）所示。

注意：计算 δ_{11} 时，由于横梁 $EA \to \infty$，所以横梁虽然有 $N=1$，但其轴向变形 $NL/EA = 1 \times L/\infty = 0$，故只需计算 $X_1 = 1$ 作用下两边柱顶沿 X_1 方向的位移。

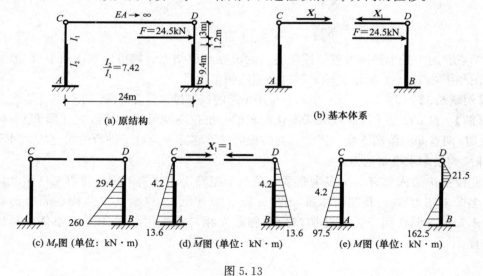

图 5.13

5.3.4　超静定桁架的计算

桁架是全部由链杆组成的承重结构，其外力都作用在结点上。因此，桁架各杆内力只有轴力，故力法方程中的系数和自由项的计算只考虑轴力的影响，其计算表达式为

$$\delta_{ii} = \sum \frac{\overline{N_i^2} l}{EA}$$

$$\delta_{ij} = \sum \frac{\overline{N_i} \overline{N_j} l}{EA}$$

$$\Delta_{iP} = \sum \frac{\overline{N_i} N_P l}{EA}$$

原结构中各杆轴力的叠加公式为

$$\overline{N} = \overline{N_1} X_1 + \overline{N_2} X_2 + \cdots + N_P$$

【例题 5.4】　试求图 5.14（a）所示超静定桁架中各杆的内力。设各杆 L/EA 相同。

【解】　原结构为二次超静定结构，取基本体系如图 5.14（b）所示。列出力法方程式有

$$\delta_{11} X_1 + \delta_{12} X_2 + \Delta_{1P} = 0$$
$$\delta_{21} X_1 + \delta_{22} X_2 + \Delta_{2P} = 0$$

用结点法计算在荷载、单位未知力 $X_1 = 1$、$X_2 = 1$ 分别单独作用下各杆的轴力 $\overline{N_1}$、$\overline{N_2}$ 和 N_P，如图 5.14（c）、（d）、（e）所示。

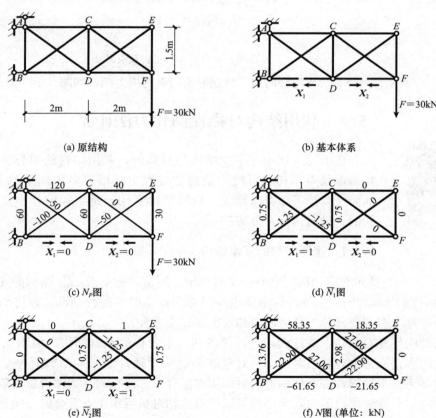

(a) 原结构　　　　　　　　　　　(b) 基本体系

(c) N_P 图　　　　　　　　　　　(d) $\overline{N_1}$ 图

(e) $\overline{N_2}$ 图　　　　　　　　　　　(f) N 图（单位：kN）

图 5.14

计算系数和各自由项

$$\delta_{11} = \sum \overline{N}_1{}^2 \frac{L}{EA} = \frac{L}{EA}[1^2 \times 2 + (0.75)^2 \times 2 + (1.25)^2 \times 2] = 6.25 \frac{L}{EA}$$

$$\delta_{12} = \delta_{21} = \sum \overline{N}_1 \overline{N}_2 \frac{L}{EA} = \frac{L}{EA}(0.75 \times 0.75) = 0.56 \frac{L}{EA}$$

$$\delta_{22} = \sum \overline{N}_2{}^2 \frac{L}{EA} = \frac{L}{EA}[1 + 1 + (0.75)^2 \times 2 + (1.25)^2 \times 2] = 6.25 \frac{L}{EA}$$

$$\Delta_{1P} = \sum \overline{N}_1 N_P \frac{L}{EA} = \frac{L}{EA}(0.75 \times 60 + 120 \times 1$$

$$+ 1.25 \times 50 + 1.25 \times 100 + 0.75 \times 60) = 397.5 \frac{L}{EA}$$

$$\Delta_{2P} = \sum \overline{N}_2 N_P \frac{L}{EA} = \frac{L}{EA}(0.75 \times 60 + 1 \times 40 + 1.25 \times 50 + 0.75 \times 30)$$

$$= 170 \frac{L}{EA}(\text{kN})$$

将以上系数、自由项代入力法方程，并消去 L/EA，可得

$$6.25X_1 + 0.56X_2 = -397.5$$
$$0.56X_1 + 6.25X_2 = -170$$

解得

$$X_1 = -61.65\text{kN} \qquad X_2 = -21.65\text{kN}$$

按 $N = \overline{N}_1 X_1 + \overline{N}_2 X_2 + N_P$ 计算各杆内力，得超静定桁架的内力图，如图 5.14（f）所示。

5.4　利用结构对称性简化力法计算

5.4 利用结构对称性
简化力法计算

　　在土建工程中，不少结构是对称的。利用结构的对称性，恰当地选取基本结构，可使力法典型方程中尽可能多的副系数等于零，从而使计算工作得以简化。对称性的利用，是工程设计中经常会遇到的一种简化计算方法。

5.4.1　选取对称的基本结构

　　图 5.15（a）所示对称结构，它有一个对称轴。所谓对称是指：① 结构的几何形状和支座是对称于该轴的；② 各杆的刚度也是对称于该轴的。也就是说，若将结构绕对称轴对折，则左右两个部分的几何尺寸和刚度能完全重合。

　　若将此刚架在对称轴上的截面切开，便得到一个对称的基本结构，如图 5.15（b）所示。此时多余未知力包括三对力：一对弯矩 $\boldsymbol{X}_1$、一对轴力 $\boldsymbol{X}_2$、一对剪力 $\boldsymbol{X}_3$。对称轴两边的力如果大小相等，绕对称轴对折后作用点重合且方向相同，则称为**正对称**（或简称**对称**）力；对称轴两边的力若大小相等，绕对称轴对折后作用点重合但方向相反，则称为**反对称力**。

　　据此，多余未知力中，$\boldsymbol{X}_1$、$\boldsymbol{X}_2$ 是对称内力，$\boldsymbol{X}_3$ 是反对称内力。

　　在绘制单位弯矩图时，由于我们选取了对称的基本结构，显然，对称力 $\boldsymbol{X}_1$ 和 $\boldsymbol{X}_2$ 作

用下的单位弯矩图 $\overline{M}_1$ 和 $\overline{M}_2$ 是对称的，如图 5.15（c）、（d）所示；反对称力 $\boldsymbol{X}_3$ 作用下的单位弯矩图 $\overline{M}_3$ 则是反对称的，如图 5.15（e）所示。图乘时，由于对称图和反对称图相乘时的数值恰好正负抵消，故图乘结果应等于零。由图 5.15（c）、（d）、（e）有

$$\delta_{13} = \delta_{31} = \sum \int_l \overline{M}_1 \overline{M}_3 \, \mathrm{d}x / EI = 0$$

$$\delta_{23} = \delta_{32} = \sum \int_l \overline{M}_2 \overline{M}_3 \, \mathrm{d}x / EI = 0$$

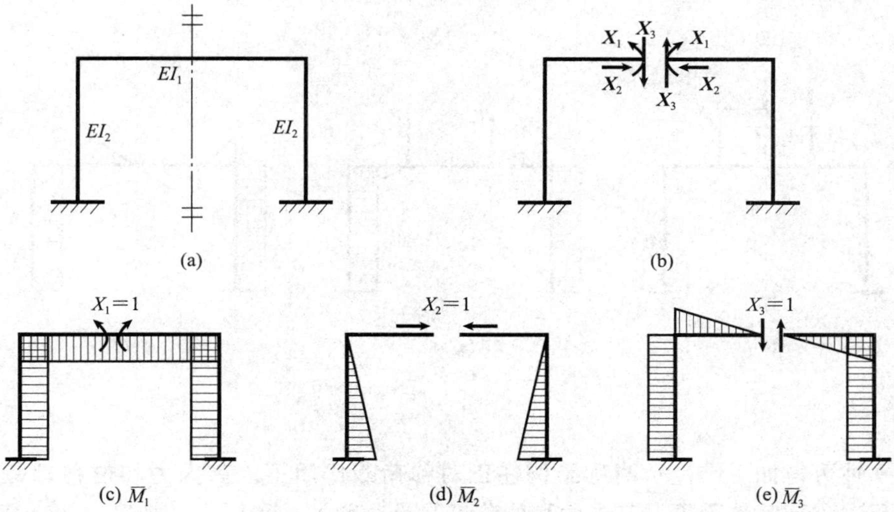

图 5.15

所以，三次超静定结构的力法典型方程式可简化为

$$\delta_{11} X_1 + \delta_{12} X_2 + \Delta_{1P} = 0$$
$$\delta_{21} X_1 + \delta_{22} X_2 + \Delta_{2P} = 0$$
$$\delta_{33} X_3 + \Delta_{3P} = 0$$

由此可见，一个对称结构，若选取对称的基本结构，则力法典型方程可分为两组，一组只包含正对称的多余未知力 $\boldsymbol{X}_1$ 和 $\boldsymbol{X}_2$，另一组只包含反对称的多余未知力 $\boldsymbol{X}_3$。显然，计算工作就比一般情况要简单得多。

如果作用在结构上的荷载是正对称的，如图 5.16（a）所示，则 M_P 图也是正对称的，如图 5.16（b）所示。于是又有自由项 $\Delta_{3P}=0$。从而由典型方程的第三式可知反对称的多余未知力 $X_3=0$，因而只有正对称的多余未知力 X_1 和 X_2。最后弯矩图为 $M = \overline{M}_1 X_1 + \overline{M}_2 X_2 + M_P$，它也是正对称的，如图 5.16（c）所示。由此推知，此时结构的所有反力、内力和位移 [图 5.16（a）中虚线] 都是正对称的。

如果作用在结构上的荷载是反对称的，如图 5.16（d）所示，则同理可知，此时正对称的多余未知力 $X_1=X_2=0$，只有反对称的多余未知力 X_3。最后弯矩图为 $M = \overline{M}_3 X_3 + M_P$，它也是反对称的，如图 5.16（f）所示，并且该结构所有反力、内力和位移 [图 5.16（d）中虚线] 都是反对称的。

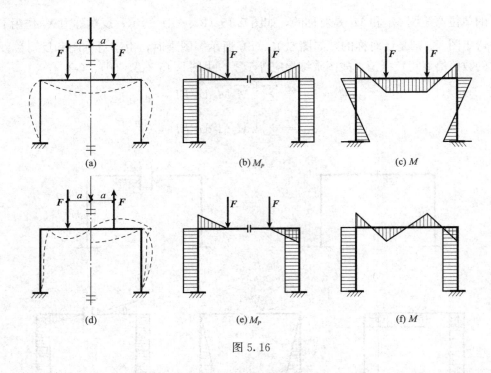

图 5.16

由上述可得如下结论：**对称结构在正对称荷载作用下，其内力和位移都是正对称的；在反对称荷载作用下，其内力和位移都是反对称的。**利用这一结论可使计算得到很大的简化。

当对称结构受任意荷载作用时，如图 5.17（a）所示，可将荷载分解为对称的与反对称的两个部分，分别如图 5.17（b）和（c）所示。然后分别求解，将结果叠加便得到最后内力图。

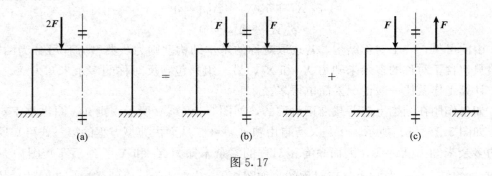

图 5.17

【例题 5.5】　作图 5.18（a）所示刚架的弯矩图，设各杆 EI 为常数。

【解】　（1）确定超静定次数，选择基本结构

这是一个对称结构，为四次超静定。由于承受结点水平荷载 $F=20\text{kN}$ 作用，为了采用对称的基本结构，故将荷载分解为对称的和反对称的两种情况，如图 5.18（b）、（c）所示，再分别选取基本结构。图 5.18（b）是在对称荷载作用下的状态，顶层的横

杆为二力杆，故 $N \neq 0$，但结构的弯矩都为零，即 $M_{对} = 0$；图 5.18（c）是在反对称荷载作用下的状态，所有对称的多余未知力 $\boldsymbol{X}_2$、$\boldsymbol{X}_3$ 和 $\boldsymbol{X}_4$ 均为零，只有反对称多余未知力 $\boldsymbol{X}_1$。基本结构和多余未知力 $\boldsymbol{X}_1$、$\boldsymbol{X}_2$、$\boldsymbol{X}_3$、$\boldsymbol{X}_4$ 如图 5.18（d）、（e）所示。

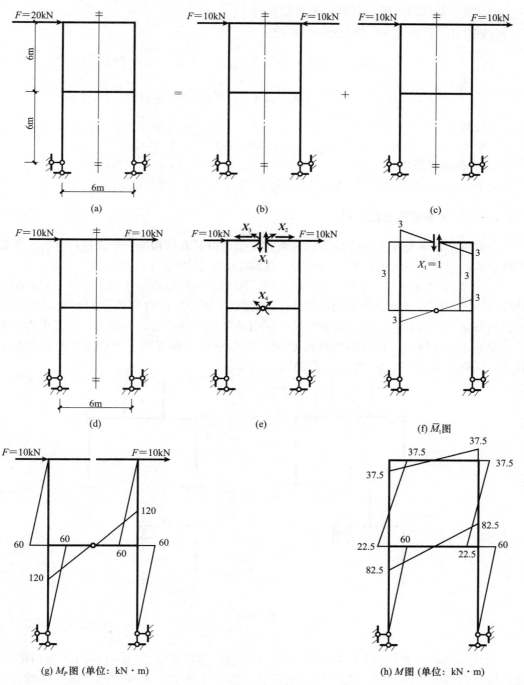

图 5.18

（2）建立力法方程

由图 5.18（e）可得简化的力法方程：

$$\delta_{11}X_1 + \Delta_{1P} = 0$$

（3）求系数和自由项，并解出多余未知力 X_1

分别作出 $\overline{M}_1$ 图和 M_P 图如图 5.18（f）、（g）所示，则

$$\delta_{11} = \frac{1}{EI}\left[(1/2 \times 3 \times 3 \times 2) \times 2 + 3 \times 6 \times 3\right] \times 2 = 144/EI$$

$$\Delta_{1P} = \frac{1}{EI}(3 \times 6 \times 30 + 1/2 \times 3 \times 3 \times 80) \times 2 = 1800/EI$$

代入方程解得

$$X_1 = -\Delta_{1P}/\delta_{11} = -1800 \div 144 = -12.5(\text{kN})$$

（4）最后弯矩图

由 $M = M_{对} + M_{反} = 0 + \overline{M}_1 X_1 + M_P$，得如图 5.18（h）所示的 M 图。

5.4.2　选取半边结构进行计算

当对称结构承受正对称或反对称荷载时，也可以只取结构的一半来进行计算。下面就奇数跨和偶数跨两种对称结构（刚架、连续梁等）加以说明。

1）奇数跨对称刚架。如图 5.19（a）所示刚架，在对称载荷作用下，由于只产生正对称的内力和位移（变形曲线如图 5.19 中虚线），故可知在对称轴上的截面 C 处不发生转角和水平线位移，但有竖向的位移；同时该截面上将有弯矩和轴力，而无剪力。所以，取一半来计算时，在对称轴截面 C 处，可以用一定向支座（滑动支座）代替原有联系，则得如图 5.19（b）所示计算简图。

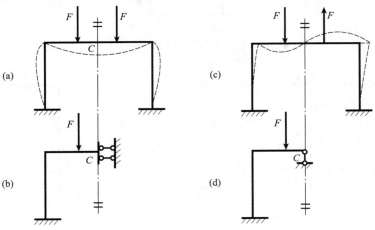

图 5.19

在反对称载荷的作用下，如图 5.19（c）所示，由于只产生反对称的内力和位移，故可知在对称轴上的截面 C 处无竖向的位移，但有水平的位移和转角，同时该截面上弯矩和轴力均为 0，而只有剪力存在，故在对称轴截面 C 处可用一竖向链杆代替原有联

系，则得如图 5.19（d）所示的计算简图。

2）偶数跨对称刚架。如图 5.20（a）所示双跨对称刚架，在对称荷载作用下（变形曲线如图 5.20 中虚线），对称轴上的结点 C 处将不产生任何的位移（因略去杆件的轴向变形，也没有竖向位移），故在 C 处横梁杆端有弯矩、剪力和轴力。因此，当取一半结构时，可将 C 处用固定端支座代替原来的约束，其计算简图如图 5.20（b）所示。

在反对称载荷作用下，如图 5.20（c）所示。可设想刚架中柱是由两根各具 $I/2$ 的竖柱所组成，它们分别在对称轴的两侧与横梁刚性联结，如图 5.20（e）所示。显然，这与原结构是等效的。再设想将此两柱中间的横梁切开，由于荷载是反对称的，故该截面上只有剪力 V_C 存在，如图 5.20（f）所示。这对剪力只对中间两根竖柱产生大小相等而性质相反的轴力，并不影响其他杆件的弯矩。由于原来中间柱的内力是这两根柱的内力之和，故叠加后 V_C 对原结构的内力和变形均无影响，因此可以不考虑 V_C 的影响而选取如图 5.20（d）所示一半刚架的计算简图。

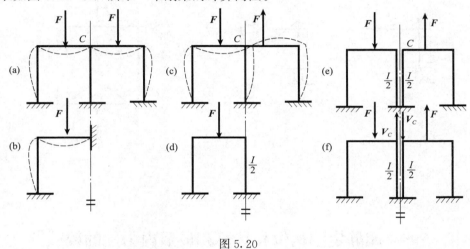

图 5.20

【例题 5.6】　试用选取半个结构的方法求作图 5.21（a）所示刚架的弯矩图，设各杆 $EI=$ 常数。

【解】　这是一个三次超静定刚架，结构及荷载均具有两个共同的对称轴，无论对水平轴 x 还是竖轴 y，均是对称变形，故可选取如图 5.21（b）所示的 1/4 刚架计算简图来分析，显然其仅为一次超静定问题，取基本结构如图 5.21（c）所示，多余未知力为弯矩 X_1，利用截面 A 转角为 0 的变形条件，建立相应的力法典型方程为

$$\delta_{11}X_1 + \Delta_{1P} = 0$$

分别画出 $\overline{M}_1$ 图和 M_P 图，如图 5.21（d）和（e）所示。由图乘法求得

$$\delta_{11} = \frac{1}{EI} \times \left(1 \times \frac{a}{2} \times 1 \times 2\right) = a/EI$$

$$\Delta_{1P} = -\frac{1}{EI} \times \left(\frac{1}{2} \times \frac{Fa}{4} \times \frac{a}{2} \times 1 + \frac{Fa}{4} \times \frac{a}{2} \times 1\right) = -3Fa^2/16EI$$

代入方程解得

$$X_1 = -\Delta_{1P}/\delta_{11} = 3Fa/16$$

由叠加法画出 1/4 刚架弯矩图，如图 5.21（f）所示。根据对称性可得原刚架最后弯矩图，如图 5.21（g）所示。

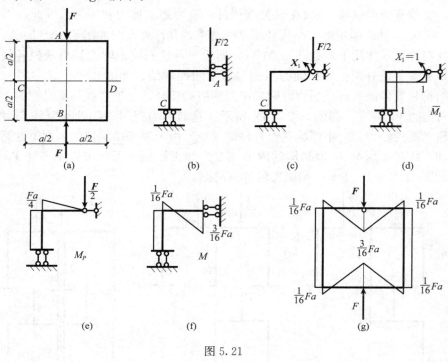

图 5.21

5.5 超静定结构位移计算和最后内力图的校核

5.5.1 超静定结构的位移计算

5.5 超静定结构
位移计算和最后
内力图的校核

用力法计算超静定结构，是根据基本结构在荷载和全部多余未知力共同作用下，其内力和位移与原结构完全一致这个条件来进行的。也就是说，在荷载及多余未知力共同作用下的基本结构与在荷载作用下的原结构是完全等价的，它们之间并不存在任何差别。因此，计算超静定结构的位移，就是求基本结构的位移。具体计算步骤如下。

1）用力法求解超静定结构，作出其最后内力图。它也就是基本结构的实际位移状态内力图。

2）将单位力 $F=1$ 加在基本结构上建立虚拟力状态，求出其相应内力或作出其内力图。因为基本结构是静定的，故此时的内力仅由平衡条件便可求得。

3）对基本结构实际位移状态和虚拟力状态，用虚功原理的位移计算公式或图乘法即可计算出所求位移。

由于超静定结构的最后内力图并不因所选取基本结构的不同而异，因此，其实际内力可以看作是选取任一形式的基本结构求得的。所以，在求位移的时候，可以选择较简单的基本结构作为虚设力状态以简化计算。

【例题 5.7】　如图 5.22（a）所示的超静定刚架，其最终弯矩图已经求出，如图 5.22（b）所示。设 $EI=$ 常数，试求刚架 D 点的水平位移 Δ_{DH} 和横梁中点 F 的竖向位移 Δ_{FV}。

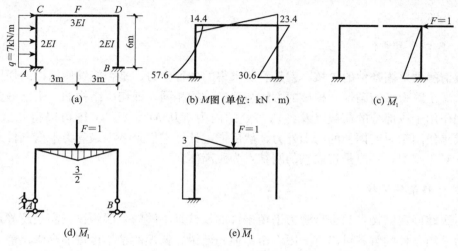

图 5.22

【解】　求 D 点水平位移 Δ_{DH} 时，可选取图 5.22（c）所示基本结构，在 D 点加水平单位荷载 $F=1$，得虚拟力状态 $\overline{M}_1$ 图。将图 5.22（b）与（c）互乘得

$$\Delta_{DH} = \frac{1}{2EI}[1/2 \times 6 \times 6 \times (2/3 \times 30.6 - 1/3 \times 23.4)] = 113.4/EI$$

计算结果为正值，表示位移方向与所设单位荷载的方向一致，即水平向左。

求横梁中点 F 的竖向位移 Δ_{FV} 时，为使计算简化，可选取图 5.22（d）所示基本结构，在 F 点加竖向单位荷载 $F=1$，得虚拟力状态的 $\overline{M}_1$ 图，如图 5.22（d）所示。将图 5.22（b）与（d）互乘得

$$\Delta_{FV} = \frac{1}{3EI}[1/2 \times 3/2 \times 6 \times (14.4 - 23.4)/2] = -6.75/EI$$

所得结果为负，表示 F 点的位移方向与所设单位荷载方向相反，即竖直向上。

若选用图 5.22（e）所示基本结构，加单位荷载，作相应的 $\overline{M}_1$ 图，再与图 5.22（b）互乘得

$$\Delta_{FV} = \frac{1}{2EI}[1/2 \times (57.6 - 14.4) \times 6 \times 3 - 2/3 \times 1/8 \times 7 \times 6 \times 6 \times 6 \times 3]$$

$$- \frac{1}{3EI} \times 1/2 \times 3 \times 3 \times [2/3 \times 14.4 - 1/3 \times (23.4 - 14.4)/2]$$

$$= -6.75/EI$$

与上述计算结果完全相同。显然，选图 5.22（e）所示基本结构计算 F 点的竖向位移，比选图 5.22（d）所示基本结构麻烦。所以，在计算静定结构的位移时，选取什么样的基本结构十分重要。

5.5.2　超静定结构最后内力图的校核

最后内力图是结构设计的依据，必须保证其正确性。对内力图的校核一般要包括下面两个方面。

1. 静力平衡条件的校核

所谓**静力平衡条件的校核**，就是看所求得的各种内力，是否能够使结构的任何一个部分都满足静力平衡条件。校核的方法与静定结构相同，即切取结构的一个部分为脱离体，把作用于该部分的荷载以及各切口处的内力（从 M、V、N 图可以得到这些值）都看成是作用于脱离体上的已知外力，然后通过计算它们是否满足静力平衡条件来进行校核。对于刚架，一般是切取它的刚结点为脱离体。

2. 位移条件校核

对于超静定结构，只进行静力平衡条件的校核是不够的，因为仅仅满足超静定结构的静力平衡条件的解答可以有无限多个。换句话说，错误的结果也可能会满足静力平衡条件。因此，除了进行平衡条件校核以外，还必须进一步进行**位移条件的校核**，即校核原超静定结构在各多余未知力方向的位移是否与实际情况相符合。校核时可以用上一节中所介绍的计算超静定结构位移的方法，取任一最简单基本结构来计算。

例如，图 5.23（a）所示刚架，已知其弯矩图、剪力图和轴力图，如图 5.23（b）、（c）、（d）所示。要校核该刚架的内力图，先作静力平衡条件的核校。一般分别取刚架的各个刚结点为脱离体。

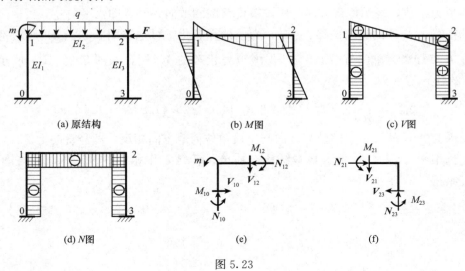

(a) 原结构　　　　　　　(b) M图　　　　　　　(c) V图

(d) N图　　　　　　　(e)　　　　　　　(f)

图 5.23

在此取结点 1 为脱离体，如图 5.23（e）所示，则应有

$$\sum F_x = V_{10} - N_{12} = 0$$

$$\sum F_y = N_{10} - V_{12} = 0$$

$$\sum M = M_{10} - M_{12} + m = 0$$

否则，计算结果就不正确。用同样的方法可以对结点 2 进行校核。

进行位移条件的校核。取图 5.24（a）所示基本结构，并且只考虑弯矩一项对位移的影响。为此作出各单位弯矩图分别如图 5.24（b）、（c）、（d）所示，以它们作为虚拟力状态来研究位移条件，则

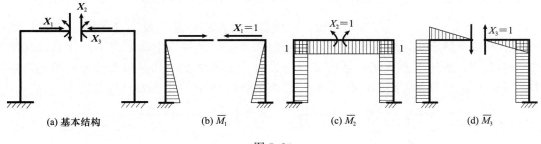

(a) 基本结构　　　　　　(b) $\overline{M}_1$　　　　　　(c) $\overline{M}_2$　　　　　　(d) $\overline{M}_3$

图 5.24

沿 X_1 方向的位移为零，应该有

$$\sum \int_l \overline{M}_1 M/EI \times \mathrm{d}x = 0 \tag{5.2}$$

沿 X_2 方向的位移为零，应该有

$$\sum \int_l \overline{M}_2 M/EI \times \mathrm{d}x = 0 \tag{5.3}$$

沿 X_3 方向的位移为零，应该有

$$\sum \int_l \overline{M}_3 M/EI \times \mathrm{d}x = 0 \tag{5.4}$$

现在研究式（5.3），因原结构是一个闭合的多边形，而且没有铰存在，所以把 $\overline{M}_2 = 1$ 代入，可以得到

$$\sum \int_l \frac{1}{EI} M \mathrm{d}x = \sum \frac{1}{EI} \int_l 1 \times M \mathrm{d}x = \sum \omega_M/EI = 0$$

式中：ω_M 是原结构闭合周边各杆上弯矩图的面积。如果原结构闭合周边各杆的 EI 都相同，则上式还可以写成

$$\sum \omega_M = 0$$

上面的论证，对于任何没有铰的闭合多边形结构也是适用的。因此，我们可以得到结论：**任何一个没有铰的闭合多边形结构，如果将它在这个闭合部分的各杆的弯矩图面积除以本杆的 EI，其代数和应该等于零；如果各杆的 EI 也都相等，则此部分各杆弯矩图面积的代数和应该等于零。**

5.6   超静定结构由支座移动和温度变化引起的内力计算

5.6 超静定结构由
支座移动和温度变
化引起的内力计算

超静定结构在支座移动、温度变化、制作或安装不准确等因素作用下通常也会产生内力。用力法计算这类问题时的基本思路及计算方法与上节相同，不同的只是力法典型方程中自由项的计算。在本节中只介绍超静定结构在支座移动和温度变化时的内力计算。

5.6.1   超静定结构由支座移动引起的内力计算

对于静定结构，支座移动并不引起任何反力和内力。如图 5.25（a）所示多跨静定梁，当其支座 B 产生竖向移动时，梁将自由转动而不会受到任何限制。因为假设去掉了 B 支座，结构就成为具有一个自由度的几何可变体系，故当支座 B 移动时，结构只发生刚体位移（图 5.25 中虚线），而不产生弹性变形及内力。

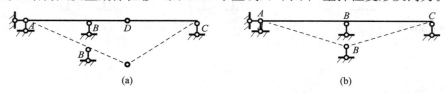

图 5.25

对于超静定结构，由于具有多余联系，情况就不同了。如图 5.25（b）所示超静定梁，支座 B 发生移动时，将受到 AB 梁的限制，因而使各支座产生反力，同时梁发生弯曲变形并产生内力。

如图 5.26（a）所示刚架，其支座 A 由于某种原因产生水平位移 a、竖向位移 b 及转角 φ_A。用力法分析时，取基本结构如图 5.26（b）所示。根据基本结构在多余未知力和支座移动共同作用下，沿各多余未知力方向的位移应与原结构相应的位移相等的条件，即 $\Delta_1 = 0$，$\Delta_2 = \varphi_A$，可建立力法典型方程为

$$\delta_{11} X_1 + \delta_{12} X_2 + \Delta_{1C} = 0$$
$$\delta_{21} X_1 + \delta_{22} X_2 + \Delta_{2C} = \varphi_A$$

式中：系数与外因类型无关，其计算和以前完全一样。自由项 Δ_{1C}、Δ_{2C} 分别代表基本结构由于支座移动引起的 X_1、X_2 作用点沿 X_1、X_2 方向上的位移，可按第 4 章得到的公式计算。

$$\Delta_{iC} = -\sum \overline{R} \cdot C$$

由图 5.26（c）、（d）所示虚拟力状态反力 $\overline{R}$，按上式可计算 Δ_{iC} 得

$$\Delta_{1C} = -(1 \times a - h/L \times b) = -a + hb/L$$
$$\Delta_{2C} = -(1/L \times b) = -b/L$$

自由项求出后，其余计算可仿照荷载作用下的情况进行。

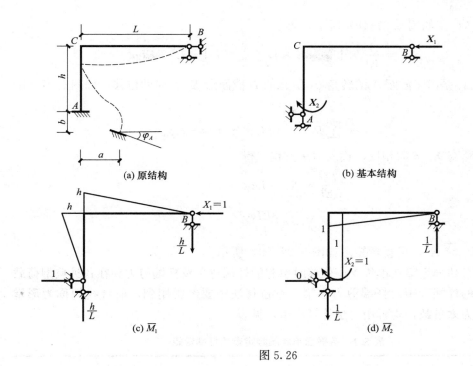

(a) 原结构　　　　(b) 基本结构

(c) $\overline{M}_1$　　　　(d) $\overline{M}_2$

图 5.26

【例题 5.8】　如图 5.27（a）所示一端固定另一端铰支梁的 A 端发生了转角 φ_A，试计算其内力。设梁的 $EI＝$ 常数。

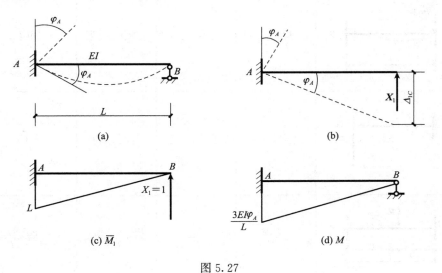

(a)　　　　(b)

(c) $\overline{M}_1$　　　　(d) M

图 5.27

【解】　此为一次超静定梁，选取悬臂梁为基本结构，如图 5.27（b）所示。根据原结构在支座 B 处沿 X_1 方向的位移为零的条件得力法典型方程为

$$\delta_{11}X_1 + \Delta_{1C} = 0$$

绘制出 $\overline{M}_1$ 图如图 5.27 (c) 所示，得

$$\delta_{11} = \frac{1}{EI} \times \left(\frac{1}{2} \times L \times L \times \frac{2}{3} \times L \right) = L^3/3EI$$

自由项 Δ_{1C} 是由于截面 A 的转角 φ_A 引起的 B 截面沿 $\boldsymbol{X}_1$ 方向的位移，如图 5.27 (b) 所示，有

$$\Delta_{1C} = -\sum \overline{R}C = -(L \times \varphi_A) = -L\varphi_A$$

负号表示位移与 $\boldsymbol{X}_1$ 方向相反，代入力法方程，得

$$\frac{L^3}{3EI} \times X_1 - L\varphi_A = 0$$

$$X_1 = \frac{3EI\varphi_A}{L^2}$$

根据 $M = \overline{M}_1 X_1$，可得弯矩图如图 5.27 (d) 所示。

对于单跨超静定梁在单位支座位移时引起的杆端弯矩及杆端剪力和在各种典型荷载作用下引起的杆端弯矩及杆端剪力在第 7 章位移法中要经常用到，前者我们称为**形常数**；后者称为**载常数**，均可用力法计算求出，见表 5.1。

表 5.1　等截面单跨超静定梁的杆端弯矩

编号	梁的简图	弯矩		剪力	
		M_{AB}	M_{BA}	V_{AB}	V_{BA}
1		$\dfrac{4EI}{l} = 4i$	$\dfrac{2EI}{l} = 2i$	$-\dfrac{6EI}{l^2} = -\dfrac{6i}{l}$	$-\dfrac{6EI}{l^2} = -\dfrac{6i}{l}$
2		$-\dfrac{6EI}{l^2} = -\dfrac{6i}{l}$	$-\dfrac{6EI}{l^2} = -\dfrac{6i}{l}$	$\dfrac{12EI}{l^3} = \dfrac{12i}{l^2}$	$\dfrac{12EI}{l^3} = \dfrac{12i}{l^2}$
3		$-\dfrac{Fab^2}{l^2}$	$\dfrac{Fab^2}{l^2}$	$\dfrac{Fb^2(l+2a)}{l^3}$	$-\dfrac{Fa^2(l+2b)}{l^3}$
4		$-\dfrac{1}{12}ql^2$	$\dfrac{1}{12}ql^2$	$\dfrac{1}{2}ql$	$-\dfrac{1}{2}ql$

编号	梁的简图	弯矩		剪力	
		M_{AB}	M_{BA}	V_{AB}	V_{BA}
5		$\dfrac{b\ (3a-l)}{l^2}M$	$\dfrac{a\ (3b-l)}{l^2}M$	$-\dfrac{6ab}{l^3}M$	$-\dfrac{6ab}{l^3}M$
6		$\dfrac{3EI}{l}=3i$	0	$-\dfrac{3EI}{l^2}=-\dfrac{3i}{l}$	$-\dfrac{3EI}{l^2}=-\dfrac{3i}{l}$
7		$-\dfrac{3EI}{l^2}=-\dfrac{3i}{l}$	0	$\dfrac{3EI}{l^3}=\dfrac{3i}{l^2}$	$\dfrac{3EI}{l^3}=\dfrac{3i}{l^2}$
8		$-\dfrac{Fab\ (l+b)}{2l^2}$	0	$\dfrac{Fb\ (3l^2-b^2)}{2l^3}$	$-\dfrac{Fa^2\ (2l+b)}{2l^3}$
9		$-\dfrac{1}{8}ql^2$	0	$\dfrac{5}{8}ql$	$-\dfrac{3}{8}ql$
10		$\dfrac{l^2-3b^2}{2l^2}M$	0	$-\dfrac{3\ (l^2-b^2)}{2l^3}M$	$-\dfrac{3\ (l^2-b^2)}{2l^3}M$
11		$\dfrac{EI}{l}=i$	$-\dfrac{EI}{l}=-i$	0	0
12		$-\dfrac{Fa\ (l+b)}{2l}$	$-\dfrac{Fa^2}{2l}$	F	0

续表

编号	梁的简图	弯矩		剪力	
		M_{AB}	M_{BA}	V_{AB}	V_{BA}
13	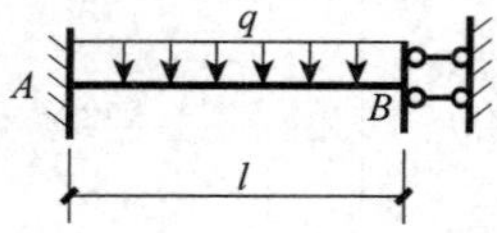 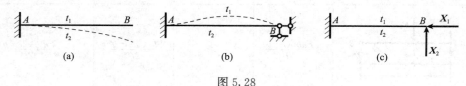	$-\dfrac{1}{3}ql^2$	$-\dfrac{1}{6}ql^2$	ql	0

注：EI 为等截面梁的抗弯刚度；$i=\dfrac{EI}{l}$ 为线抗弯刚度。

5.6.2　超静定结构由于温度变化引起的内力计算

对于静定结构，温度改变只使它产生变形，并不引起内力。例如，图 5.28（a）所示的悬臂梁，若上侧温度变化为 $t_1\ \text{℃}$，下侧温度变化为 $t_2\ \text{℃}$（设 $t_1>t_2$），则梁自由伸长和弯曲，而不受任何阻碍，其变形如图 5.28 中虚线所示。由于没有荷载作用，其反力和内力均为零。但是对于超静定结构就不一样了。例如，图 5.28（b）所示超静定梁在温度变化时，梁的变形将受到两端支座的限制而不能自由伸长和弯曲，因而必然引起支座反力，且使梁内产生内力。

图 5.28

用力法分析超静定结构在温度改变作用下的影响，与前述在荷载及支座移动作用下的情况相同，都是根据基本结构在已知外因和多余未知力共同作用下，在多余约束处的位移应与原结构相应的位移一致的条件来建立力法方程。若取基本结构如图 5.28（c）所示，则力法方程为

$$\delta_{11}X_1+\delta_{12}X_2+\Delta_{1t}=0$$
$$\delta_{21}X_1+\delta_{22}X_2+\Delta_{2t}=0$$

其中系数计算与前述计算方法相同，均与外因类型无关。自由项 Δ_{1t} 和 Δ_{2t} 分别表示基本结构由于温度改变而引起的沿 $\boldsymbol{X}_1$ 和 $\boldsymbol{X}_2$ 方向上的位移，其计算公式为

$$\Delta_{it}=\sum \overline{N}_i\alpha t_0 L+\sum \frac{\alpha\Delta t}{h}\int_l \overline{M}_i\,\mathrm{d}x$$

式中：α 为材料线膨胀系数；t_0 为杆横截面形心处温度变化值，对矩形、圆形等截面对称于形心的杆件 $t_0=\dfrac{1}{2}（t_1+t_2）$；$\Delta t$ 为杆件两侧温度之差 $\Delta t=t_1-t_2$。

计算出系数和自由项后，代入力法方程即可解出多余未知力。

因基本结构是静定的，温度变化并不产生内力；最后内力图只由多余未知力所引起，即

$$M = X_1\overline{M}_1 + X_2\overline{M}_2$$

对最后 M 图进行位移条件校核时，应注意，仅由最后弯矩 M 图与单位弯矩 $\overline{M}_i$ 图相乘的结果，并不等于原结构相应的位移，因为还有温度改变在基本结构上引起的位移 Δ_{it} 未考虑进去，必须把它考虑进去，才能符合原结构的已知位移。因此，对于多余未知力 X_i 方向上的位移校核式一般应为

$$\Delta_i = \sum \int_l \frac{\overline{M}_i M \mathrm{d}x}{EI} + \Delta_{it} = 0$$

【例题 5.9】 图 5.29（a）所示刚架，各截面的高度均为 h，EI 为常数，截面对称于形心轴。设刚架外部温度不变，内部温度升高 10℃，材料线膨胀系数为 α。试作弯矩图。

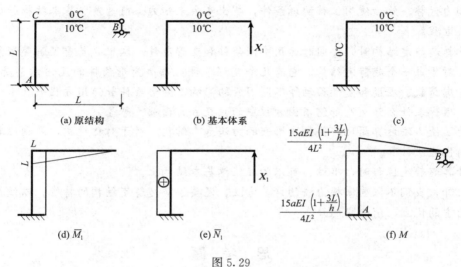

图 5.29

【解】 此刚架是一次超静定结构，取基本体系如图 5.29（b）所示，温度状态如图 5.29（c）所示。因原结构支座 B 处的竖向线位移等于零，故力法方程为

$$\delta_{11}X_1 + \Delta_{1t} = 0$$

系数 δ_{11} 由图 5.29（d）所示的 $\overline{M}_1$ 自乘得

$$\delta_{11} = 1/EI\left(L \times \frac{L}{2} \times \frac{2L}{3} + L^3\right) = 4L^3/3EI$$

计算自由项 Δ_{1t} 时，不能忽略轴力 $[\overline{N}_1$ 图如图 5.29（e）所示] 的影响，其计算式为

$$\Delta_{1t} = \overline{N}_1 \alpha t_0 L + \sum\left(-\frac{\alpha \Delta t}{h} \times \int_l \overline{M}_1 \mathrm{d}x\right)$$

其中

$$t_0 = \frac{1}{2} \times (0+10) = 5℃, \qquad \Delta t = 10 - 0 = 10℃$$

故

$$\Delta_{1t} = 1 \times \alpha \times 5 \times L + \frac{\alpha \times 10}{h}(L^2/2 + L^2) = (1+3L/h) \times 5\alpha L$$

将 δ_{11}、Δ_{1t} 代入力法方程，得

$$X_1 = -\Delta_{1t}/\delta_{11} = -15\alpha EI(1+3L/h)/4L^2$$

以 X_1 乘 $\overline{M}_1$ 图，即得最后弯矩图，如图 5.29（f）所示。

本 章 小 结

掌握力法的基本原理，主要应了解力法的基本思路、力法的基本未知量、力法的基本结构和力法方程。在力法中，把多余未知力的计算作为突破口。求出了多余未知力，将超静定问题转化为静定问题。计算多余未知力的方法是：首先把多余约束拆除，以多余未知力代替；然后使用位移协调条件，解出多余未知力。前者是取基本结构；后者是列力法方程。

计算超静定结构时，要同时运用平衡条件和变形条件。这里要着重了解变形条件的运用：对于每一个超静定结构，它有几个变形条件？每个变形条件的几何意义是什么？如何考虑荷载、温度和支座移动等不同因素的影响？变形条件如何用方程来表示？方程中每一项代表什么意义？如何求出方程中的系数和自由项？等等。

为了使力法计算简化，要选取恰当的力法基本结构。对于对称结构，要利用其对称性来简化力法计算。

计算超静定位移时，单位力可以加在任意基本结构上。

此外，我们不仅要掌握力法的计算方法，还要了解超静定结构的特性，以便在设计中利用它的优点，消除它的缺点。

思 考 题

5.1　怎样理解多余约束？多余约束是否为多余或为不必要的约束？

5.2　在选取力法基本结构时，应遵循什么原则？

5.3　什么是力法的基本结构和基本未知量？为什么首先要计算基本未知量？

5.4　基本结构与原结构有何异同？将基本结构再转化成原结构的条件是什么？

5.5　为什么荷载作用时各杆 EI 只要知道其相对值就行，而在支座移动的情况下必须知道各杆 EI 的实际值？

5.6　对称结构在正对称荷载作用下，其内力和变形有何特点？在反对称荷载作用下又有何特点？

5.7　为什么计算超静定结构位移时，可以任选一个基本结构建立虚拟力状态？

5.8　校核超静定结构的内力时，要利用哪两个条件？

习 题

5.1 确定习题 5.1 图示各结构的超静定次数。

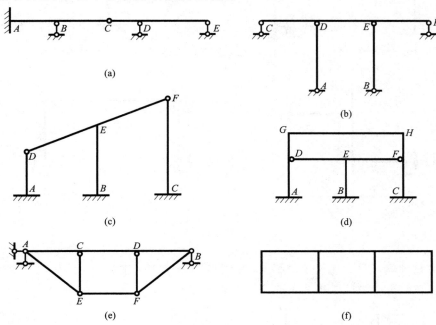

习题 5.1 图

5.2 用力法计算习题 5.2 图示各结构，并画出弯矩图和剪力图。

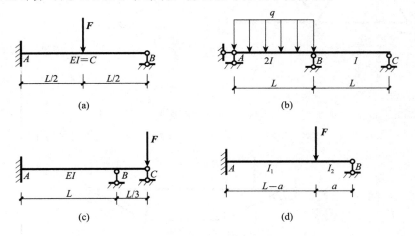

习题 5.2 图

5.3 用力法计算习题 5.3 图示各刚架，并画出弯矩图。

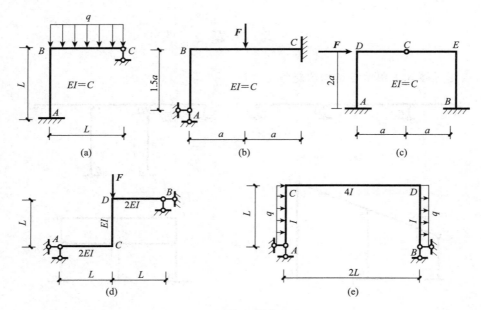

习题 5.3 图

5.4 用力法计算习题 5.4 图示的桁架，设桁架各杆 EA 为常数。

5.5 用力法计算习题 5.5 图示的排架，并画出弯矩图。

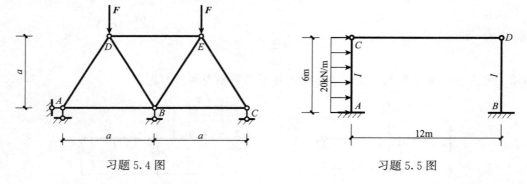

习题 5.4 图　　　　习题 5.5 图

5.6 如习题 5.6 图示的组合吊车梁，上弦横梁截面的 $EI=1400\text{kN}\cdot\text{m}^2$，腹杆和下弦的 $EA=2.65\times10^5\text{kN}$，用力法计算各杆的内力，并作横梁的弯矩图。

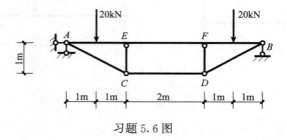

习题 5.6 图

5.7 作习题 5.7 图示各对称结构的弯矩图。

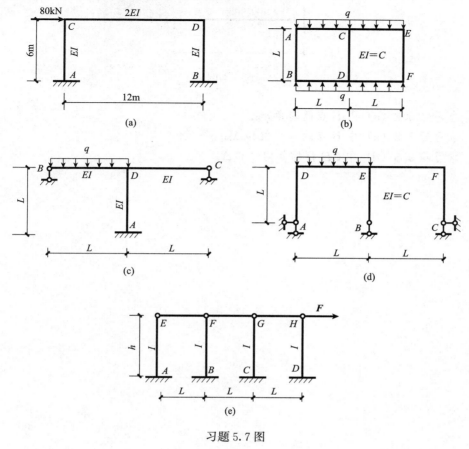

习题 5.7 图

5.8 如习题 5.8 图示刚架发生支座位移〔(b) 图中支座 B 下沉 $\Delta_B = 0.50$cm〕，试作弯矩图。

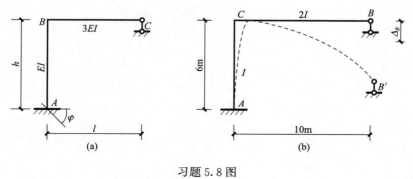

习题 5.8 图

5.9 如习题 5.9 图示单跨超静定梁，上侧温度升高 t_1 度，下侧温度升高 t_2 度，设梁的跨度为 L，横截面高 h，形心位于 $\frac{h}{2}$ 处，横截面对水平形心轴的惯性矩为 I。试作梁的内力图，并画出变形曲线。

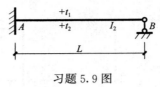

习题 5.9 图

5.10　求习题 5.2（a）中 B 点的转角 φ_B。

5.11　求习题 5.3（a）中 B 点的水平位移 Δ_{BH}。

5.12　求习题 5.3（d）中 CD 杆的竖向位移 Δ。

第6章

超静定拱

学习指引☞ 本章重点介绍超静定拱的初步知识、对称无铰拱的计算原理，同时讨论温度改变和支座产生位移对无铰拱的影响。对于两铰拱的计算也给予一般性介绍。

6.1 概　　述

拱是一种曲轴线且在荷载作用下会产生水平推力的结构。除了三铰拱，其余拱都是超静定结构。工程上常用的超静定拱有无铰拱和两铰拱两种，如图 6.1（a）、（b）所示。如前所述，这类结构的特点是内力主要是轴向压力。因此，可以用抗压性能好而抗拉性能较差的材料，如砖、石或素混凝土等来建造。这些材料便于就地取材，十分经济。

在工程上，超静定拱的应用很广泛。在桥梁工程上常采用钢筋混凝土拱桥和石拱桥等，如图 6.2（a）所示。在隧道工程上采用混凝土拱圈作衬砌，如图 6.2（b）所示。在房屋建筑中，有时也采用拱形的屋架和门窗过梁等。我国创造的双轴拱桥，沿桥的纵向和横向均呈拱形，主拱圈的横截面为波形，比普通板拱的截面具有更大的惯性矩。这种桥具有施工方便、刚度大、桥型美观等优点，在公路桥中常被采用。

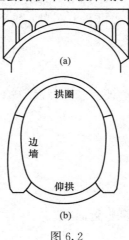

(a)

拱圈

边墙

仰拱

(b)

图 6.2

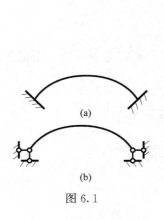

(a)

(b)

图 6.1

无铰拱和两铰拱相比，前者的弯矩分布更均匀，并且构造更简单，工程中应用较广泛。但无铰拱的支座如有位移产生，对其内力影响较大，故在地质不良情况下避免采用。两铰拱在支座发生竖向移动时不引起内力变化，在地基可能发生较大的不均匀沉陷处也可以采用。无铰拱是三次超静定，两铰拱是一次超静定，本章着重介绍无铰拱的计算。

在无铰拱的设计中，拱跨 l 和拱高 f 是根据实际情况（地形、材料和使用要求等）确定的。与其他超静定结构一样，无铰拱的内力与杆件的刚度有关，因此在进行内力计算前，需要首先拟定拱轴线的形状及各个截面尺寸，一般采用下述方法。

（1）根据荷载拟定拱轴线的形状

拱轴线的形状多种多样，最常用的有圆弧、抛物线和悬链线等。为了充分发挥材料的作用，从理论上讲应当采用合理拱轴线。但是对于移动荷载作用下的超静定拱来说，这是不可能的。因为在超静定结构的计算中内力与变形有关，只有确定了拱轴线与截面尺寸后，才能进行内力计算，进而求出压力线。这个压力线与最初确定的拱轴线难以吻合，因此需要再以这个压力线为新的拱轴线重新计算。如此反复修正，最终找一条与压力线接近的拱轴线。初步设计时，一般采用跨度相同、荷载相同的三铰拱的合理拱轴线作为超静定拱的轴线。

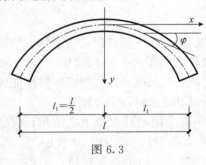

图 6.3

（2）根据经验假定截面变化规律

拱的横截面形状，有等截面的，也有变截面的。在无铰拱中，由于拱趾处的弯矩常比其他截面大，故一般采用从拱顶向拱趾逐渐增大的变截面形式，如图 6.3 所示。拱桥设计时，通常采用下列经验公式确定截面尺寸，即

$$I = \frac{I_C}{\left[1 - (1-n)\dfrac{x}{l_1}\right]\cos\varphi} \tag{6.1}$$

式中：I 为距拱顶为 x 处截面的惯性矩；φ 为该处拱轴切线的倾角；I_C 为拱顶截面的惯性矩；l_1 为跨度 l 的一半；n 为拱厚变换系数（其范围一般为 0.25～1）。

由式（6.1）也可看出，当 n 越小，I 越大，即拱厚变化越剧烈。

当取 $n=1$ 时，有

$$I = \frac{I_C}{\cos\varphi} \tag{6.2}$$

此时计算较简便。若拱截面为 $b \times h$ 的矩形，而宽度 b 不变，则截面高度 h 和截面面积 A 应为

$$h = \frac{h_C}{\sqrt[3]{\cos\varphi}}$$

$$A = \frac{A_C}{\sqrt[3]{\cos\varphi}}$$

为了简化计算常近似取

$$A = \frac{A_C}{\cos\varphi} \tag{6.3}$$

这样，在内力计算中所引起的误差通常不超过 1%。

当拱高 $f < \frac{l}{8}$ 时，因 $\cos\varphi \approx 1$，故可近似取 $A = A_C =$ 常数。

在无铰拱的计算中，拱轴线曲率对变形的影响是很微小的，因此可直接应用第 4 章所介绍的直杆位移计算公式，即

$$\Delta_{KP} = \int \frac{\overline{N} N_P}{EA} \mathrm{d}s + \int \frac{\overline{M} M_P}{EI} \mathrm{d}s + \int K \frac{\overline{V} V_P}{GA} \mathrm{d}s$$

进行计算。但需要注意，由于拱轴线是曲线，故此时只能用积分法，不能用图乘法。

6.2 弹性中心法计算对称无铰拱

1. 弹性中心法

对称无铰拱是工程中常采用的一种结构，如图 6.4（a）所示。选力法基本结构时，从对称轴处切开，如图 6.4（b）所示，由力法的对称性可知

$$\delta_{13} = \delta_{31} = 0$$
$$\delta_{23} = \delta_{32} = 0$$

此时力法方程简化为

$$\begin{cases} \delta_{11} X_1 + \delta_{12} X_2 + \Delta_{1P} = 0 \\ \delta_{21} X_1 + \delta_{22} X_2 + \Delta_{2P} = 0 \\ \delta_{33} X_1 + \Delta_{3P} = 0 \end{cases} \tag{6.4}$$

但 $\delta_{12} = \delta_{21} \neq 0$，此时方程仍需联立求解。

下面介绍的方法——弹性中心法就是能使 $\delta_{12} = \delta_{21}$ 也等于零，从而将三个联立方程进一步简化为三个独立的方程。

通过对 δ_{12} 的考察可发现 $\overline{M}_1$ 数值恒为正，此时如果让 $\overline{M}_2$ 数值既有正又有负，就有可能使 $\overline{M}_1$ 与 $\overline{M}_2$ 积分结果抵消变为零。这可以通过下述在切口处加"刚臂"的办法来实现。

首先将图 6.5（a）所示对称无铰拱沿拱顶对称轴处横截面切开，并在切口处加上一对刚性无穷大且下端相连的刚臂，如图 6.5（b）所示。由于刚臂不产生任何变形，因此，在拱顶切口处两边没有任何相对位移。可见，这个带刚臂的无铰拱与原无铰拱的变形完全一致，两者可互相代替。将此刚臂下端联结杆切开取为力法基本体系，如图 6.5（c）所示。此时方程式（6.4）仍然适用。只要适当选取刚臂长度 y_s，便可使典型方程中的所有副系数为零。

现以刚臂下端点 O 为坐标原点建立坐标系，并规定 x 轴向右为正，y 轴向下为正，弯矩以使拱内侧受拉为正，剪力以绕隔离体顺时针方向转为正。当 $\overline{X}_1 = 1$，$\overline{X}_2 = 1$，$\overline{X}_3 = 1$ 分别作用时，拱的内力表达式分别为

$$\begin{cases} \overline{M}_1 = 1, & \overline{V}_1 = 0, & \overline{N}_1 = 0 \\ \overline{M}_2 = y, & \overline{V}_2 = \sin\varphi, & \overline{N}_2 = \cos\varphi \\ \overline{M}_3 = x, & \overline{V}_3 = \cos\varphi, & \overline{N}_3 = \sin\varphi \end{cases} \tag{6.5}$$

式中：φ 为拱轴线各点切线的倾角，由于 x 轴向右为正，y 轴向下为正，故 φ 在右半拱取正，左半拱取负。此时令 $\delta_{12} = \delta_{21} = 0$，即

$$\delta_{12} = \delta_{21} = \int \frac{\overline{M}_1 \overline{M}_2}{EI} \mathrm{d}s + \int \frac{\overline{N}_1 \overline{N}_2}{EA} \mathrm{d}s + \int K \frac{\overline{V}_1 \overline{V}_2}{GA} \mathrm{d}s$$

$$= \int \frac{y}{EI} \mathrm{d}s + 0 + 0 = \int \frac{y_1 - y_s}{EI} \mathrm{d}s = \int y_1 \frac{\mathrm{d}s}{EI} - y_s \int \frac{\mathrm{d}s}{EI} = 0$$

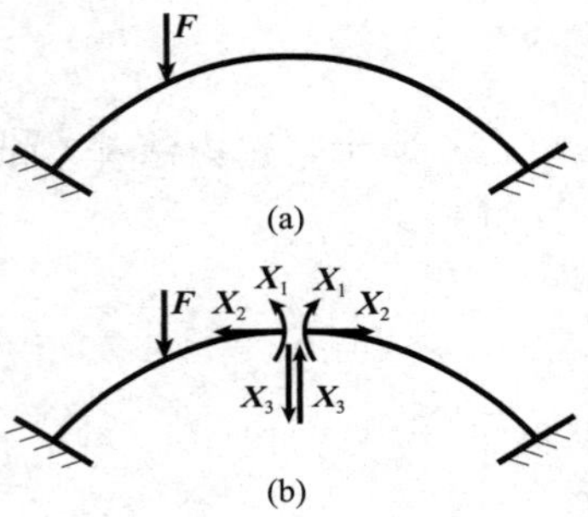

图 6.4 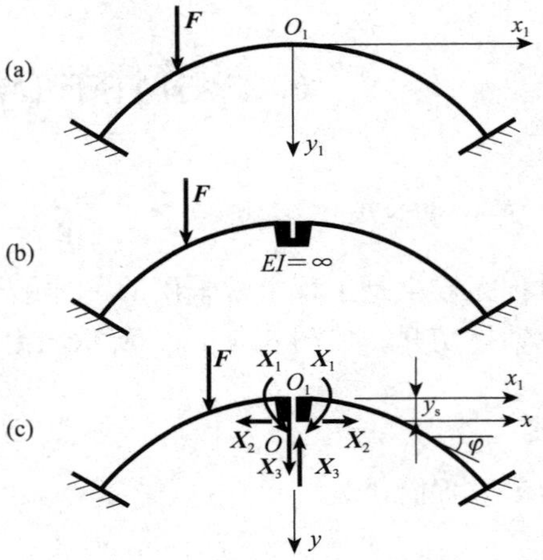   图 6.5

则可得刚臂长度计算式，即

$$y_s = \frac{\int y_1 \dfrac{\mathrm{d}s}{EI}}{\int \dfrac{\mathrm{d}s}{EI}} \tag{6.6}$$

这时，因 $\delta_{12} = \delta_{21} = 0$，力法典型方程式（6.4）即简化为三个独立的方程。

$$\begin{cases} \delta_{11} X_1 + \Delta_{1P} = 0 \\ \delta_{22} X_2 + \Delta_{2P} = 0 \\ \delta_{33} X_3 + \Delta_{3P} = 0 \end{cases} \tag{6.7}$$

如果我们设想沿拱轴线作一宽度等于 $\dfrac{1}{EI}$ 的几何图形（图 6.6，所作宽度随拱截面惯性矩 I 值而变化，$\dfrac{\mathrm{d}s}{EI}$ 表示图示阴影部分微面积），则式（6.6）可理解为是计算这个几何图形形心坐标的公式。由于此图形的面积与结构的弹性性质 EI 有关，故称它为弹性面积图，它的形心则称为弹性中心。我们把这种使所有副系数等于零的简化计算方法称为弹性中心法。

弹性中心法不仅适用于无铰拱，而且对于其他三次超静定封闭结构，如图 6.7 所示

刚架及圆管等，也都可以采用。

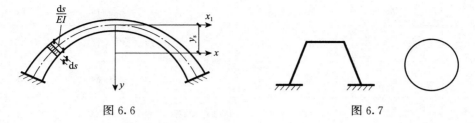

图 6.6   图 6.7

【**例题 6.1**】 已知拱轴方程 $y_1 = \dfrac{4f}{l^2}x^2$，$I_x = \dfrac{I_C}{\cos\varphi}$，试求弹性中心位置 y_s。

【**解**】 依式（6.6）计算如下。

$$\int_0^s y_1 \frac{\mathrm{d}s}{EI_x} = 2\int_0^{s/2} y_1 \frac{\mathrm{d}s\cos\varphi}{EI_C} = 2\int_0^{s/2} \frac{4f}{l^2}x^2 \frac{\mathrm{d}s\cos\varphi}{EI_C} = 2\int_0^{l/2} \frac{4f}{l^2}x^2 \frac{\mathrm{d}x}{EI_C} = \frac{lf}{3EI_C}$$

$$\int_0^s \frac{\mathrm{d}s}{EI_x} = \int_0^s \frac{\mathrm{d}s\cos\varphi}{EI_C} = 2\int_0^{l/2} \frac{\mathrm{d}x}{EI_C} = \frac{l}{EI_C}$$

则

$$y_s = \frac{\displaystyle\int_0^s y_1 \frac{\mathrm{d}s}{EI_x}}{\displaystyle\int_0^s \frac{\mathrm{d}s}{EI_x}} = \frac{\dfrac{lf}{3EI_C}}{\dfrac{l}{EI_C}} = \frac{f}{3}$$

2. 弹性中心法的要点

1）先由式（6.6）确定弹性中心的位置，注意坐标系的选择。

2）然后取带刚臂的对称基本结构，将三对多余未知力作用在弹性中心上。

3）按式（6.7）解出多余未知力。

$$\begin{cases} X_1 = -\dfrac{\Delta_{1P}}{\delta_{11}} \\[2mm] X_2 = -\dfrac{\Delta_{2P}}{\delta_{22}} \\[2mm] X_3 = -\dfrac{\Delta_{3P}}{\delta_{33}} \end{cases} \tag{6.8}$$

3. 系数和自由项的简化计算

式（6.8）中主系数与自由项的计算公式是

$$\begin{cases} \delta_{ii} = \displaystyle\int \frac{\overline{M}_i^2}{EI}\mathrm{d}s + \int \frac{\overline{N}_i^2}{EA}\mathrm{d}s + \int k\frac{\overline{V}_i^2}{GA}\mathrm{d}s \\[3mm] \Delta_{iP} = \displaystyle\int \frac{\overline{M}_i M_P}{EI}\mathrm{d}s + \int \frac{\overline{N}_i N_P}{EA}\mathrm{d}s + \int k\frac{\overline{V}_i V_P}{GA}\mathrm{d}s \end{cases} \tag{6.9}$$

公式右边反映弯矩、轴力和剪力的影响，一般在少数情况下才保留轴力和剪力项。现给出表 6.1 所示取项的经验做法，可供参考。

表 6.1　计算 δ_{ii}、Δ_{iP} 应考虑的项

f	h_C	δ_{11}	δ_{22}	δ_{33}	Δ_{1P}	Δ_{2P}	Δ_{3P}
$f < \dfrac{l}{5}$	$\dfrac{l}{30} < h_C < \dfrac{l}{10}$	M	$M,\ N$	M	M	$M,\ N$	M
	$h_C < \dfrac{l}{30}$	M	M	M	M	M	M
$f > \dfrac{l}{5}$	$h_C > \dfrac{l}{10}$	M	$M,\ N,\ V$	$M,\ V$	M	M	M
	$h_C < \dfrac{l}{10}$	M	M	M	M	M	M

在公路拱桥设计中，通常 $h_C < \dfrac{l}{10}$，$f < \dfrac{l}{5}$，计算 δ_{22} 要计入轴力的影响，于是可将各主系数与自由项的计算公式写为

$$
\begin{cases}
\delta_{11} = \displaystyle\int \frac{\overline{M}_1^2}{EI}\mathrm{d}s = \int \frac{1}{EI}\mathrm{d}s \\[3mm]
\delta_{22} = \displaystyle\int \frac{\overline{M}_2^2}{EI}\mathrm{d}s + \int \frac{\overline{N}_2^2}{EA}\mathrm{d}s = \int \frac{y^2}{EI}\mathrm{d}s + \int \frac{\cos^2\varphi}{EA}\mathrm{d}s \\[3mm]
\delta_{33} = \displaystyle\int \frac{\overline{M}_3}{EI}\mathrm{d}s = \int \frac{x^2}{EI}\mathrm{d}s \\[3mm]
\Delta_{1P} = \displaystyle\int \frac{\overline{M}_1 M_P}{EI}\mathrm{d}s = \int \frac{M_P}{EI}\mathrm{d}s \\[3mm]
\Delta_{2P} = \displaystyle\int \frac{\overline{M}_2 M_P}{EI}\mathrm{d}s = \int \frac{y M_P}{EI}\mathrm{d}s \\[3mm]
\Delta_{3P} = \displaystyle\int \frac{\overline{M}_3 M_P}{EI}\mathrm{d}s = \int \frac{x M_P}{EI}\mathrm{d}s
\end{cases}
\tag{6.10}
$$

若 $I = I_C/\cos\varphi$，$A = A_C/\cos\varphi$，有

$$
\frac{\mathrm{d}s}{I} = \frac{\mathrm{d}s\cos\varphi}{I_C} = \frac{\mathrm{d}x}{I_C}
$$

$$
\frac{\mathrm{d}s}{A} = \frac{\mathrm{d}s\cos\varphi}{A_C} = \frac{\mathrm{d}x}{A_C}
$$

于是，由式 (6.6)

$$
y_s = \frac{\dfrac{1}{EI_C}\displaystyle\int y_1 \mathrm{d}x}{\dfrac{1}{EI_C}\displaystyle\int \mathrm{d}x} = \frac{\displaystyle\int y_1 \mathrm{d}x}{\displaystyle\int \mathrm{d}x} = \frac{\displaystyle\int y_1 \mathrm{d}x}{l}
\tag{6.11}
$$

$$\begin{cases} EI_C\delta_{11} = \int \mathrm{d}x = l \\[2mm] EI_C\delta_{22} = \int y^2 \mathrm{d}x + \dfrac{I_C}{A_C}\int \cos^2\varphi \mathrm{d}x \\[2mm] EI_C\delta_{33} = \int x^2 \mathrm{d}x \\[2mm] EI_C\Delta_{1P} = \int M_P \mathrm{d}x \\[2mm] EI_C\Delta_{2P} = \int y M_P \mathrm{d}x \\[2mm] EI_C\Delta_{3P} = \int x M_P \mathrm{d}x \end{cases} \tag{6.12}$$

4. 内力计算

求出多余未知力后，即可将无铰拱看作是在荷载和多余未知力共同作用下的两根悬臂曲梁（图 6.5），拱上任一截面的内力可根据叠加原理求得

$$\begin{cases} M = X_1 + X_2 y + X_3 x + M_P \\ V = X_2 \sin\varphi + X_3 \cos\varphi + V_P \\ N = X_2 \cos\varphi - X_3 \sin\varphi + N_P \end{cases} \tag{6.13}$$

式中：M_P、V_P、N_P 分别为基本结构在荷载作用下该截面的弯矩、剪力、轴力。

6.3 无铰拱的影响线

影响线在拱桥分析中是非常有用的。拱桥在活载作用下的最大及最小内力或支座反力都可利用影响线来计算。

在拱桥计算时，假定荷载是通过桥面直接传递到拱圈上的，如图 6.8 所示。让我们研究由 KD 上移动单位竖向荷载所产生的影响线，假设单位荷载 F 竖直传递于拱上。

用力法计算超静结构，首先要求出多余未知力，然后即可根据平衡条件用叠加法求得其余反力、内力。作超静定结构的影响线一般也是这样，先作出多余未知力的影响线，然后便不难求得其余反力、内力的影响线。

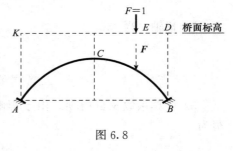

图 6.8

设有抛物线无铰拱如图 6.9（a）所示，其拱轴线方程为 $y_1 = \dfrac{4f}{l^2}x^2$，截面变化规律为 $I = \dfrac{I_C}{\cos\varphi}$ 及 $A = \dfrac{A_C}{\cos\varphi}$。下面具体说明各量值影响线的分析步骤。

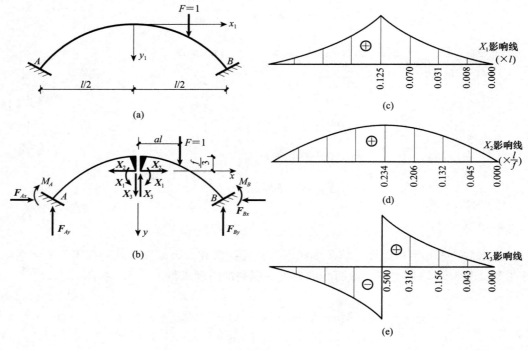

图 6.9

1. 多余未知力影响线

1）利用式（6.11）求弹性中心位置坐标 y_s，即

$$y_s = \frac{\int y_1 \, \mathrm{d}x}{l} = \frac{2\int_0^{\frac{l}{2}} \frac{4f}{l^2} x^2 \, \mathrm{d}x}{l} = \frac{f}{3}$$

2）移轴，得

$$y = y_1 - y_s = \frac{4f}{l^2} x^2 - \frac{f}{3}$$

3）计算系数及自由项。由于影响线的荷载为移动的单位荷载 $F=1$，故典型方程写为

$$\begin{cases} X_1 = -\dfrac{\delta_{1P}}{\delta_{11}} \\[2mm] X_2 = -\dfrac{\delta_{2P}}{\delta_{22}} \\[2mm] X_3 = -\dfrac{\delta_{3P}}{\delta_{33}} \end{cases} \qquad (6.14)$$

设矢跨比 $\dfrac{f}{l} > \dfrac{1}{5}$，可略去轴力影响（即不计带 EA 的项），则由式（6.12）得

$$EI_c\delta_{11} = \int \mathrm{d}x = l$$

$$EI_c\delta_{22} = \int y^2 \mathrm{d}x = 2\int_0^{\frac{l}{2}} (y_1 - y_s)^2 \mathrm{d}x = \frac{4f^2 l}{45}$$

$$EI_c\delta_{33} = \int x^2 \mathrm{d}x = 2\int_0^{\frac{l}{2}} x^2 \mathrm{d}x = \frac{l^3}{12}$$

当荷载 $F=1$ 在右半拱上移动且距拱顶为 αl 时 [图 6.11（b）]，有

$$M_P = 0, \qquad -\frac{l}{2} \leqslant x \leqslant \alpha l$$

$$M_P = -(x - \alpha l), \qquad \alpha l \leqslant x \leqslant \frac{l}{2}$$

代入式（6.12）得

$$EI_c\delta_{1P} = \int M_P \mathrm{d}x = \int_0^{\frac{l}{2}} -(x - \alpha l)\mathrm{d}x = -l^2\left(\frac{1}{8} - \frac{\alpha}{2} + \frac{\alpha^2}{2}\right)$$

$$EI_c\delta_{2P} = \int y M_P \mathrm{d}x = \int_{\alpha l}^{\frac{l}{2}} -\left(\frac{4f}{l^2}x^2 - \frac{f}{3}\right)(x - \alpha l)\mathrm{d}x = -fl^2\left(\frac{1}{48} - \frac{\alpha^2}{6} + \frac{\alpha^4}{3}\right)$$

$$EI_c\delta_{3P} = \int x M_P \mathrm{d}x = \int_{\alpha l}^{\frac{l}{2}} -x(x - \alpha l)\mathrm{d}x = -l^3\left(\frac{1}{24} - \frac{\alpha}{8} + \frac{\alpha^3}{6}\right)$$

将以上各式代入式（6.14），得

$$\left\{ \begin{aligned} X_1 &= -\frac{\delta_{1P}}{\delta_{11}} = l\left(\frac{1}{8} - \frac{\alpha}{2} + \frac{\alpha^2}{2}\right) \\ X_2 &= -\frac{\delta_{2P}}{\delta_{22}} = \frac{l}{f}\left(\frac{15}{64} - \frac{15\alpha^2}{8} + \frac{15\alpha^4}{4}\right) \\ X_3 &= -\frac{\delta_{3P}}{\delta_{33}} = \frac{1}{2} - \frac{3\alpha}{2} + 2\alpha^2 \end{aligned} \right. \tag{6.15}$$

式（6.15）只适用于荷载 $F=1$ 在右半拱上移动的情况。在 $0 \sim 0.5$ 之间给 α 以不同的数值，即可求得各多余未知力影响线的竖标，从而绘出影响线的右半部分。左半部分可利用对称性求得。图 6.9（c）、（d）、（e）为将拱分为 8 段时的多余未知力影响线。

2. 任意截面 K 的内力影响线

有了多余未知力的影响线后，任一截面的内力影响线可用叠加法求得，根据式（6.13）有

$$M_K = X_1 + (y_K - y_s)X_2 + x_K X_3 + M_{KP}$$

$$V_K = \sin\varphi_K X_2 + \cos\varphi_K X_3 + V_{KP}$$

$$N_K = \cos\varphi_K X_2 - \sin\varphi_K X_3 + N_{KP}$$

式中：M_{KP}、V_{KP}、N_{KP} 分别为基本结构上截面 K 的弯矩、剪力、轴力影响线公式。由于基本结构是静定的，故其内力影响线无须细述。

3. 支座 A 的反力影响线

再根据平衡条件，可以求得支座 A 的水平推力 $\boldsymbol{F}_{Ax}$、竖向反力 $\boldsymbol{F}_{Ay}$ 和支座弯矩 M_A 的影响线公式分别为（支座 B 的反力影响线公式按同法求得）

$$F_{Ax} = X_2$$
$$F_{Ay} = X_3 + F_{AF}$$
$$M_A = X_1 + (f - y_s)X_2 - \frac{l}{2}X_3 + M_{AP}$$

当拱轴为悬链线、圆弧线，截面按其他规律变化为等截面时，影响线也可用积分法计算，读者可参阅有关拱桥设计的书籍和手册。

6.4   温度改变和混凝土收缩对无铰拱的影响

6.4.1   温度改变的影响

对于无铰拱，除恒载和活载外，温度改变也会引起不可忽视的内力。在拱桥设计中，一般是考虑拱圈在使用中的最高平均温度分别与拱圈合龙（封顶）时的温度之差来计算在拱圈中所引起的内力的。

计算温度改变对于对称无铰拱的影响，仍可采用弹性中心法，此时的典型方程为

$$\delta_{11}X_1 + \Delta_{1t} = 0$$
$$\delta_{22}X_2 + \Delta_{2t} = 0$$
$$\delta_{33}X_3 + \Delta_{3t} = 0$$

式中：Δ_{1t}、Δ_{2t}、Δ_{3t} 分别为基本结构上弹性中心处因温度改变引起的沿三个多余未知力 $\boldsymbol{X}_1$、$\boldsymbol{X}_2$、$\boldsymbol{X}_3$ 方向的位移。

假设拱横截面的形状是对称的，其外侧温度升高 t_1，内侧温度升高 t_2，且 $t_2 > t_1$，如图 6.10（a）所示，则其平均温度值 t 及内外侧温度之差值 Δt 分别为

$$t = \frac{1}{2}(t_1 + t_2), \quad \Delta t = t_2 - t_1$$

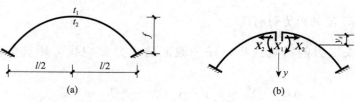

图 6.10

根据第 4 章公式，可知

$$\Delta_{1t} = \alpha \Delta t \int \overline{M_1} \frac{\mathrm{d}s}{h}$$

$$\Delta_{2t} = \alpha \Delta t \int \overline{M_2} \frac{\mathrm{d}s}{h} - \alpha t \int \overline{N_2} \, \mathrm{d}s$$

因为温度沿拱轴的改变是正对称的，不会产生剪力，故 $\Delta_{3t}=0$，于是 $X_3=0$。表明弹性中心处只产生正对称的多余未知力 X_1、X_2，如图 6.10（b）所示。

把 $\overline{M_1}=1$，$\overline{M_2}=y$，$\overline{N_2}=\cos\varphi$ 代入上式，则有

$$\Delta_{1t} = \alpha \Delta t \int \frac{\mathrm{d}s}{h}$$

$$\Delta_{2t} = \alpha \Delta t \int y \frac{\mathrm{d}s}{h} - \alpha t \int \cos\varphi \, \mathrm{d}s = \alpha \Delta t \int y \frac{\mathrm{d}s}{h} - \alpha t l$$

至于主系数的计算，若考虑轴力的影响，则有

$$\delta_{11} = \int \frac{\mathrm{d}s}{EI}$$

$$\delta_{22} = \int y^2 \frac{\mathrm{d}s}{EI} + \int \cos^2\varphi \frac{\mathrm{d}s}{EA}$$

将各自由项和主系数代入典型方程，即得

$$\left\{ \begin{aligned} X_1 &= -\frac{\alpha \Delta t \int \dfrac{\mathrm{d}s}{h}}{\int \dfrac{\mathrm{d}s}{EI}} \\[4mm] X_2 &= -\frac{\alpha \Delta t \int y \dfrac{\mathrm{d}s}{h} - \alpha t l}{\int y^2 \dfrac{\mathrm{d}s}{EI} + \int \cos^2\varphi \dfrac{\mathrm{d}s}{EA}} \end{aligned} \right. \tag{6.16}$$

如果全拱内外侧温度变化相同：$t_1=t_2=t$，则 $\Delta t=0$ [图 6.11（a）]，由式（6.16）有

$$X_1 = 0$$

$$X_2 = \frac{\alpha t l}{\int y^2 \dfrac{\mathrm{d}s}{EI} + \int \cos^2\varphi \dfrac{\mathrm{d}s}{EA}}$$

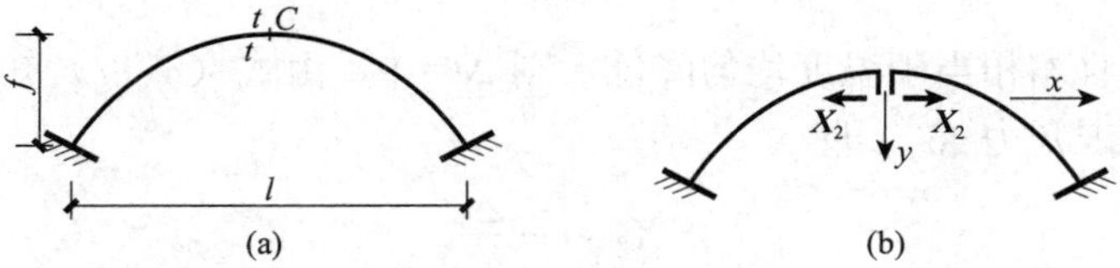

图 6.11

由此可见，当全拱的温度均匀改变时，在弹性中心处只产生多余未知力 X_2，如图 6.11（b）所示，且在升温时 X_2 为正（推力），降温时 X_2 为负（拉力）。

如果拱轴为抛物线，以弹性中心为原点的拱轴方程为 $y=\dfrac{4f}{l^2}x^2-y_s$，且其截面变化规律为 $I=\dfrac{I_C}{\cos\varphi}$ 及 $A=\dfrac{A_C}{\cos\varphi}$ 时，由上一节可知，此时有 $y_s=\dfrac{1}{3}f$，则式（6.16）在积分

之后成为

$$X_2 = \frac{\alpha t l}{(1+\mu)\dfrac{4f^2 l}{45EI_C}} = \frac{45\alpha t EI_C}{4(1+\mu)f^2} \tag{6.17}$$

式中：$\mu = \dfrac{\displaystyle\int \cos^2\varphi \dfrac{\mathrm{d}s}{A}}{\displaystyle\int y^2 \dfrac{\mathrm{d}s}{I}} = \dfrac{45}{16}\dfrac{I_C l}{A_C f^3}\tan^{-1}\left(\dfrac{4f}{l}\right)$，是一无因次量，它表示轴力对系数 δ_{22} 的影响。

当拱高 $f < \dfrac{1}{5}l$ 时，若近似取 $\cos\varphi \approx 1$，可得 $\mu = \dfrac{45}{4}\dfrac{I_C}{A_C f^2}$。

由式（6.17）可知，当拱越平，拱的截面刚度越大时，则由于温度改变所产生的影响也越大。

6.4.2　混凝土收缩的影响

无铰拱在混凝土凝固收缩时也会产生内力。这种混凝土收缩的影响与温度均匀降低的影响相似，因此可以按计算温度内力的办法来计算混凝土收缩产生的内力。问题的关键在于混凝土收缩相当于温度降低了多少度。

对于一般混凝土，经过测量得知，它的直线部分的收缩率是 2.5×10^{-4}，而混凝土的线膨胀系数为 1×10^{-5}。由

$$\alpha t = 2.5 \times 10^{-4}$$
$$1 \times 10^{-5} \times t = 2.5 \times 10^{-4}$$

得

$$t = 25\text{℃}$$

这就是说，混凝土的收缩影响相当于温度均匀降低 25℃ 所产生的影响。

对于实际工程，考虑到施工时混凝土往往不是一次浇成，而是分段浇筑，这样无铰拱由于混凝土收缩而产生的内力大致相当于拱圈温度均匀降低 10~15℃。对于水工混凝土，因经常浸水湿润，其收缩率也比较小，故通常按相当于温度均匀降低 2~8℃ 计入影响。

既然混凝土收缩相当于温度均匀降低，则 $\Delta t = 0$，由式（6.17）知，在弹性中心处只产生一对多余未知力 $\boldsymbol{X}_2$，即

$$X_2 = -\frac{\Delta_{2t}}{\delta_{22}}$$

6.5　支座移动对无铰拱的影响

无铰拱是超静定的，支座移动将使它产生内力。设图 6.12（a）所示无铰拱在外因影响下其左支座 A 发生了向左的水平位移 a，向下的竖向位移 b，并反时针转了一个 φ 角。选择的力法基本结构如图 6.12（b）所示。用弹性中心法计算，典型方程为

$$\begin{cases} \delta_{11}X_1 + \Delta_{1\Delta} = 0 \\ \delta_{22}X_2 + \Delta_{2\Delta} = 0 \\ \delta_{33}X_3 + \Delta_{3\Delta} = 0 \end{cases} \tag{6.18}$$

式中：$\Delta_{1\Delta}$、$\Delta_{2\Delta}$、$\Delta_{3\Delta}$ 分别为基本结构上弹性中心处由于支座移动所引起的沿 X_1、X_2、X_3 方向的位移。根据第 4 章所述，它们的计算式为

$$\Delta_{i\Delta} = -\sum \overline{F_{Ri}} C_i$$

如图 6.12（c）、（d）、（e）所示，可得

$$\Delta_{1\Delta} = -(-1 \times \varphi) = \varphi$$
$$\Delta_{2\Delta} = -[-1 \times a - (f - y_s)\varphi] = a + (f - y_s)\varphi$$
$$\Delta_{3\Delta} = -\left(-1 \times b + \frac{l}{2}\varphi\right) = b - \frac{l\varphi}{2}$$

系数 δ_{ii} 计算与前相同，故由典型方程可解得

$$\begin{cases} X_1 = -\dfrac{\Delta_{1\Delta}}{\delta_{11}} = -\dfrac{\varphi}{\displaystyle\int \dfrac{\mathrm{d}s}{EI}} \\[4mm] X_2 = -\dfrac{\Delta_{2\Delta}}{\delta_{22}} = -\dfrac{a + (f - y_s)\varphi}{\displaystyle\int y^2 \dfrac{\mathrm{d}s}{EI} + \int \cos^2\varphi \dfrac{\mathrm{d}s}{EA}} \\[4mm] X_3 = -\dfrac{\Delta_{3\Delta}}{\delta_{33}} = -\dfrac{b - \dfrac{l\varphi}{2}}{\displaystyle\int x^2 \dfrac{\mathrm{d}s}{EI}} \end{cases} \tag{6.19}$$

由式（6.19）可知，在支座移动时，无铰拱的内力将随其截面的刚度而增大。

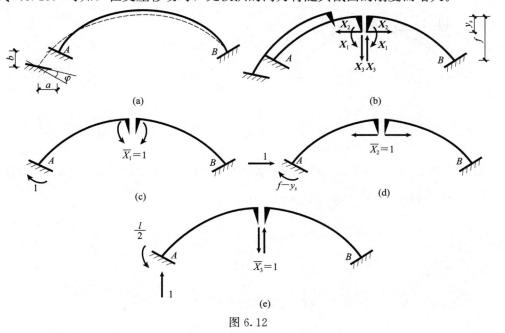

图 6.12

计算表明，**超静定结构在温度改变及支座移动时会产生内力，且内力与结构刚度的绝对值有关，刚度越大则引起的内力也越大**。因此，像无铰拱这类超静定结构，在设计和施工时，一定要重视地基的处理，且要有刚性较大的支座。由于降温将在拱截面上产生拉应力，因此施工时期的温度以低于使用时期的温度为宜，故通常在冬季封顶，并且要进行温度改变和支座移动影响的校核，以确保结构的安全。

6.6 两铰拱及系杆拱的计算

6.6.1 两铰拱

两铰拱是一次超静定结构 [图 6.13 (a)]，其弯矩在两端拱趾处为零并逐渐向拱顶增大，截面一般也相应设计为由拱趾向拱顶逐渐增大的形式。通常采用的变化规律为

$$I = I_C \cos\varphi \qquad (6.20)$$

但按这个规律计算不方便。经验表明，当 $f < \dfrac{l}{4}$ 时，可以采用式（6.2），即

$$I = \frac{I_C}{\cos\varphi}$$

这样计算较简便而结果相差无几。当然，实际制作时采用的截面仍为式（6.20）。取基本结构，如图 6.13 (b) 所示，支座 B 的水平支座为基本未知量。力法典型方程为

$$\delta_{11} X_1 + \Delta_{1P} = 0$$

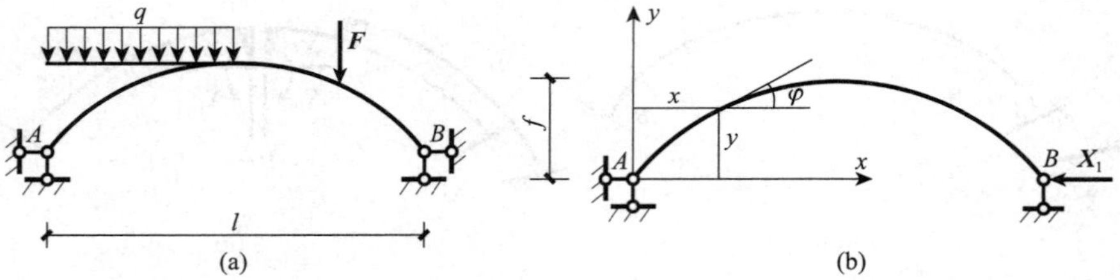

图 6.13

计算系数 δ_{11} 和自由项 Δ_{1P} 时一般略去剪力影响。同时轴力对 Δ_{1P} 的影响可忽略不计，对 δ_{11} 的影响当 $f < \dfrac{l}{5}$ 时应予以考虑。因此有

$$\delta_{11} = \int \frac{\overline{M_1^2}}{EI} \mathrm{d}s + \int \frac{\overline{N_1^2}}{EA} \mathrm{d}s$$

$$\Delta_{1P} = \int \frac{\overline{M_1} M_P}{EI} \mathrm{d}s$$

基本结构在 $X_1 = 1$ 作用下，任一截面的弯矩和轴力分别为

$$\overline{M_1} = -y, \quad \overline{N_1} = \cos\varphi$$

基本结构是一简支曲梁，设其在外荷载作用下，任一截面的弯矩表达式用 M_P 表示。在竖向荷载作用下，简支曲梁任意截面的弯矩与同跨度同荷载的简支水平梁相应截面的弯矩 M^0 彼此相等，即有

$$M_P = M^0$$

代入上式得

$$
\begin{cases}
\delta_{11} = \displaystyle\int \frac{y^2}{EI}\mathrm{d}s + \int \frac{\cos^2\varphi}{EA}\mathrm{d}s \\[3mm]
\Delta_{1P} = -\displaystyle\int \frac{yM^0}{EI}\mathrm{d}s
\end{cases}
\tag{6.21}
$$

再将 δ_{11} 和 Δ_{1P} 代入力法方程，得

$$
X_1 = F_x = -\frac{\Delta_{1P}}{\delta_{11}} = \frac{\displaystyle\int \frac{yM^0}{EI}\mathrm{d}s}{\displaystyle\int \frac{y^2}{EI}\mathrm{d}s + \int \frac{\cos^2\varphi}{EA}\mathrm{d}s}
\tag{6.22}
$$

水平推力 $\boldsymbol{F}_x$ 求出后，内力计算方法和三铰拱完全相同，即

$$
\begin{cases}
M = M^0 - F_x y \\
V = V^0\cos\varphi - F_x\sin\varphi \\
N = V^0\sin\varphi + F_x\cos\varphi
\end{cases}
\tag{6.23}
$$

【例题 6.2】 图 6.14 （a）所示为一抛物线两铰拱，承受两个集中荷载，试求其水平推力 $\boldsymbol{F}_x$。截面变化规律 $I_x = I_C\cos\varphi$。计算时采用 $I_x = \dfrac{I_C}{\cos\varphi}$，拱轴线方程为 $y = \dfrac{4f}{l^2}x$ $(l-x)$，且 $f > \dfrac{l}{5}$。

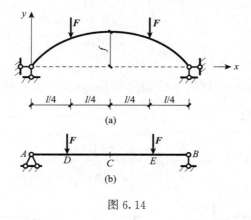

图 6.14

【解】 由于 $f > \dfrac{l}{5}$，故忽略轴向变形影响，利用式（6.21）有

$$
\delta_{11} = \int_0^l \frac{y^2}{EI}\mathrm{d}s = \int_0^l \frac{y^2\cos\varphi}{EI_C}\mathrm{d}s = \frac{1}{EI_C}\int_0^l y^2\mathrm{d}x = \frac{1}{EI_C}\int_0^l \left[\frac{4f}{l^2}x(l-x)\right]^2\mathrm{d}x = \frac{8f^2 l}{15EI_C}
$$

计算 Δ_{1P} 时应先求简支梁的弯矩 M^0。如图 6.14（b）所示，利用结构和荷载的对称性，取一半再乘 2 来计算。

$$M^0 = Fx \qquad 0 < x \leqslant \frac{l}{4}$$

$$M^0 = F\frac{l}{4} \qquad \frac{l}{4} < x \leqslant \frac{l}{2}$$

$$\Delta_{1P} = -\int_0^l \frac{yM^0\cos\varphi}{EI_C}\mathrm{d}s = -\frac{1}{EI_C}\int_0^l yM^0\,\mathrm{d}x$$

$$= -\frac{2}{EI_C}\left[\int_0^{\frac{l}{4}} yFx\,\mathrm{d}x + \int_{\frac{l}{4}}^{\frac{l}{2}} yF\frac{l}{4}x\,\mathrm{d}x\right] = -\frac{19Ffl^2}{128EI_C}$$

$$F_x = -\frac{\Delta_{1P}}{\delta_{11}} = \frac{\dfrac{19Ffl^2}{128EI_C}}{\dfrac{8f^2l}{15EI_C}} = 0.278\frac{Fl}{f}$$

计算结果表明，水平推力 F_x 与荷载成正比，与拱的高跨比 f/l 成反比，即在确定荷载作用下，拱越平坦推力就越大。

6.6.2 系杆拱

在基础不良的情况下常采用带拉杆的两铰拱如图 6.15（a）所示，也称系杆拱。此时它的推力由系杆承受，而不传到支承结构上，避免了由于推力而使支座加大的缺点。计算时可以系杆的内力 X_1 为多余未知力，如图 6.15（b）所示，力法方程为

$$\delta_{11}X_1 + \Delta_{1P} = 0$$

计算 δ_{11} 时，除了应考虑拱轴的变形外，尚需考虑系杆的轴向变形。如果不计拱的剪切变形，则有

$$\delta_{11} = \int \frac{\overline{M}_1^2\mathrm{d}s}{EI} + \int \frac{\overline{N}_1^2\mathrm{d}s}{EA} + \frac{l}{E_1A_1}$$

$$\Delta_{1P} = \int \frac{\overline{M}_1 M_P\mathrm{d}s}{EI}$$

式中：$\dfrac{l}{E_1A_1}$ 是系杆在 $\overline{X}_1 = 1$ 作用下的轴向变形；E_1A_1 为系杆的抗拉刚度。以 $\overline{M}_1 = -y$，$\overline{N}_1 = \cos\varphi$ 代入可得

$$X_1 = \frac{\displaystyle\int yM_P\frac{\mathrm{d}s}{EI}}{\displaystyle\int y^2\frac{\mathrm{d}s}{EI} + \int \cos^2\varphi\frac{\mathrm{d}s}{EA} + \frac{l}{E_1A_1}} \qquad (6.24)$$

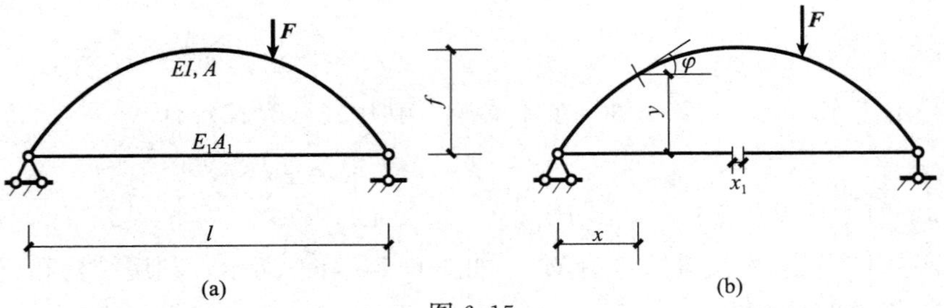

图 6.15

由式（6.24）可知，系杆拱的推力要比相应两铰拱的推力小。当系杆的 $E_1 A_1 \to \infty$ 时，则系杆拱的内力与两铰拱相同；当 $E_1 A_1 \to 0$ 时，系杆拱将成为简支曲梁而丧失拱的特征。因此，设计系杆拱时，应适当加大系杆的抗拉刚度，以减小拱的弯矩。

近年来，我国在建造大量公路双曲拱桥的基础上，又因地制宜地提出了桁架拱桥的方案。图 6.16（a）所示桁架拱片是主要的承重结构，它包括桁架部分和实腹部分。考虑到拱片两端仅有一小段插入墩台的预留孔中，可认为属于铰接，因而可取如图 6.16（b）所示计算简图。桁架拱桥由于自重较轻，对基础的压力和推力均较小，因而对软土地基有较好的适应性。

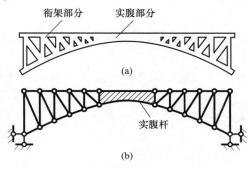

图 6.16

桁架拱是一次外部超静定结构，可用力法求解。

本 章 小 结

拱结构在工程上应用较广，无铰拱和两铰拱都是超静定拱。超静定拱通常都采用变截面的形式。

在恒载作用下无铰拱的计算步骤为：先选取两个带刚臂的悬臂曲梁作为基本结构。然后求弹性中心，用积分法根据式（6.6）求出 y_s，即确定了弹性中心的位置。再计算系数和自由项，其可用积分法、梯形法或抛物线法求得。之后求多余未知力，列力法方程：

$$\delta_{11} X_1 + \Delta_{1P} = 0$$
$$\delta_{22} X_2 + \Delta_{2P} = 0$$
$$\delta_{33} X_3 + \Delta_{3P} = 0$$

求得多余未知力后，即可求任一截面的内力。

无铰拱在温度变化时，取和恒载作用相同的基本结构，用式（6.16）求出对称的多余未知力 X_1 和 X_2 后，任一截面的内力即可求出。无铰拱在支座有位移时，多余未知力可从式（6.19）求得，其余内力也可算出。对无系杆的两铰拱，取水平推力为多余未知力 X_1，可根据式（6.22）求得；如有系杆，则取系杆内力为多余未知力 X_1，可根据式（6.24）求得。求出 X_1 后，则可由式（6.23）求拱的截面内力。

思 考 题

6.1 试比较两铰拱和无铰拱的受力特点和适用条件。

6.2 为什么超静定拱一般都采用变截面？

6.3 什么叫弹性中心？用弹性中心法计算无铰拱为什么比较简便？

6.4 在计算对称无铰拱时，我们采用了哪些简化措施？达到了什么目的？

6.5 在用弹性中心法计算对称无铰拱时，计算系数和自由项时应如何取舍内力？能用图乘法求解吗？

6.6 等截面空心圆管受到径向均布荷载的作用，能否按照无铰拱的计算方法来分析？试述分析步骤。

6.7 温度升高或降低、混凝土收缩、支座移动等对无铰拱和两铰拱的水平反力产生什么影响？

6.8 对无铰拱来说，混凝土收缩相当于什么影响？为什么用钢筋混凝土制成的无铰拱桥一般在冬季封顶？

6.9 无铰拱为什么要有牢固的基础（支座）？

6.10 能用弹性中心法求两铰拱内力吗？

6.11 试述有系杆两铰拱的特点。

习 题

6.1 习题 6.1 图示对称无铰拱的轴线方程为 $y_1 = \dfrac{4f}{l^2} x^2$，截面为矩形，拱顶截面高度 $h_C = 0.6\text{m}$，取宽度 $b = 1\text{m}$ 来计算。计算时取 $I = \dfrac{I_C}{\cos\varphi}$、$A = \dfrac{A_C}{\cos\varphi}$。求拱顶、两拱趾、$\dfrac{1}{4}$ 跨和 $\dfrac{3}{4}$ 跨处共五个截面的 M、V 和 N 值。

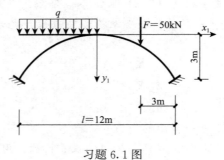

习题 6.1 图

6.2 绘制习题 6.1 图的无铰拱顶截面的弯矩影响线。沿跨度等分 8 段，计算各分段点的影响线纵矩。其中所用多余未知力的影响线可用 6.3 节中的数据。

6.3 试求习题 6.1 图的无铰拱，由于温度的均匀下降 20℃ 所引起的拱顶、拱趾截面的

M、N、V 值。已知拱的截面为矩形，宽度取 1m 计算，拱顶截面高 $h_C = 120$cm，$E = 2000$kN/cm^2，线膨胀系数 $\alpha = 10^{-5}$。

6.4　习题 6.4 图示抛物线两铰拱承受半跨均布荷载作用，拱轴方程为 $y = \dfrac{4f}{l^2} x (l-x)$，试求水平推力 $\boldsymbol{F}_{Ax}$。计算时可取 $I = \dfrac{I_C}{\cos\varphi}$，不考虑轴力的影响。

6.5　试求习题 6.5 图示抛物线系杆拱中拉杆的内力 $\boldsymbol{N}$。计算时可取 $I = \dfrac{I_C}{\cos\varphi}$，不考虑轴力和剪力对位移的影响。已知拱顶 $EI_C = 5000$kNm^2，拉杆 $E_1A_1 = 2 \times 10^5$kN。

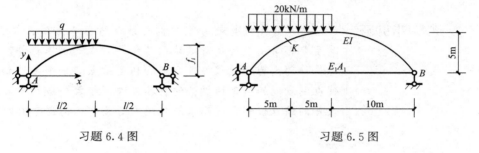

习题 6.4 图　　　　　　　　习题 6.5 图

第 7 章

位 移 法

学习指引☞ | 本章介绍计算超静定结构的第二种基本方法：位移法。其主要思路是先将超静定结构"分解"成若干根杆件，分析各杆件的内力与位移关系；然后利用结点的平衡条件和各杆件在结点处的变形协调条件将各杆件"组装"成结构，求出未知的结点位移，进而求解杆端内力及作结构内力图。

7.1 位移法的基本原理

7.1.1 位移法的基本概念

7.1 位移法的
基本原理

力法分析超静定结构的基本思路是以结构的多余未知力作为基本未知量，利用多余约束处的位移条件将它们求出，然后求出结构的其他反力、内力和位移。由于结构的内力和位移之间具有一定的关系，因此，也可把结构的某些位移作为基本未知量，首先求出它们，然后确定结构的内力。这样的方法称为位移法。

为了说明位移法的基本概念，下面分别讨论几个简单例子。图 7.1（a）所示为一两跨等截面的连续梁，在荷载作用下将发生如图 7.1 中虚线所示的变形。该连续梁可看成由 AB、BC 两根杆件在 B 端刚性联结而组成，所以结点 B 为刚结点。因为不考虑受弯杆件的轴向变形，且结点 B 有竖向链杆支承，故结点 B 无水平线位移和竖向线位移，只有角位移，设其角位移为 θ_1。汇交于该刚结点的两杆的杆端在变形后将发生与结点相同的转角。因此，图 7.1（a）中 AB 杆的 B 端和 BC 杆的 B 端均发生转角 θ_1。

分别考察 AB、BC 两杆，发现它们的变形情况与图 7.1（b）所示相同：其中 AB 杆相当于两端固定梁在固定端 B 处发生转角 θ_1；BC 杆则相当于左端固定右端铰支的单跨梁受荷载 F 作用，且在固定端 B 处发生大小为 θ_1 的转角。根据叠加原理，图 7.1（b）又可分解为图 7.1（c）、（d）所示两种情况来考虑。据此，按转角位移方程（请参照第 5 章力法）或查表 5.1，即可写出 AB、BC 两杆的杆端弯矩如下。

$$M_{AB} = \frac{2EI}{l}\theta_1, \qquad M_{BA} = \frac{4EI}{l}\theta_1$$

$$M_{BC} = \frac{3EI}{l}\theta_1 - \frac{3}{16}Fl, \quad M_{CB} = 0$$

其中 M_{BC} 的第二项 $-\frac{3}{16}Fl$ 为图 7.1（c）中的 BC 梁仅由外荷载作用（即此时 B 端固定支座无位移）所引起的单跨梁杆端弯矩，称为固端弯矩，用 M_{AB}^F 表示。

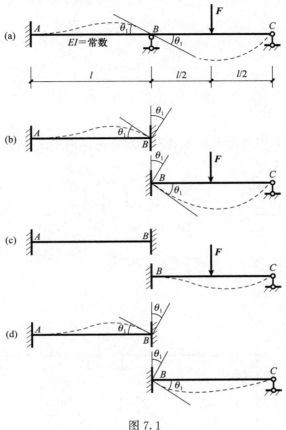

图 7.1

若能确定两杆的杆端弯矩，则杆中的内力即可由平衡条件求得。在上述各杆端弯矩的表达式中，固端弯矩可根据已知荷载直接算出或查表 5.1 得出，而结点 B 的转角 θ_1 却是未知量。只有预先求得 θ_1，才可能确定杆端弯矩。

那么，如何求得结点 B 的转角 θ_1 呢？假设结点 B 转动角度为 θ_1，前面我们已经用"把结构分解为若干根杆件"的方法写出了各杆端弯矩表达式。但为了使所得杆端弯矩值符合原结构实际，结点 B 上各杆端弯矩就应该满足结点 B 的力矩平衡条件。

结点 B 的受力图如图 7.2 所示，其力矩平衡条件为

$$M_{BA} + M_{BC} = 0$$

将杆端弯矩值代入上式后，得

$$\left(\frac{4EI}{l} + \frac{3EI}{l}\right)\theta_1 - \frac{3}{16}Fl = 0$$

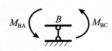

图 7.2

其中只有转角 θ_1 是未知量，于是可解得

$$\theta_1 = \frac{3Fl^2}{112EI}$$

结点 B 的转角 θ_1 求得后，再代回原杆端弯矩的表达式中，即可求得各杆的杆端弯矩为

$$M_{AB} = \frac{2EI}{l} \times \frac{3Fl^2}{112EI} = \frac{3}{56}Fl$$

$$M_{BA} = \frac{4EI}{l} \times \frac{3Fl^2}{112EI} = \frac{3}{28}Fl$$

$$M_{BC} = \frac{3EI}{l} \times \frac{3Fl^2}{112EI} - \frac{3}{16}Fl = \frac{9}{112}Fl - \frac{3}{16}Fl = -\frac{3}{28}Fl$$

$$M_{CB} = 0$$

杆端弯矩求得后，可利用图 7.3（a）所示隔离体由平衡条件求出杆端剪力。原结构的弯矩图和剪力图如图 7.3（b）、（c）所示。

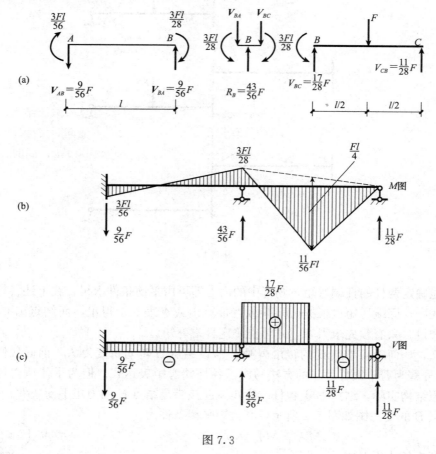

图 7.3

又如图 7.4（a）所示刚架，结点 1 为刚结点。在荷载 q 作用下，将发生如图 7.4 中虚线所示的变形，汇交于结点 1 的两杆在 1 端将产生相同的转角 θ_1。严格地说，结点 1

还具有微小的线位移，不过，对于受弯直杆，通常都可略去轴向变形和剪切变形的影响，并认为弯曲变形是微小的，故可假定各杆两端之间的距离在变形过程中保持不变。这样，在图示刚架中，由于支座 2、3 都不能移动，而结点 1 与 2、3 两点之间的距离根据上述假定又都保持不变，于是结点 1 也就被认为不能发生线位移。

在图 7.4（a）中杆 12 和 13 的变形情况分别与图 7.4（b）、（c）所示的两根单跨梁相同。因此，同样以单跨超静定梁为基础可写出各杆端弯矩表达式，然后利用结点 1 的力矩平衡条件求得结点 1 的角位移。

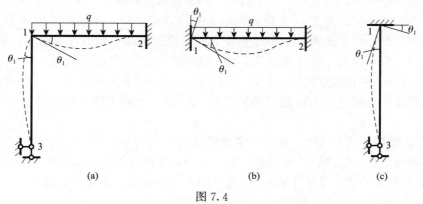

图 7.4

上述结构只有一个刚结点，变形后该刚结点只有角位移，计算时取该结点的角位移为基本未知量。在一般情况下，结构具有若干结点，各个结点可能同时发生转角和线位移。如图 7.5（a）所示的刚架，C、D 两刚结点分别发生转角 θ_1 和 θ_2，同时，具有一个独立的水平线位移 Δ。同样，首先应求出 θ_1、θ_2 和 Δ 这三个基本未知量，然后才能确定全部杆端弯矩和剪力。这三个结点位移的大小由结构的平衡条件确定。求解上述三个基本未知量时，可取结点 C 和 D 为隔离体［图 7.5（b）］，列出两个力矩平衡方程，由 $\sum M_C = 0$ 和 $\sum M_D = 0$，得

$$M_{CA} + M_{CD} = 0, \qquad M_{DC} + M_{DB} = 0$$

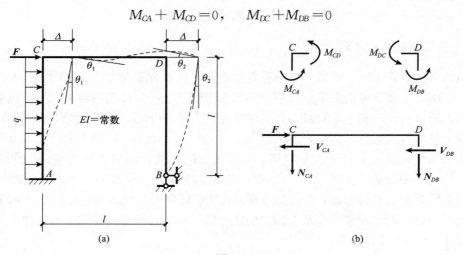

图 7.5

　　此外,再截取结构中包含发生 Δ 各结点在内的部分为隔离体,列出一个投影平衡方程。在本例中,可截开柱顶取柱顶以上横梁 CD 部分为隔离体[图 7.5(b)],由 $\sum F_x = 0$ 得

$$F - V_{CA} - V_{DB} = 0$$

将杆端内力表达式代入上述三个平衡方程后,就可得到求解三个基本未知量 θ_1、θ_2 和 Δ 的三个代数方程,问题即可求解。

　　综上所述,位移法是以结构中结点位移(角位移和线位移)作为基本未知量来解题的。若有 n 个刚结点,则有 n 个独立的角位移未知量,就需要根据这 n 个刚结点力矩平衡建立 n 个平衡方程;若有 m 个独立的结点线位移未知量,一般则需要考虑某些横梁部分(包含柱端)的平衡来建立 m 个平衡方程。根据全部平衡方程将结点位移求出后,便可以确定结构的内力。从计算原理上看,位移法是按如下思路进行的。

　　1)把结构在可动结点处拆开,将结构分解成若干单跨超静定梁。这些梁承受原有的荷载,并在杆端发生与实际情况相同的杆端位移。据此,即可写出各杆杆端内力表达式。

　　2)将各杆组合成原结构。此时,考虑结构的变形协调,各杆的杆端位移应与连接该杆的结点的位移相协调,并考虑各刚结点的力矩平衡条件及结构某些部分的平衡条件(一般取横梁部分的剪力平衡条件)。由此,即可获得与基本未知量数量相等的方程求解各未知结点位移。这样的方程称为位移法基本方程。

　　值得指出的是,上述分析是以单根杆件的受力分析为基础的,必须事先知道单根杆件的杆端内力、杆端位移与所受荷载之间的关系。这些关系可从表 5.1 或等截面直杆转角位移方程获得。如果能将一些其他类型杆件(如变截面直杆、曲杆、甚至折杆等)的转角位移方程求得,我们也能用位移法求解由这些杆件组成的超静定结构。

7.1.2　位移法基本未知量数目的确定

　　位移法以结构刚结点的位移(独立角位移和线位移)作为基本未知量。因此,用位移法计算结构时,必须先确定独立角位移和线位移的数目。

1. 角位移数目的确定

　　用位移法计算刚架,是以单跨超静定梁的转角位移方程作为计算基础的。因为刚架中的每个刚结点都有可能发生角位移,而汇交于刚结点的各杆端的转角就等于该刚结点的转角,所以角位移基本未知量的数目就等于刚结点的数目。只需计算刚结点的个数,即可确定角位移的数目。例如,图 7.6(a)所示刚架,有 B、C 两个刚结点,故有两个角位移未知量;图 7.6(b)所示刚架,结点 B、C 为组合结点,故也有两个角位移未知量。值得说明的是,在图 7.6(b)中,伸臂 CD 部分是静定的,内力可直接根据静力平衡条件算出。若将伸臂 CD 去掉,则杆件 BC 就变成 B 端固定、C 端铰支的单跨超静定梁。因此,确定位移法基本未知量的数目时,可将结构中的静定部分去掉,然后予以考虑。

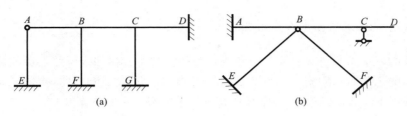

图 7.6

2. 线位移数目的确定

由于一个点在平面内具有两个移动自由度，所以平面刚架的每个结点如不受约束，则有两个线位移。但为了简化计算，通常都假定结构的变形是微小的，受弯直杆在受力发生弯曲变形时，对杆件长度所产生的影响可以忽略不计。即可以认为其两端结点之间的距离保持不变。这就是说每根受弯直杆对结点相当于一根刚性链杆的约束作用。因此，计算刚架结点的线位移个数时，可以先把所有的受弯直杆视为刚性链杆，同时把所有的刚结点和固定支座全部改为铰结点或固定铰支座，从而使刚架变成一个铰接体系。然后，分析该铰接体系的几何组成，凡是可动的结点，用增设附加链杆的方法使其不动，从而使整个铰接体系成为几何不变体系。最后计算出所需增设的附加链杆总数，即为刚架结点的独立线位移个数。例如，图 7.7（a）所示刚架，改成铰接体系后，只需增设 2 根附加链杆就能变成几何不变体系 [图 7.7（b）]，故有 2 个独立线位移。图 7.8（a）所示刚架，改成铰接体系后，只需增设 1 根附加链杆就能变成几何不变体系 [图 7.8（b）]，故只有 1 个独立线位移。其中，刚结点 B 上的悬臂 BC，因为它是静定的，其内力可根据静力平衡条件直接确定，故计算线位移个数时可以把它去掉。

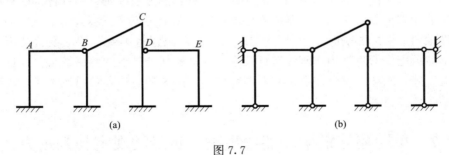

图 7.7

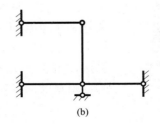

图 7.8

3. 位移法的基本未知量数目的确定

位移法的基本未知量数目应等于结构结点的独立角位移和线位移二者数目之和。

例如，图 7.7 所示刚架，由图 7.7（a）知有 A、B、C、D、E 5 个刚结点，即有 5 个角位移，由图 7.7（b）知有 2 个线位移，故总共有 7 个基本未知量。

如图 7.8 所示刚架，由图 7.8（a）知有 B、D 两个刚结点，即有 2 个角位移，由图 7.8（b）知有 1 个线位移，故该结构总共有 3 个基本未知量。

对于图 7.9（a）所示排架，将其变成铰接体系后，一共需要增设 2 根附加链杆的约束，才能成为几何不变体系［图 7.9（b）］，故有 2 个线位移；在确定角位移时，要注意柱 $2B$ 上的结点 3 是一个组合结点，则杆件 $2B$ 应视为由 23 和 $3B$ 两杆在 3 处刚性连接而形成，故结点 3 处有一个角位移基本未知量，由此可知，该排架的位移法基本未知量共有 3 个。

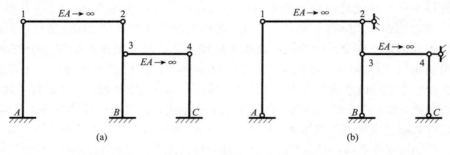

图 7.9

应当注意，上面介绍的计算结点独立线位移数目的方法都是以不计杆件的轴向变形作为前提的。如果需要考虑杆件轴向变形的影响，则上述方法就不适用了。因为当需要考虑杆件轴向变形的影响时，"杆件两端结点之间距离保持不变"的假设就被否定，因而也就不能再把受弯直杆当作刚性链杆约束来计算刚架的结点线位移数目。在这种情况下，除支座外，刚架的每个结点都有两个线位移。刚架的总位移数目比不考虑轴向变形影响的结构要多得多。

7.2   单跨超静定梁杆端弯矩正、负号的规定与判定方法

7.2 单跨超静定梁杆
端弯矩正、负号的
规定与判定方法

为了表达明确和计算方便，在位移法和力矩分配法中，杆端弯矩在字母 M 的右下角用两个下标标明杆件两端点，其中前一个下标表示该弯矩所在的杆端，后一个下标表示杆件另一端。例如，图 7.10 所示的 AB 梁，其 A 端的弯矩以 M_{AB} 表示，B 端的弯矩则以 M_{BA} 表示。

7.2.1 梁杆端弯矩正、负号的规定

1) 杆端弯矩 M 正、负号规定为：取杆件为脱离体时，以绕杆端顺时针转的杆端弯矩为正，反之为负；取结点或支座为脱离体时，以绕结点逆时针方向旋转的杆端弯矩为正，反之为负（图 7.10）。显然，这里所采用的弯矩正负符号的规定与材料力学中所用的不同，应加以注意。

2) 杆端剪力 V 的正、负号规定与材料力学中规定相同，即使脱离体顺时针旋转的剪力 V 为正，反之为负（图 7.10）。

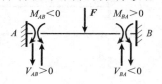

图 7.10

7.2.2 梁杆端弯矩正、负号的判定

在位移法和力矩分配法两章中，我们将会遇到图 7.11 所示的三种类型的等截面单跨超静定梁。下面以两端固定的单跨超静定梁为例，对杆端弯矩进行正负号判定。

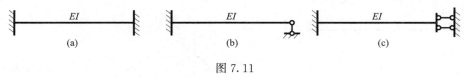

图 7.11

1. 集中荷载作用时

在图 7.12 中，杆端弯矩的实际方向如图所示，其 A 端弯矩 M_{AB}，对杆端为逆时针方向，对支座则为顺时针方向，与正向规定相反，故为负值，而 B 端弯矩 M_{BA} 的实际方向则与正向规定相符，故为正值。

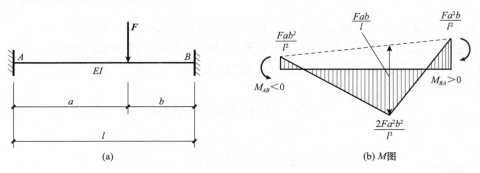

图 7.12

2. 杆端产生转角时

在图 7.13 中，杆端弯矩的实际方向如图所示，其 A 端弯矩 M_{AB}，对杆端为顺时针方向，对支座则为逆时针方向，与正向规定相符，故为正值，而 B 端弯矩 M_{BA} 的实际方向也与正向规定相符，故也为正值。

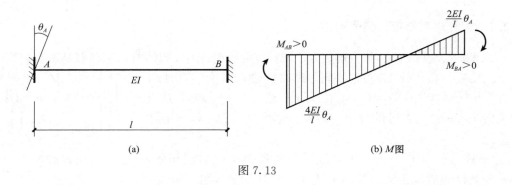

图 7.13

3. 杆端产生侧移时

在图 7.14 中，杆端弯矩的实际方向如图所示，其 A 端弯矩 M_{AB}，对杆端为逆时针方向，对支座则为顺时针方向，与正向规定恰好相反，故为负值，B 端弯矩 M_{BA} 的实际方向也与正向规定相反，故也为负值。

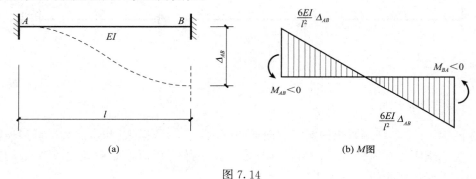

图 7.14

对于其他形式的等截面梁，可用同样方法判断其杆端内力的正负。

注意：当单跨超静定梁受到多种荷载作用并同时有支座移动和转动时，其杆端内力可用表 5.1 中各对应项杆端内力叠加（代数和）得到。

7.3　位移法应用举例

7.3.1　用位移法计算刚架的步骤

7.3 位移法应用举例

用位移法计算超静定刚架的步骤可归纳如下。

1）确定基本未知量数目，画出其位移法基本结构。图中应画出原结构所承受的荷载和独立的结点位移。

2）考虑变形协调条件，并根据转角位移方程（或表 5.1），写出基本未知量表示的各杆杆端弯矩和剪力的表达式。

3）利用刚结点的力矩平衡条件和结构中某一部分的平衡条件（通常为横梁部分的

剪力平衡条件），建立求解基本未知量的方程组。

4）解方程组，求出各基本未知量。

5）将求得的基本未知量代回第 2 步所得的杆端内力的表达式，从而求出各杆杆端内力。

6）作内力图。

7）校核结构的各刚结点是否满足力矩平衡条件和结构某些部分是否满足剪力平衡条件，如都得到满足，则说明计算结果无误。

7.3.2　用位移法计算刚架的举例

【例题 7.1】　试用位移法计算图 7.15（a）所示刚架。

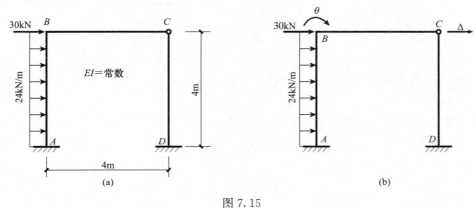

图 7.15

【解】　基本未知量为刚结点 B 的角位移 θ 以及结点 B、C 的水平线位移 Δ，画出其位移法基本结构，详见图 7.15（b）。根据图 7.15（b）并利用表 5.1 分别列出各杆杆端的内力方程如下（其中 $i=\dfrac{EI}{4}$）：

$$M_{AB} = 2i\theta - \frac{6}{4}i\Delta - \frac{1}{12} \times 24 \times 4^2 = 2i\theta - \frac{3}{2}i\Delta - 32$$

$$M_{BA} = 4i\theta - \frac{6}{4}i\Delta + \frac{1}{12} \times 24 \times 4^2 = 4i\theta - \frac{3}{2}i\Delta + 32$$

$$M_{BC} = 3i\theta$$

$$M_{CB} = M_{CD} = 0$$

$$M_{DC} = -\frac{3}{4}i\Delta$$

$$V_{AB} = -\frac{6}{4}i\theta + \frac{3}{4}i\Delta + \frac{1}{2} \times 24 \times 4 = -\frac{3}{2}i\theta + \frac{3}{4}i\Delta + 48$$

$$V_{BA} = -\frac{6}{4}i\theta + \frac{3}{4}i\Delta - \frac{1}{2} \times 24 \times 4 = -\frac{3}{2}i\theta + \frac{3}{4}i\Delta - 48$$

$$V_{BC} = -\frac{3}{4}i\theta, \quad V_{CB} = -\frac{3}{4}i\theta$$

$$V_{CD} = \frac{3}{4^2}i\Delta = \frac{3}{16}i\Delta, \quad V_{DC} = \frac{3}{4^2}i\Delta = \frac{3}{16}i\Delta$$

从原结构中取出如图 7.16 所示的 B 结点及杆 BC 两个隔离体，由 B 结点的平衡条件 $\sum M_B = 0$ 得

$$M_{BA} + M_{BC} = 0$$

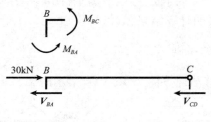

图 7.16

由杆 BC 的平衡条件 $\sum F_x = 0$ 得

$$V_{BA} + V_{CD} - 30 = 0$$

将以上有关杆端内力的表达式代入，整理后得

$$
\begin{cases}
(3i + 4i)\theta - \dfrac{3}{2}i\Delta + 32 = 0 \\
-\dfrac{3}{2}i\theta + \left(\dfrac{3}{4}i + \dfrac{3}{16}i\right)\Delta - 78 = 0
\end{cases}
$$

即

$$
\begin{cases}
7i\theta - \dfrac{3}{2}i\Delta + 32 = 0 \\
-\dfrac{3}{2}i\theta + \dfrac{15}{16}i\Delta - 78 = 0
\end{cases}
$$

解得

$$\theta = \frac{464}{23i}, \quad \Delta = \frac{2656}{23i}$$

将 θ、Δ 的结果代回杆端内力表达式，计算得

$M_{AB} = -164.87 \text{ kN·m}$,	$M_{BA} = -60.52 \text{ kN·m}$,	$M_{BC} = 60.52 \text{ kN·m}$
$M_{CB} = 0$,	$M_{CD} = 0$,	$M_{DC} = -86.61 \text{ kN·m}$
$V_{AB} = 104.35 \text{ kN}$,	$V_{BA} = 8.35 \text{ kN}$,	$V_{BC} = -15.13 \text{ kN}$,
$V_{CB} = -15.13 \text{ kN}$,	$V_{CD} = 21.65 \text{ kN}$,	$V_{DC} = 21.65 \text{ kN}$,

再由结点的平衡条件即可求得各杆的轴力。刚架的 M、V、N 图如图 7.17（a）、（b）、（c）所示。

分别取图 7.17（d）、（e）所示隔离体，可知 $\sum M_B = 0$ 及 $\sum F_x = 0$ 的平衡条件都能满足，计算结果无误。

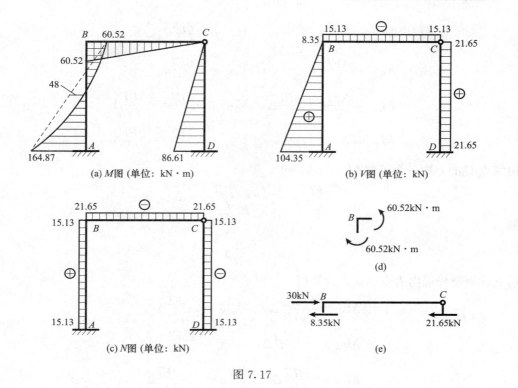

图 7.17

【例题 7.2】　图 7.18（a）所示刚架的支座 A 下沉 Δ，试用位移法计算此刚架并绘制其内力图。$EI=$ 常数。

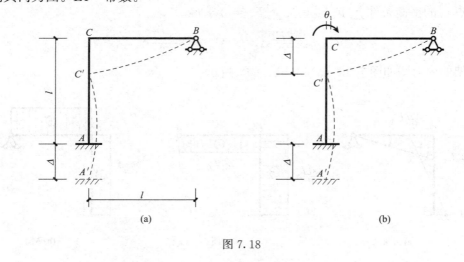

图 7.18

【解】　基本未知量为结点 C 的角位移 θ [图 7.18（b）]。

由图 7.19（b）并利用表 5.1 列出各杆杆端内力如下：

$$M_{AC} = \frac{2EI}{l}\theta, \qquad V_{AC} = -\frac{6EI}{l^2}\theta$$

$$M_{CA} = \frac{4EI}{l}\theta, \qquad V_{CA} = -\frac{6EI}{l^2}\theta$$

$$M_{CB} = \frac{3EI}{l}\theta + \frac{3EI}{l^2}\Delta, \quad V_{CB} = -\frac{3EI}{l^2}\theta - \frac{3EI}{l^3}\Delta$$

$$M_{BC} = 0, \qquad V_{BC} = -\frac{3EI}{l^2}\theta - \frac{3EI}{l^3}\Delta$$

由结点 C 的力矩平衡条件 $M_{CA} + M_{CB} = 0$，得

$$\frac{4EI}{l}\theta + \frac{3EI}{l}\theta + \frac{3EI}{l^2}\Delta = 0$$

解得

$$\theta = -\frac{3}{7l}\Delta$$

将其代回原杆端内力表达式，计算得

$$M_{AC} = -\frac{6EI}{7l^2}\Delta, \quad V_{AC} = \frac{18EI}{7l^3}\Delta$$

$$M_{CA} = -\frac{12EI}{7l^2}\Delta, \quad V_{CA} = \frac{18EI}{7l^3}\Delta$$

$$M_{CB} = \frac{12EI}{7l^2}\Delta, \quad V_{CB} = -\frac{12EI}{7l^3}\Delta$$

$$M_{BC} = 0, \qquad V_{BC} = -\frac{12EI}{7l^3}\Delta$$

再由结点 C 的平衡条件 $\sum F_x = 0$ 及 $\sum F_y = 0$ 求得

$$V_{AC} = \frac{12EI}{7l^3}\Delta, \qquad V_{BC} = \frac{18EI}{7l^3}\Delta$$

刚架的内力图如图 7.19（a）、（b）、（c）所示。

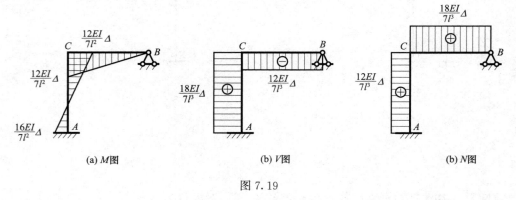

(a) M 图　　　　(b) V 图　　　　(b) N 图

图 7.19

【例题 7.3】 仅利用两端固定的单跨超静定梁的转角位移方程，试用位移法计算图 7.20（a）所示的连续梁。

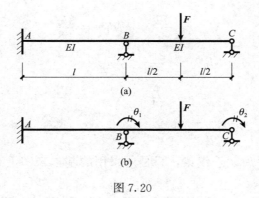

图 7.20

【解】 由两端固定的单跨梁的转角位移方程可知，其杆端力与杆件两端的角位移有关。在图 7.20（a）所示连续梁中，BC 杆受荷载 F 作用后，在 B 端和 C 端均发生角位移，若分别用 θ_1 和 θ_2 表示，则其杆端力与 θ_1 和 θ_2 有关。因此，根据题意，除取结点 B 的角位移 θ_1 为基本未知量外，还应将 C 端的角位移 θ_2 作为基本未知量 [图 7.20（b）]。

根据图 7.20（b）并利用表 5.1 列出各杆的杆端内力如下（其中 $i = \dfrac{EI}{l}$）。

$$M_{AB} = 2i\theta_1, \qquad\qquad M_{BA} = 4i\theta_1$$

$$M_{BC} = 4i\theta_1 + 2i\theta_2 - \frac{1}{8}Fl, \quad M_{CB} = 2i\theta_1 + 4i\theta_2 + \frac{1}{8}Fl$$

$$V_{AB} = -\frac{6i}{l}\theta_1, \qquad\qquad V_{BA} = -\frac{6i}{l}\theta_1$$

$$V_{CB} = -\frac{6i}{l}\theta_1 - \frac{6i}{l}\theta_2 + \frac{F}{2}, \quad V_{BC} = -\frac{6i}{l}\theta_1 - \frac{6i}{l}\theta_2 - \frac{F}{2}$$

由图 7.21(a)、(b) 所示隔离体的力矩平衡条件
$\sum M_B = 0$ 及 $\sum M_C = 0$ 求得

$$\begin{cases} M_{BA} + M_{BC} = 0 \\ M_{CB} = 0 \end{cases}$$

图 7.21

将有关杆端内力表达式代入并整理，可得

$$\begin{cases} 8i\theta_1 + 2i\theta_2 - \dfrac{1}{8}Fl = 0 \\ 2i\theta_1 + 4i\theta_2 + \dfrac{1}{8}Fl = 0 \end{cases}$$

解得

$$\theta_1 = \frac{3Fl}{112i}, \quad \theta_2 = -\frac{5Fl}{112i}$$

将 θ_1 和 θ_2 值代回各杆端内力表达式，计算得

$$M_{AB} = \frac{3Fl}{56}, \qquad M_{BA} = \frac{3Fl}{28}$$

$$M_{BC} = -\frac{3Fl}{28}, \quad M_{CB} = 0$$

$$V_{AB} = -\frac{9F}{56}, \qquad V_{BA} = -\frac{9F}{56}$$

$$V_{BC} = \frac{17F}{28}, \qquad V_{CB} = -\frac{11F}{28}$$

　　本例即图 7.1（a）所示连续梁，只是所采用的基本未知量有所不同。事实说明，两种计算结果完全一致。

　　在图 7.1 中，我们取 AB 杆为两端固定梁，而 BC 杆为 B 端固定 C 端铰支的梁，根据转角位移方程，相应的基本未知量只需要一个，即结点 B 的角位移；对于本例则取 AB 杆和 BC 杆均为两端固定梁，相应的基本未知量比前者多一个，即增加了 BC 杆 C 端的角位移 θ_2。由于 BC 杆的 C 端为铰接，所以有 $M_{CB}=0$，即 $2i\theta_1+4i\theta_2+\dfrac{Fl}{8}=0$，故 θ_2 总可用 θ_1 来表示，即 θ_2 不是独立的未知转角。对于手工计算，当然宜按前一种未知量少的方法进行分析，其计算更简便；对于采用计算机计算，则因后一种方法将各杆统一为两端固定梁，便于编写计算程序，故常被采用。有关借助计算机辅助计算方面的内容，请参阅其他相关书籍。

7.4　位移法典型方程简介

7.4 位移法典型方程简介

7.4.1　位移法的基本结构

　　前面介绍了直接利用平衡条件建立位移法基本方程的原理和步骤，下面再次以例 7.1 中的刚架 ［图 7.22（a）］为例，说明建立位移法基本方程的另一途径。

　　由例 7.1 已知，该刚架的位移法基本未知量为结点 B 的角位移 θ_1 和结点 C 的水平线位移 Δ。为使原结构的各杆都成为单跨超静定梁，可采用如下的方法：在刚结点 B 加上一个控制该结点转动但不控制其移动的约束。这种约束称为附加刚臂，在图上用"▽"来表示；又在结点 C 加上一个控制该结点水平移动但不控制其转动的约束——附加链杆。附加刚臂和附加链杆统称为附加约束。这样，结构中刚结点的转动和所有结点的移动都受到控制 ［图 7.22（b）］。分析其中每一杆件两端的约束情况，可知 AB 杆如同两端固定的单跨梁，BC、CD 杆则如同一端固定另一端铰支的单跨梁。也就是整个结构被分解转化为一个由若干单跨超静定梁组合起来的组合体系。实际的结构称为原结构，分解转化所得到的组合体系称为原结构的位移法基本结构。

　　设原结构变形后，结点 B 的角位移为 θ_1，结点 C 的水平线位移为 Δ。为此，使基本结构承受的荷载与原结构上的荷载相同，并且使结点 B 处的附加刚臂转动 θ_1，而结点 C 处附加链杆发生水平线位移 Δ ［图 7.22（c）］，这样所得体系称为原结构的位移法

基本体系。基本体系中各杆的变形情况和受力情况与原结构中各杆件的变形和受力情况〔图 7.22（d）〕完全一致。

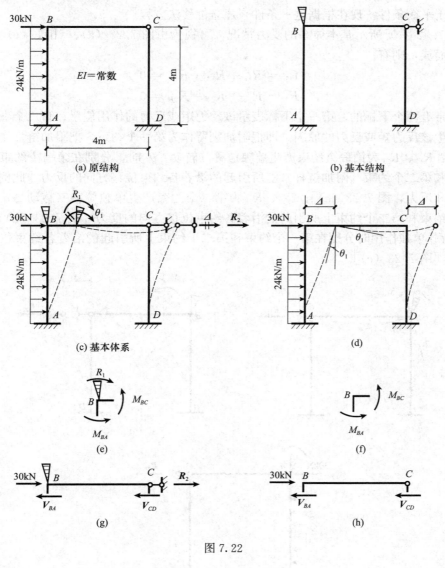

图 7.22

7.4.2　位移法的基本方程

进一步考察图 7.22（c）所示的情况，设附加刚臂上的反力矩为 R_1，附加链杆上的反力为 R_2。从图 7.22（c）中截取如图 7.22（e）、（g）所示的两个隔离体，由平衡条件可得

$$\begin{cases} R_1 = M_{BA} + M_{BC} \\ R_2 = V_{BA} + V_{CD} - 30 \end{cases}$$

又从图 7.22（d）中截取如图 7.22（f）、（h）所示的两个隔离体，由其平衡条件可知 $M_{AB} + M_{BC} = 0$，$V_{BA} + V_{CD} - 30 = 0$，因而基本体系上附加约束的反力矩或反力为零，即

$R_1=0$，$R_2=0$。由此可见，基本体系上附加约束的反力矩或反力等于零是保证基本体系的受力和变形情况与原结构完全相同的基本条件。同时，从上面的分析可知，这一条件等价于平衡条件。现在根据这一条件来建立位移法方程。

图 7.22（c）所示基本体系的受力情况，可视为由图 7.23（a）、（b）、（c）三种情况叠加而成，则有

$$\begin{cases} R_1 = R_{11} + R_{12} + R_{1P} = 0 \\ R_2 = R_{21} + R_{22} + R_{2P} = 0 \end{cases} \qquad (7.1)$$

式中：带有两个下标的，第一个下标表示该反力矩或反力的作用位置；第二个下标及 P 表示产生该反力矩或反力的原因。即把附加刚臂作为第一个约束，把附加链杆作为第二个约束：R_{11}、R_{21} 为第一个约束产生单独位移（转动）θ_1 时，分别在第一个约束（附加刚臂）和第二个约束（附加链杆）上所引起的沿着各约束位移方向的反力〔此例显然为反力矩和反力，图 7.23（a）〕；R_{12}、R_{22} 为第二个约束产生单独位移（移动 Δ）时，在第一个约束和第二个约束上所引起的沿着各约束位移方向的反力〔图 7.23（b）〕；R_{1P}、R_{2P} 为荷载单独作用时分别在第一个约束和第二个约束上所引起的沿着各约束位移方向的反力〔图 7.23（c）〕。

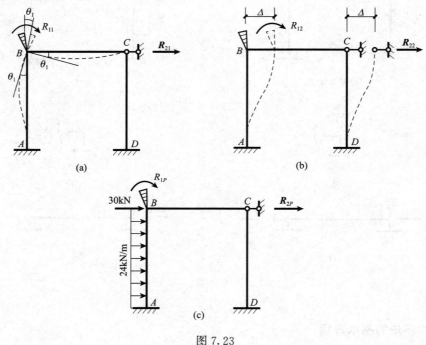

图 7.23

设 $\theta_1=1$ 时反力矩和反力分别为 r_{11}、r_{21}，$\Delta=1$ 时，反力矩和反力分别为 r_{12} 和 r_{22}，则当 $\theta_1\neq1$ 时，$R_{11}=r_{11}\theta_1$，$R_{21}=r_{21}\theta_1$，$\Delta\neq1$ 时，$R_{12}=r_{12}\Delta$，$R_{22}=r_{22}\Delta$。于是式（7.1）可写成

$$\begin{cases} r_{11}\theta_1 + r_{12}\Delta + R_{1P} = 0 \\ r_{21}\theta_1 + r_{22}\Delta + R_{2P} = 0 \end{cases} \qquad (7.2)$$

这就是位移法的**基本方程**，又称位移法的**典型方程**。式（7.2）中的系数 r_{11} 可理解为在位移法基本结构中，使附加刚臂顺时针转动单位角度 $\theta_1 = 1$ 而附加链杆不移动时在该附加刚臂上所需施加的力矩；r_{12} 可理解为使附加链杆向右移动单位位移 $\Delta = 1$ 而保证附加刚臂不转动时在附加刚臂上所需施加的力矩。

对于具有 n 个独立结点位移的结构，共有 n 个基本未知量，而为了控制每一个结点位移便需要加入 n 个附加约束，根据每一个附加约束的约束反力应等于零的条件，可建立 n 个方程。这时，为使方程的表达式具有一般性，将基本未知量统一用 Δ 表示。于是位移法的典型方程可写成

$$
\begin{cases}
r_{11}\Delta_1 + r_{12}\Delta_2 + \cdots + r_{1i}\Delta_i + \cdots + r_{1n}\Delta_n + R_{1P} = 0 \\
r_{21}\Delta_1 + r_{22}\Delta_2 + \cdots + r_{2i}\Delta_i + \cdots + r_{2n}\Delta_n + R_{2P} = 0 \\
\qquad\qquad \cdots\cdots \\
r_{i1}\Delta_1 + r_{i2}\Delta_2 + \cdots + r_{ii}\Delta_i + \cdots + r_{in}\Delta_n + R_{iP} = 0 \\
\qquad\qquad \cdots\cdots \\
r_{n1}\Delta_1 + r_{n2}\Delta_2 + \cdots + r_{ni}\Delta_i + \cdots + r_{nn}\Delta_n + R_{nP} = 0
\end{cases}
\tag{7.3}
$$

式中：r_{ij} 称为约束反力系数，其中 r_{ii}（$i = 1$、2、$\cdots$、n）称为主系数，r_{ij}（$i \neq j$）称为副系数；R_P 称为自由项。由反力互等定理知副系数 $r_{ij} = r_{ji}$。系数和自由项的正、负号规定：凡与所属附加约束所设的位移方向一致者为正。例如，若设附加刚臂为顺时针转动，则其反力矩以顺时针方向为正。由此可知，主系数恒为正值，且不会等于零；副系数和自由项则可能为正、为负或为零。

为了求出式（7.2）中的系数和自由项，可借助表 5.1 或转角位移方程，绘出基本结构分别在附加约束发生单位位移以及原有荷载单独作用下的弯矩图，如图 7.24（a）、（b）、（c）所示。然后，在图 7.24（a）、（b）、（c）中分别取刚结点 B 为隔离体，由力矩平衡条件 $\sum M_B = 0$，可求得

$$
r_{11} = 7i, \quad r_{12} = -\frac{3}{2}i, \quad R_{1P} = 32\text{kN} \cdot \text{m}
$$

它们均为附加刚臂上的反力矩。

在图 7.24（a）、（b）、（c）中截开各柱顶取出柱顶以上横梁 BC 部分为隔离体，由投影方程 $\sum F_x = 0$，可求得

$$
r_{21} = -\frac{3}{2}i, \quad r_{22} = \frac{15}{16}i, \quad R_{2P} = -78\text{kN}
$$

它们均为附加链杆上的反力。

将求得的系数及自由项代入位移法典型式（7.2），得

$$
\begin{cases}
7i\theta_1 - \dfrac{3}{2}i\Delta + 32 = 0 \\
-\dfrac{3}{2}i\theta_1 + \dfrac{15}{16}i\Delta - 78 = 0
\end{cases}
$$

与例 7.1 得出的位移法基本方程相同。解方程可得

$$
\theta_1 = \frac{464}{23i}, \quad \Delta = \frac{2656}{23i}
$$

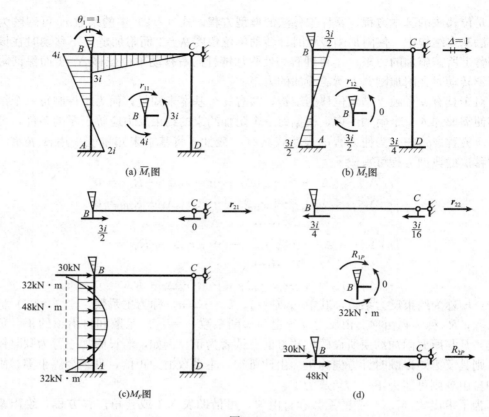

图 7.24

求得结点位移后，最后弯矩图可按叠加原理由下式计算：

$$M_{AB} = \theta_1 \overline{M}_1 + \Delta \overline{M}_2 + M_P$$

例如，AB 杆 A 端的弯矩为（弯矩正、负按 7.2.1 节中的规定）

$$M_{AB} = \frac{464}{23i} \times 2i + \frac{2656}{23i} \times \left(-\frac{3}{2}i\right) + (-32)$$

$$= -164.87 \text{kN} \cdot \text{m}$$

最终弯矩图如图 7.17（a）（见例 7.1）所示。再截取各杆为隔离体利用平衡条件可求得各杆杆端剪力；截取各结点为隔离体利用平衡条件可求得各杆轴力。剪力图及轴力图分别如图 7.17（b）、（c）所示。

由上述可知，采用位移法的基本体系替代原结构进行求解的步骤可归纳如下。

1）在原结构上加入附加约束，阻止**刚结点**的转动和各结点的移动，从而得出一个由若干单跨超静定梁组成的**离散体系**作为基本结构。

2）使基本结构承受与原结构同样的荷载，并令各附加约束发生与原结构相同的位移，构成基本体系。然后根据此基本体系各附加约束上的反力矩或反力为零的条件建立位移法典型方程。需要：①分别绘出基本结构由于每一附加约束发生单位位移时的 $\overline{M}_i$ 图和在原荷载作用下的 M_P 图；②利用平衡条件求出各系数及自由项。

3）解位移法典型方程，求出结点位移基本未知量。

4）按叠加原理绘制最后弯矩图，再由平衡条件求出各杆杆端剪力和轴力，作出剪力图和轴力图。

最后，我们将前面所学的力法与本节介绍的位移法做一比较，以加深对它们的理解。

1）利用力法或位移法计算超静定结构时，都必须同时考虑静力平衡条件和变形协调条件，才能确定结构的受力与变形状态。

2）力法以多余未知力作为基本未知量，其数目等于结构的多余约束数目（即超静定次数）。位移法以结构独立的结点位移作为基本未知量，其数目与结构的超静定次数无关。

3）力法的基本结构是从原结构中去掉多余约束后所得到的静定结构。位移法的基本结构则是在原结构结点上加上附加约束，以控制结点在独立位移后所得的由若干单跨超静定梁组成的离散体系。

4）在力法中，求解基本未知量的方程是根据原结构的位移条件建立的，体现了原结构的变形协调。在位移法中，求解基本未知量的方程是根据原结构的平衡条件建立的，体现了原结构的静力平衡。

7.4.3　结构对称性的利用

我们在第 5 章力法中已经学习过对称结构在对称荷载及反对称荷载作用下的简化计算问题，即利用半结构作为基本体系进行计算。在一般荷载作用下，通常可将一般荷载分解为对称和反对称两种情况分别作用在原对称结构上，分别利用各自的半结构进行计算，然后运用叠加原理将两者的计算结果进行叠加即可。

然而在本章，我们在取得半结构之后，就需要进一步分析，恰当地选择力法和位移法以使计算更加简便。不妨看看下面的例子。

【例题 7.4】　试计算图 7.25（a）所示刚架，绘弯矩图。设 EI＝常数。

【解】　（1）确定基本未知量和基本体系

该刚架为一封闭的矩形框，有四个结点角位移，但结构关于 x 轴和 y 轴对称。在对称荷载作用下，取 1/4 结构的计算简图，如图 7.25（b）所示，此时只有结点 A 的角位移 θ_1 为基本未知量。位移法基本体系如图 7.25（c）所示。

（2）列位移法典型方程

$$r_{11}\theta_1 + R_{1P} = 0$$

（3）求解方程

令 $i = \dfrac{EI}{a}$，则基本结构在 $\theta_1 = 1$ 作用下的 $\overline{M}_1$ 图，如图 7.25（d）所示。由结点 A 平衡得

$$r_{11} = 2i$$

根据表 5.1 可得杆 AD 的固端弯矩，可作基本结构的 M_P 图，如图 7.25（e）所示。

$$M_{AD}^F = -\frac{1}{3}qa^2, \quad M_{DA}^F = -\frac{1}{6}qa^2$$

由结点 A 的平衡得

$$R_{1P} = -\frac{1}{3}qa^2$$

求出系数和自由项后，解方程

$$2i\theta_1 - \frac{1}{3}qa^2 = 0, \quad \theta_1 = \frac{qa^2}{6i}$$

（4）用叠加法按公式 $M = \overline{M}_1\theta_1 + M_P$ 作 1/4 结构的 M 图，得

$$M_{AC} = \frac{1}{6}qa^2, \qquad M_{AD} = -\frac{1}{6}qa^2$$

$$M_{CA} = -\frac{1}{6}qa^2, \qquad M_{DA} = -\frac{1}{3}qa^2$$

再根据对称性绘得原刚架的 M 图，如图 7.25（f）所示。

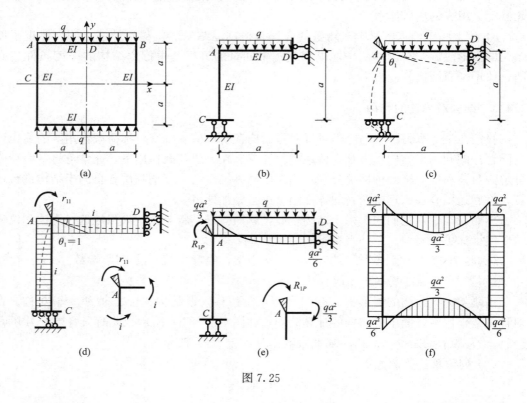

图 7.25

【例题 7.5】   试分析图 7.26（a）所示刚架的计算方法。设 EI＝常数。

【解】   该刚架为对称刚架，受一般荷载作用，用位移法计算需加两个附加刚臂一根链杆，基本未知量有三个；用力法计算为三次超静定，基本未知量也为三个。因此，无论用哪种方法计算，都需要解二元一次联立方程组。为使计算简化，把荷载分解为对称荷载如图 7.26（b）和反对称荷载如图 7.26（c）两种情况，分别用其半结构计算，然后将两种计算结果叠加。

1）对称荷载作用下［图 7.26（b）］，取半结构如图 7.26（d）所示。由图示可知，

用力法计算为二次超静定，需要解除两个多余联系，多余未知力有两个；用位移法计算，仅有一个结点角位移，基本未知量为一个，因此用位移法计算方便。

2）反对称荷载作用下［图 7.26（c）］，取半结构如图 7.26（e）所示。由图示可知，用力法计算为一次超静定，基本未知量为一个；用位移法计算，有一个结点角位移和一个独立的线位移，基本未知量为两个，此时用力法计算简便。

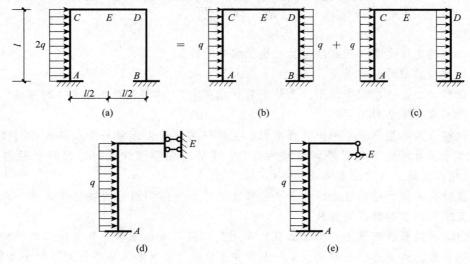

图 7.26

可见，对称荷载作用和反对称荷载作用，可以分别选取合适的计算方法，使未知量的数目大为减少，因而带来较大方便。一般说来，在对称荷载作用下位移法未知量个数比力法未知量个数少，宜选用位移法。在反对称荷载作用下力法未知量个数比位移法未知量个数少，宜选用力法。

<hr>

本 章 小 结

1. 位移法以结点位移为基本未知量

确定基本未知量是重要的一步。结点位移包括角位移和线位移。角位移数目等于刚结点数目，线位移数目等于原结构变成铰接体系后的自由度数目。

2. 建立位移的基本方程的方法

建立位移的基本方程有两种方法，即直接根据结点的平衡条件建立基本方程和利用"基本结构附加约束上反力为零"的条件建立基本方程。位移法是以超静定结构为基本结构的。

1）采用第一种方法时，首先要列出杆端内力的转角位移方程，然后根据结点的平衡建立基本方程。每一个刚结点可以写一个结点力矩平衡方程；每一个单独的结点线位移可以写一个投影平衡方程。基本方程的数目与基本未知量数目相等。杆端弯矩以顺时针转向为正，剪力和轴力的正、负规定与材料力学相同。

2) 采用第二种方法时, 要给原结构附加人为的约束。附加刚臂限制了结点角位移, 附加链杆限制了结点线位移。通过基本结构在附加约束处的反力与原结构相等的条件就可以建立位移法的基本方程。这样建立的方程与力法方程有完整的对应关系, 因而有助于对两种方法的深入了解。

思 考 题

7.1　如何确定结点角位移和结点独立线位移的数目?

7.2　简述位移法的基本思路。

7.3　位移法中, 杆端弯矩的正、负号是怎样规定的?"位移法建立在力法的基础之上", 请问这种说法对不对?

7.4　位移法的典型方程是平衡方程, 那么在位移法中是否只用平衡条件就可以确定基本未知量从而确定超静定结构的内力? 是否在位移法中满足了结构的位移条件 (包括支承条件和变形协调条件)?

7.5　在什么条件下结构独立的结点线位移数目等于使结构相应的铰接体系成为几何不变所需添加的最少链杆数?

7.6　力法与位移法在原理与步骤上有何异同? 试将二者从基本未知量、基本结构、基本体系、典型方程的意义、每一系数和自由项的含义和求法等方面进行全面比较。

习 题

7.1　确定习题 7.1 图示各结构位移法基本未知量, 画出其位移法基本结构。

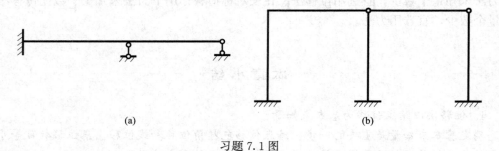

(a)　　　　　　　　　　　(b)

习题 7.1 图

7.2　连续梁受均布荷载如习题 7.2 图所示, 试用位移法计算并绘出该梁的弯矩图和剪力图。

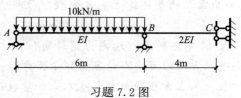

习题 7.2 图

7.3 试用位移法计算习题 7.3 图示连续梁,并绘出其弯矩图、剪力图。

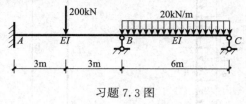

习题 7.3 图

7.4 试用位移法计算习题 7.4 图示刚架,并绘出其弯矩图。

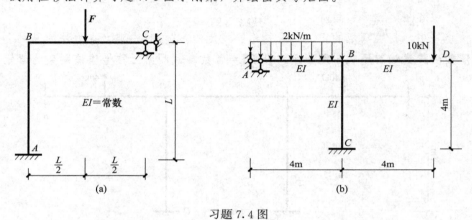

习题 7.4 图

7.5 试用位移法计算习题 7.5 图示刚架,并绘出其弯矩图。

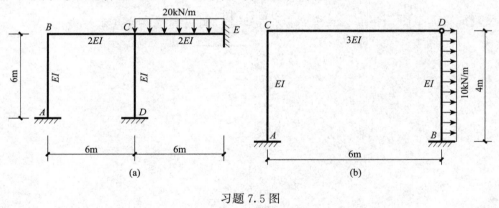

习题 7.5 图

7.6 试利用对称性作习题 7.6 图示刚架的弯矩图。设 $EI=$ 常数。

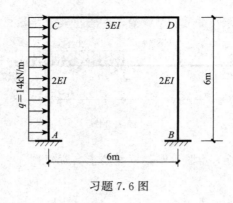

习题 7.6 图

7.7 刚架受荷载如习题 7.7 图所示，设 $EI=$ 常数。试利用对称性作该刚架的弯矩图。

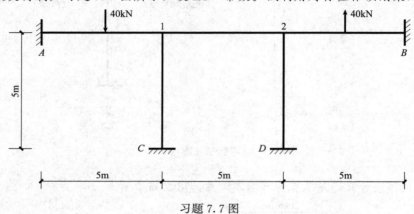

习题 7.7 图

第 8 章

力矩分配法

学习指引☞ 本章介绍基于位移法原理的一种渐近解法：力矩分配法。它是位移法的演变，在力矩分配法中，基本结构的确定，使基本结构恢复原结构自然状态的方法等均与位移法相同。力矩分配法采用逐次逼近的计算来代替解联立方程，且计算按相同规律循环进行，适用于连续梁及无侧移刚架。

8.1　力矩分配法的基本原理

8.1.1　力矩分配法的概述

前面介绍的力法和位移法，是计算超静定结构的两种基本方法。它们都有一个共同的特点即需要建立和求解联立方程组。当未知量

8.1 力矩分配法的
基本原理

较多时，计算工作量较大，解联立方程较麻烦，且在求得基本未知量后，还要利用杆端弯矩叠加公式求得杆端弯矩。为避免解联立方程，力矩分配法应运而生。

力矩分配法是属于位移法类型的渐近解法，其理论基础是位移法。力矩分配法是直接从实际结构的受力和变形状态出发，根据位移法基本原理，从开始建立的近似状态，通过逐步增量调整修正，最后收敛于真实状态的一种渐近解法。所以它也叫渐近法。力矩分配法较适用于连续梁的计算和无侧移的刚架计算。其特点是不需要建立和求解联立方程组，采用逐次渐近的算法，既可在其计算简图上进行计算，也可列表进行计算，就可以直接求出杆端弯矩且易于掌握。

在力矩分配法中，关于杆端弯矩正、负符号的规定和判定与位移法一章相同。

8.1.2　力矩分配法的基本概念

1. 转动刚度

转动刚度表示杆端对转角变形的抵抗能力。杆端的转动刚度以 S 表示，S 在数值上

等于使杆端产生单位转角时需要施加的力偶矩。图 8.1 给出了等截面杆件 AB 在不同的 B 端约束情况下 A 端的转动刚度 S_{AB}。关于 S_{AB} 应注意以下几点。

1）在 S_{AB} 中 A 点是施力端，称为近端；B 点称为远端。当远端为不同支承情况时，S_{AB} 数值也不同。

2）S_{AB} 是指施力端 A 在没有线位移条件下的转动刚度。在图 8.1 中，A 端画成铰支座，其目的是强调 A 端只能转动、不能移动这个特点。

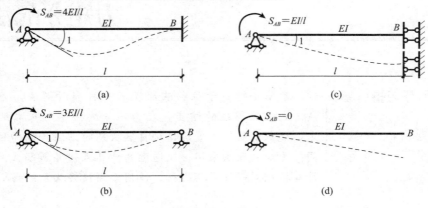

图 8.1

如果把施力端 A 改成辊轴支座（可动铰支座），则 S_{AB} 的数值仍为图中之值，甚至也可以把施力端 A 看作可转动但不能移动的刚结点，这时 S_{AB} 就代表该刚结点产生单位转角时在杆端 A 引起的杆端弯矩。

3）图 8.1 中的转动刚度可由位移法中的杆端弯矩公式导出。汇总如下。

远端固定，	$S_{AB}=4i$	(8.1)
远端铰支，	$S_{AB}=3i$	(8.2)
远端滑动，	$S_{AB}=i$	(8.3)
远端自由，	$S_{AB}=0$	(8.4)

其中

$$i = \frac{EI}{l}$$

2. 分配系数

图 8.2（a）所示刚架由等截面杆件组成，只有一个结点 1，且只能转动不能移动。外力偶矩 M 作用于结点 1，使结点 1 发生转角 θ_1，各杆发生如图中虚线所示的变形。由刚结点的特点，各杆在 1 端均发生转角 θ_1。取结点 1 作隔离体，我们来试求各杆的杆端弯矩。

由转动刚度的定义可知：

$$\begin{cases} M_{12} = S_{12}\theta_1 = 4i_{12}\theta_1 \\ M_{13} = S_{13}\theta_1 = i_{13}\theta_1 \\ M_{14} = S_{14}\theta_1 = 3i_{14}\theta_1 \\ M_{15} = S_{15}\theta_1 = 3i_{15}\theta_1 \end{cases} \qquad (8.5)$$

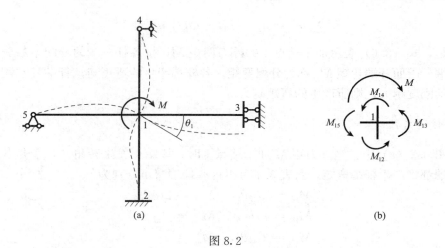

图 8.2

利用结点 1 [其受力图如图 8.2（b）] 的力矩平衡条件得

$$M = M_{12} + M_{13} + M_{14} + M_{15} = (S_{12} + S_{13} + S_{14} + S_{15})\theta_1$$

所以

$$\theta_1 = \frac{M}{S_{12} + S_{13} + S_{14} + S_{15}} = \frac{M}{\sum\limits_{(1)} S}$$

式中：$\sum\limits_{(1)} S$ 为汇交于结点 1 的各杆件在 1 端的转动刚度之和。

将所求得的 θ_1 代入式（8.5），得

$$\begin{cases}
M_{12} = \dfrac{S_{12}}{\sum\limits_{(1)} S} M \\[3mm]
M_{13} = \dfrac{S_{13}}{\sum\limits_{(1)} S} M \\[3mm]
M_{14} = \dfrac{S_{14}}{\sum\limits_{(1)} S} M \\[3mm]
M_{15} = \dfrac{S_{15}}{\sum\limits_{(1)} S} M
\end{cases} \tag{8.6}$$

令

$$\mu_{1j} = \frac{S_{1j}}{\sum\limits_{(1)} S_{1j}} \tag{8.7}$$

式中的下标 j 为汇交于结点 1 的各杆的远端，在本例中即为 2、3、4、5 端。式（8.6）可写成

$$M_{1j} = \mu_{1j} M \tag{8.8}$$

式中：μ_{1j} 称为各杆在近端（即正在分析的、发生位移的端 1）的分配系数。汇交于同一结点的各杆杆端的分配系数之和恒等于 1，即

$$\sum_{(1)} \mu_{1j} = \mu_{12} + \mu_{13} + \mu_{14} + \mu_{15} = 1$$

于是，式（8.6）表示加于结点 1 的外力偶矩 M，按各杆杆端的分配系数分配给各杆的近端。因而杆端弯矩 M_{1j} 称为**分配弯矩**。各杆端产生的弯矩与该杆端转动刚度成正比，转动刚度越大，则所产生的弯矩越大。

3. 传递系数

在图 8.2（a）中，当外力矩 M 加于结点 1 时，该结点发生转角 θ_1，于是各杆的近端和远端都将产生杆端弯矩。由表 5.1 可得这些杆端弯矩分别为

$$M_{12} = 4i_{12}\theta_1, \quad M_{21} = 2i_{12}\theta_1$$
$$M_{13} = i_{13}\theta_1, \quad M_{31} = -i_{13}\theta_1$$
$$M_{14} = 3i_{14}\theta_1, \quad M_{41} = 0$$
$$M_{15} = 3i_{15}\theta_1, \quad M_{51} = 0$$

远端弯矩与近端弯矩的比值为弯矩由近端向远端传递的系数，用 C_{1j} 表示，称为传递系数。将远端弯矩称为**传递弯矩**。

传递弯矩按下式计算：

$$M_{j1} = C_{1j} M_{1j}$$

传递系数 C 随远端的支承情况而异。对等截面直杆来说，各种支承情况下的传递系数为：远端固定 $C = \dfrac{1}{2}$、远端定向支承 $C = -1$、远端铰支 $C = 0$。例如，对杆 12 而言，其传递系数和传递弯矩分别为

$$C_{12} = \frac{M_{21}}{M_{12}} = \frac{1}{2}, \quad M_{21} = C_{12}M_{12} = \frac{1}{2} \times 4i_{12}\theta_1 = 2i_{12}\theta_1$$

由此可知，对于图 8.2（a）所示只有一个刚结点的结构，在结点上受一力偶矩 M 作用，则该结点只产生角位移，其求解过程分为两步：第一步，按各杆的分配系数求出近端弯矩，也称作分配弯矩，此步称为分配过程；第二步，根据各杆远端的支承情况，将近端弯矩乘以传递系数得到远端弯矩，也称作传递弯矩，此步称为传递过程。经过分配和传递得到各杆的杆端弯矩，这种求解方法就是**力矩分配法**。

结合图 8.2（a）将转动刚度、传递系数做成表 8.1 以便记忆。

表 8.1　转动刚度和传递系数

名称	远端支承			
	固定	简支	定向	自由
转动刚度 S	$4i$	$3i$	i	0
分配系数 μ	需计算	需计算	需计算	需计算
传递系数 C	0.5	0	-1	0

注：每个刚结点各杆的分配系数之和恒为 1。

通过图 8.3（a）所示的超静定连续梁来说明力矩分配法的解题思路。图 8.3（a）是具有一个刚结点的结构，在图示荷载的作用下，其变形如图中虚线所示，结点 B

产生逆时针转角 θ。求解时，我们把 B 结点的转动和杆件的变形看成是由两步来完成的。

首先，固定结点。在结点 B 加上一个阻止其转动的附加刚臂，阻止其转动。于是，得到一个由两个单跨超静定梁 AB 和 BC 组成的基本结构。然后施加荷载，在荷载作用下，结点 B 无角位移，只是 AB 跨中有变形，如图 8.3（b）所示。此时，杆 AB 两端都产生弯矩，即固端弯矩 M^F_{AB} 和 M^F_{BA}。由于 BC 跨无荷载作用，所以固端弯矩 $M^F_{BC}=0$。因此，结点 B 处，各杆的固端弯矩不能互相平衡，附加刚臂必然有附加约束力偶矩 M^F_B，其值

$$M^F_B = M^F_{BA} + M^F_{BC} = M^F_{BA}$$

约束力偶矩 M^F_B 称为结点 B 上的**不平衡力矩**，其值等于汇交于该点各杆端的固端弯矩之代数和。

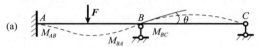

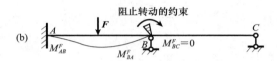

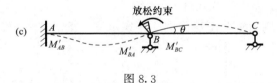

图 8.3

其次，放松结点。由于原结构的结点 B 既没有附加刚臂，也没有不平衡力矩 M^F_B，而在荷载作用下产生了逆时针转角 θ。因此，必须对并不反映实际状态的图 8.3（b）的结果进行修正。为了利用叠加原理，我们在不考虑原来荷载的情况下单独放松结点 B，即在结点 B 加一个外力偶矩使结点 B 产生逆时针转角 θ，这个外力偶矩称为**放松力矩**。为了叠加后能消去不平衡力矩，放松力矩应为 $-M^F_B$（负号表示其方向与不平衡力矩方向相反）。此时梁上没有原来的荷载，连续梁产生新的变形如图 8.3（c）所示。于是，连续梁的各杆产生分配弯矩（近端 B）和传递弯矩（远端 A、C）。

最后，将图 8.3（b）和（c）所示的两种情况相叠加，就消去不平衡力矩，也就是消去了附加刚臂的约束作用，同时梁上的荷载和结点 B 的转角与原梁完全一致，即恢复为原梁。实际杆端弯矩就是图 8.3（b）和（c）两种情况杆端弯矩的叠加，例如，$M_{BA}=M^F_{BA}+M'_{BA}$。

在实际的超静定结构中，连续梁和无侧移刚架里的刚性结点往往不止一个，因此，我们通常根据所计算结构中刚性结点的数量将力矩分配法划分为两类：单结点的力矩分配法和多结点的力矩分配法。下面，将就这两类问题的计算分别进行介绍。

8.2　力矩分配法计算单结点超静定问题

单结点力矩分配法计算步骤及应用如下。

如果结构中只有一个刚性结点，则其力矩分配法称为单结点力矩分配法。设结点代号为 1，则单结点力矩分配法的计算步骤如下。

1）在刚性结点 1 上加附加刚臂，计算分配系数，即

$$\mu_{1j} = \frac{S_{1j}}{\sum\limits_{(1)} S_{1j}}$$

2）计算各单跨超静定梁在荷载下的固端弯矩和结点 1 的不平衡力偶矩，即

$$M_1^F = \sum_{(1)} M_{1j}^F$$

3）在结点 1 上加反向力偶矩（$-M_1^F$），计算分配弯矩，即

$$M'_{1j} = \mu_{1j}(-M_1^F)$$

4）将分配弯矩传至杆件的远端，求出传递弯矩，即

$$M'_{j1} = C_{1j}M'_{1j}$$

5）用叠加原理计算杆端最终弯矩并作 M 图。

上面从物理概念及基本思路介绍了单结点力矩分配法的全过程。实际计算时，这些过程可采用更为紧凑的表格形式演算。

【例题 8.1】　试用力矩分配法作图 8.4 所示连续梁的弯矩图。

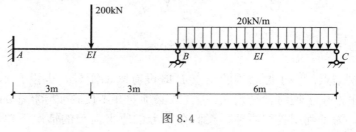

图 8.4

【解】　首先计算分配系数和固端弯矩，其次进行分配和传递，最后根据最终弯矩用叠加法可绘 M 图。

1）在结点 B 处加上附加刚臂，如图 8.5（a）所示，计算刚结点 B 各汇交杆的分配系数，$i = \dfrac{EI}{l}$ 且 $i_{AB} = i_{BC}$。

由转动刚度：

$$S_{BA} = 4i$$
$$S_{BC} = 3i$$

得

$$\mu_{BA} = \frac{4i}{4i + 3i} = 0.571$$

$$\mu_{BC} = \frac{3i}{4i+3i} = 0.429$$

校核

$$\mu_{BA} + \mu_{BC} = 0.571 + 0.429 = 1$$

2）根据表 5.1 计算固端弯矩：

$$M_{AB}^F = -\frac{200\text{kN} \times 6\text{m}}{8} = -150\text{kN} \cdot \text{m}$$

$$M_{BA}^F = \frac{200\text{kN} \times 6\text{m}}{8} = 150\text{kN} \cdot \text{m}$$

$$M_{BC}^F = -\frac{20\text{kN/m} \times (6\text{m})^2}{8} = -90\text{kN} \cdot \text{m} \quad M_{CB}^F = 0$$

且不平衡力矩 $M_B^F = 150\text{kN} \cdot \text{m} - 90\text{kN} \cdot \text{m} = 60\text{kN} \cdot \text{m}$。

3）放松附加刚臂，分配并传递弯矩。分配弯矩，将不平衡力矩 M_B^F 以反号进行分配：

$$M_{BA}' = 0.571 \times (-60\text{kN} \cdot \text{m}) = -34.3\text{kN} \cdot \text{m}$$

$$M_{BC}' = 0.429 \times (-60\text{kN} \cdot \text{m}) = -25.7\text{kN} \cdot \text{m}$$

分配弯矩下面画一横线，表示该结点已经放松，且达到平衡。

传递弯矩，传递系数见表 8.1，于是：

$$M_{AB}' = \frac{1}{2}M_{BA}' = \frac{1}{2} \times (-34.3\text{kN} \cdot \text{m}) = -17.2\text{kN} \cdot \text{m}$$

$$M_{CB}' = 0$$

4）将以上结果叠加，即得到最后的杆端弯矩，其单位为 kN·m。

实际求解时，可将以上计算步骤汇集在一起，按图 8.5（b）的格式计算。下面画双横线表示最后结果。注意在结点 B 应满足平衡条件：

$$\sum M_B = 115.7 \text{ kN} \cdot \text{m} - 115.7 \text{ kN} \cdot \text{m} = 0$$

5）根据杆端弯矩，可作出 M 图，如图 8.5（c）所示。

【例题 8.2】 试用力矩分配法计算图 8.6（a）所示无侧移刚架并绘弯矩图。

【解】 本例求解方法与例 8.1 一致，不同之处是结点汇交杆件为 3 根。

1）在结点 D 加上附加刚臂，计算结点 D 各杆的分配系数。

杆 DA、DB、DC 的线刚度分别为 $\frac{EI}{4}$、$\frac{EI}{4}$ 和 $\frac{2EI}{4}$，令 $i = \frac{EI}{l}$，$l = 4\text{m}$，则三杆的线刚度分别为 i、i、$2i$。

转动刚度：

$$S_{DA} = 4i, \quad S_{DB} = 4i, \quad S_{DC} = 2i$$

分配系数：

$$\mu_{DA} = \frac{4i}{4i+4i+2i} = 0.40 = \mu_{DB}$$

$$\mu_{DC} = \frac{2i}{4i+4i+2i} = 0.20$$

校核

$$\mu_{DA} + \mu_{DB} + \mu_{DC} = 0.4 + 0.4 + 0.2 = 1$$

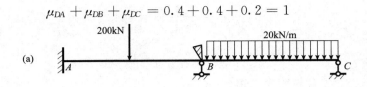

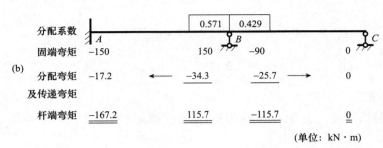

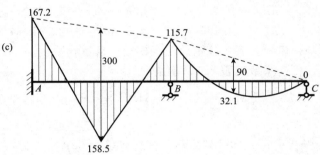

图 8.5

2）根据表 5.1 计算固端弯矩：

$$M_{DA}^F = -M_{AD}^F = 40 \text{kN} \cdot \text{m}$$
$$M_{DC}^F = -90 \text{kN} \cdot \text{m}$$
$$M_{CD}^F = -30 \text{kN} \cdot \text{m}$$
$$M_{DB}^F = M_{BD}^F = 0 \text{kN} \cdot \text{m}$$

不平衡力矩：

$$M_D^F = 40 \text{kN} \cdot \text{m} - 90 \text{kN} \cdot \text{m} + 0 \text{kN} \cdot \text{m} = -50 \text{kN} \cdot \text{m}$$

3）放松附加刚臂，分配并传递弯矩。

将不平衡力矩 M_D^F 以反号进行分配，则

$$M'_{DA} = 0.400 \times (+50 \text{kN} \cdot \text{m}) = 20 \text{kN} \cdot \text{m}$$
$$M'_{DB} = 0.400 \times (+50 \text{kN} \cdot \text{m}) = 20 \text{kN} \cdot \text{m}$$
$$M'_{DC} = 0.200 \times (+50 \text{kN} \cdot \text{m}) = 10 \text{kN} \cdot \text{m}$$

传递弯矩，确定传递系数（见表 8.1）并计算：

$$C_{DA} = C_{DB} = \frac{1}{2}, \quad C_{DC} = -1$$

$$M'_{AD} = \frac{1}{2} M'_{DA} = 10\text{kN} \cdot \text{m}$$

$$M'_{BD} = \frac{1}{2} M'_{DB} = 10\text{kN} \cdot \text{m}$$

$$M'_{CD} = - M'_{DC} = - 10\text{kN} \cdot \text{m}$$

用叠加法计算，即得到最后的杆端弯矩，其单位为 kN·m，计算过程按图 8.6（b）的格式表示。下面画双横线的数值表示最后结果。

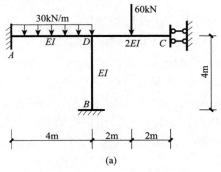

(a)

分配系数	A	DA	DB	DC	C
		0.400	0.400	0.200	
固端弯矩	−40.0	+40.0	0.0	−90.0	−30.0
分配、传递	+10.0	+20.0	+20.0	+10.0	−10.0
杆端弯矩	−30.0	+60.00	+20.0	−80.0	−40.0

	BD
固端弯矩	0.00
传递弯矩	+10.0
杆端弯矩	+10.0

(b)

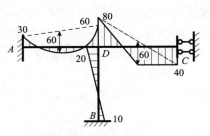

(c) M 图 (单位: kN·m)

图 8.6

4）根据杆端弯矩，可作出 M 图，结果如图 8.6（c）所示。

可见，对于单结点的结构，只要将刚性结点放松就可使结点得到与原结构相同的转角。这样，分配和传递弯矩仅需计算一次即可。因此，用力矩分配法来解决单结点超静定问题，过程简便，结果精确。

8.3　力矩分配法计算多结点超静定问题

多结点力矩分配法的计算方法及应用如下。

对于有多个结点的连续梁和刚架，只要依次对每一个结点应用上一节的基本运算，就同样可求出杆端弯矩。也就是说，要把单结点的力矩分配方法推广运用到多结点的结构上。采取的方法是首先固定全部刚结点，然后放松结点且每次只放松一个。当放松一个结点时，其他结点暂时固定。由于一个结点是在别的结点固定的情况下放松的，所以还不能完全恢复原来的状态。这样一来，就需要将各结点反复轮流地固定、放松，以逐步消除各结点的不平衡力矩，使结构逐渐接近其本来的状态。

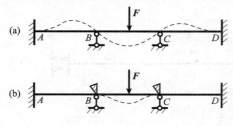
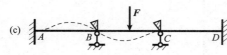
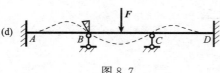

图 8.7

我们不妨通过图 8.7 来了解上述思路。

第一步，分别在结点 B 和 C 加附加刚臂，固定此两结点。这时，约束把连续梁分成三根单跨梁，仅 BC 一跨有荷载并引起变形，如图 8.7（b）所示。

第二步，去掉结点 B 的约束，注意此时结点 C 仍固定，这时结点 B 将有转角，累加的总变形如图 8.7（c）中虚线所示。

第三步，重新将结点 B 固定，然后去掉结点 C 的约束。累加的总变形将如图 8.7（d）中虚线所示。与实际变形图 8.7（a）比较，此时变形已比较接近。

重复第二步和第三步，即轮流去掉结点 B 和结点 C 的约束。每次只放松一个结点，故每一步均为单结点的分配和传递运算。依此类推，但通常只需对各结点进行 2～3 个循环的运算，连续梁的变形和内力就接近实际状态，达到较好的精度。

最后，将各项步骤所得的杆端弯矩（弯矩增量）叠加，即得所求的杆端弯矩（总弯矩）。

　【例题 8.3】　试用力矩分配法计算图 8.8（a）所示两结点连续梁并绘弯矩图。

　【解】　通过本例给出多结点力矩分配法的解题格式。

1）在结点 B、C 加上附加刚臂，计算各刚结点分配系数。

由于在计算中只在 B、C 两个结点加附加刚臂固定和放松，所以只需计算 B、C 两结点的分配系数。

8.3 力矩分配法计算
多结点超静定问题

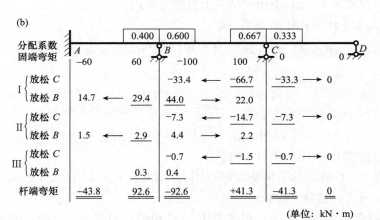

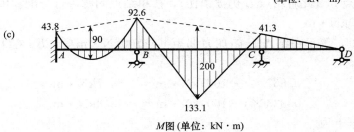

M图（单位：kN·m）

图 8.8

结点 B：由

$$S_{BA} = 4i_{BA} = 4 \times \frac{1}{6} = 0.667$$

$$S_{BC} = 4i_{BC} = 4 \times \frac{2}{8} = 1$$

得

$$\mu_{BA} = \frac{0.667}{1 + 0.667} = 0.4$$

$$\mu_{BC} = \frac{1}{1 + 0.667} = 0.6$$

结点 C：由

$$S_{CB} = 4i_{CB} = 4 \times \frac{2}{8} = 1 (i_{BC} = i_{CB})$$

$$S_{CD} = 3i_{CD} = 3 \times \frac{1}{6} = 0.5$$

得

$$\mu_{BA} = \frac{1}{1+0.5} = 0.667$$

$$\mu_{BC} = \frac{0.5}{1+0.5} = 0.333$$

把分配系数写在图 8.8（b）中相应结点上方的方框内。

2）根据表 5.1 计算各杆的固端弯矩：

$$M_{AB}^F = -\frac{ql^2}{12} = -\frac{20\text{kN/m} \times (6\text{m})^2}{12} = -60\text{kN} \cdot \text{m}$$

$$M_{BA}^F = 60\text{kN} \cdot \text{m}$$

$$M_{BC}^F = -\frac{Fl}{8} = -\frac{100\text{kN} \times 8\text{m}}{8} = -100\text{kN} \cdot \text{m}$$

$$M_{CB}^F = 100\text{kN} \cdot \text{m} \qquad M_{CD}^F = 0 \qquad M_{DC}^F = 0$$

把计算结果记在图 8.8（b）中第一行。

初步结点 B、C 算出的不平衡力矩分别为 $-40\text{kN} \cdot \text{m}$ 和 $100\text{kN} \cdot \text{m}$。由于 C 结点的不平衡力矩较大，故就先放松。

3）放松结点 C（此时结点 B 仍被锁住），按单结点问题进行分配和传递，结点 C 的约束力矩为 $100\text{kN} \cdot \text{m}$。

放松结点 C，等于在结点 C 施加力偶矩（$-100\text{kN} \cdot \text{m}$），$CB$、$CD$ 两杆的分配弯矩为

$$0.667 \times (-100)\text{kN} \cdot \text{m} = -66.7\text{kN} \cdot \text{m}$$

$$0.333 \times (-100)\text{kN} \cdot \text{m} = -33.3\text{kN} \cdot \text{m}$$

杆 BC 的传递弯矩为

$$0.5 \times (-66.7)\text{kN} \cdot \text{m} = -33.4\text{kN} \cdot \text{m}$$

经过分配和传递，结点 C 已经平衡，可在分配弯矩的数字下画一横线，表示横线以上的结点弯矩总和已等于零。

4）重新锁住结点 C，并放松结点 B。

结点 B 此时的约束力矩应为

$$-40\text{kN} \cdot \text{m} - 33.4\text{kN} \cdot \text{m} = -73.4\text{kN} \cdot \text{m}$$

放松结点 B，等于在结点 B 施加一个力偶矩（$+73.4\text{kN} \cdot \text{m}$），$BA$、$BC$ 两杆的相应分配弯矩为

$$0.4 \times 73.4\text{kN} \cdot \text{m} = 29.4\text{kN} \cdot \text{m}$$

$$0.6 \times 73.4\text{kN} \cdot \text{m} = 44.0\text{kN} \cdot \text{m}$$

传递弯矩为

$$0.5 \times 29.4\text{kN} \cdot \text{m} = 14.7\text{kN} \cdot \text{m}, \quad 0.5 \times 44\text{kN} \cdot \text{m} = 22\text{kN} \cdot \text{m}$$

此时，结点 B 已经平衡，但结点 C 又不平衡了（约束力矩为 $22\text{kN} \cdot \text{m}$）。至此，完成了力矩分配法的第一个循环。

5）进行第二个循环。

再次先后放松结点 C 和 B，各结点约束力矩分别为 $22\text{kN} \cdot \text{m}$ 和 $-7.3\text{kN} \cdot \text{m}$。

6）进行第三个循环。

得到相应的结点约束力矩分别为 2.2kN·m 和－0.7kN·m。

由此可以看出，两个结点约束力矩的收敛过程是很快的。进行三次循环后，结点约束力矩已经很小，结构已接近恢复到实际状态，故弯矩的分配传递工作可以停止。

用叠加法计算，将固端弯矩，历次的分配弯矩和传递弯矩相加，即得到最后的杆端弯矩，其单位为 kN·m，如图 8.8（b）所示。

根据杆端弯矩，可作出 M 图，如图 8.8（c）所示。

【**例题 8.4**】 用力矩分配法计算图 8.9（a）所示刚架（各杆 EI 为常数），并作 M 图及 V 图。

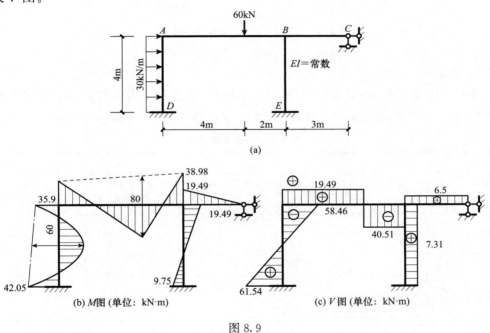

图 8.9

【**解**】 通过本例给出多结点力矩分配法的另一种解题格式。

1）固定结点，计算分配系数。

为了计算方便，可以利用各杆的相对线刚度，令 $i = \dfrac{EI}{6}$，则有 $i_{AD} = i_{BE} = 1.5i$，$i_{AB} = i$，$i_{BC} = 2i$。

$$\mu_{AD} = \frac{4i_{AD}}{4i_{AD} + 4i_{AB}} = 0.6$$

$$\mu_{AB} = \frac{4i_{AB}}{4i_{AD} + 4i_{AB}} = 0.4$$

$$\mu_{BA} = \frac{4i_{AB}}{4i_{AB} + 4i_{BE} + 3i_{BC}} = 0.25$$

$$\mu_{BC} = \frac{4i_{BE}}{4i_{AB} + 4i_{BE} + 3i_{BC}} = 0.375$$

$$\mu_{BE} = \frac{3i_{BC}}{4i_{AB} + 4i_{BE} + 3i_{BC}} = 0.375$$

2）计算固端弯矩：

$$M^F_{DA} = -\frac{30 \times 4^2}{12} = -40\text{kN} \cdot \text{m}$$

$$M^F_{AD} = \frac{30 \times 4^2}{12} = 40\text{kN} \cdot \text{m}$$

$$M^F_{AB} = -\frac{60 \times 4 \times 2^2}{6^2} = -26.67\text{kN} \cdot \text{m}$$

$$M^F_{BA} = \frac{60 \times 4^2 \times 2}{6^2} = +53.33\text{kN} \cdot \text{m}$$

$$M^F_{BC} = 0\text{kN} \cdot \text{m} \qquad M^F_{BE} = 0\text{kN} \cdot \text{m}$$

$$M^F_{CB} = 0\text{kN} \cdot \text{m} \qquad M^F_{EB} = 0\text{kN} \cdot \text{m}$$

3）分配并传递弯矩。

分配、传递弯矩过程及最终杆端弯矩的计算结果见计算表（表8.2）。由表中最终杆端弯矩 M 一栏可知刚结点 A、B 均满足静力平衡条件 $\sum M = 0$。

表8.2 杆端弯矩计算

刚结点	D	A		B			E	C
杆端	DA	AD	AB	BA	BC	BE	EB	CB
μ	固端	0.6	0.4	0.250	0.375	0.375	固端	铰支
	−40	40	−26.67	53.33	0	0	0	0
			−6.67	−13.33	−20	−20	−10	0
分配与传递	−2	−4	−2.66	−1.33				
			0.16	0.33	0.5	0.5	0.25	0
	−0.05	−0.1	−0.06	−0.03				
				0.01	0.01	0.01		
M	−42.05	35.9	−35.9	38.98	−19.49	−19.49	−9.75	0

4）绘制 M 图及 V 图。

最终弯矩图如图8.9（b）所示。由绘制出的弯矩图及静力平衡条件可以绘出剪力图如图8.9（c）所示。

【例题8.5】 图8.10（a）所示对称梁，支座 B、C 都向下发生2cm的线位移。试用力矩分配法计算该结构，并作出其弯矩图。已知 $E = 200\text{GPa}$，$I = 4 \times 10^{-4}\text{m}^4$。

【解】 由于结构对称，外因也是正对称的，故可取结构的一半［图8.10（b）］进行分析。

转动刚度：

$$S_{BA} = 3 \times \frac{EI}{4} = 0.75EI, \qquad S_{BE} = \frac{EI}{2} = 0.5EI$$

分配系数：

$$\mu_{BA} = \frac{0.75EI}{0.75EI + 0.5EI} = 0.6$$

$$\mu_{BE} = \frac{0.5EI}{0.75EI + 0.5EI} = 0.4$$

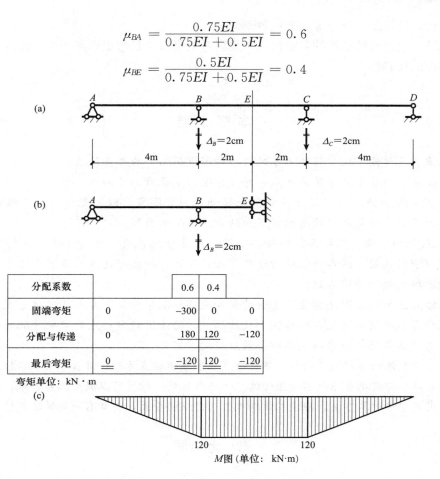

图 8.10

当结点 B 被固定时，由于 B 支座沉陷，将在杆端引起固端弯矩：

$$M_{BA}^{F} = -\frac{3EI}{l^2}\Delta = -\frac{3 \times 200 \times 10^9 \times 4 \times 10^{-4}}{4^2} \times 2 \times 10^{-2}$$

$$= -3 \times 10^5 \text{N} \cdot \text{m} = -300 \text{kN} \cdot \text{m}$$

$$M_{AB}^{F} = 0, \quad M_{BE}^{F} = 0, \quad M_{EB}^{F} = 0$$

分配及传递弯矩见图 8.10 (b)，最终弯矩图如图 8.10 (c) 所示。

有关结构对称性的利用问题就不展开讨论了，对称性利用的方法和规则参见第 5 章。

通过对力矩分配法计算单结点超静定问题和计算多结点超静定问题的讨论，我们发现，其实两种求解方法及过程大致相同。两者均为通过附加刚臂来控制（固定或放松）刚性结点，进而进行求解计算。只不过多结点力矩分配法需要多次固定或放松。表述这个过程通常采用的方法是：在梁或刚架相应的刚结点下画表计算，也可以另行单独制表计算。无论采用哪种形式，都必须做到：内容完整无缺，表达简捷明了，计算准确无误。特别是计算内容，一般都要包含计算分配系数，计算固端弯矩，表现弯矩分配和传递的过程，计算最后弯矩等主要项目。

此外，通过校核结构的各刚结点的最后弯矩是否满足弯矩平衡条件，可进一步验证计算结果的准确性。

本章小结

本章主要讨论了以位移法为基础的一种渐近解法：力矩分配法。

力矩分配的基本运算是单结点的弯矩分配，主要有以下两个环节。

1) 固定刚结点。对刚结点设置阻止转动的附加刚臂，以固定结点。根据各单跨超静定梁的荷载，计算各杆的固端弯矩和结点的不平衡力矩。

2) 放松刚结点。根据各杆的转动刚度，计算分配系数，将结点的不平衡力矩反符号后乘以分配系数，得各杆近端的分配弯矩；然后，将各杆近端的分配弯矩乘以传递系数，得各杆远端的传递弯矩。

多结点的力矩分配法主要用于连续梁和无侧移刚架计算。其计算思路是先固定全部刚结点计算各杆固端弯矩；然后逐个放松结点，轮流进行单结点的弯矩分配和传递；最后将各次计算所得杆端弯矩叠加即得最后杆端弯矩。

力矩分配法的物理概念清楚，不需要建立和求解联立方程，计算步骤又比较简单和规范，且直接求得杆端弯矩而不必通过结点位移来转换，精度可以满足工程要求，是工程中广泛使用的一种手算方法。即使在计算机应用广泛的今天，仍具有一定的实用价值。

思　考　题

8.1　力矩分配法中对杆件的杆端弯矩的正、负号是怎样规定的？

8.2　什么叫转动刚度？等截面杆远端为固定、定向滑动或铰支时，杆端的转动刚度各等于多少？

8.3　什么叫分配系数？分配系数和转动刚度有何关系？为什么汇交于一个刚结点上的各杆分配系数之和等于1？

8.4　传递系数是如何确定的？

8.5　在荷载作用下，杆件的分配弯矩和传递弯矩是怎样得来的？

8.6　在力矩分配法的计算过程中，如果仅仅是传递弯矩有误，杆端最后弯矩能否满足结点的力矩平衡条件？为什么？

8.7　在力矩分配法计算多结点结构的过程中，为什么每次只放松一个结点？放松结点时怎样应用单结点力矩分配原理？

习　　题

8.1　试用力矩分配法计算习题 8.1 图示连续梁，并绘出其弯矩图。

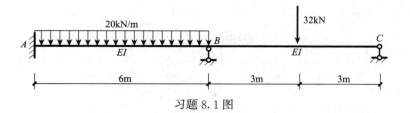

习题 8.1 图

8.2　试用力矩分配法计算习题 8.2 图示刚架，并绘出其弯矩图。

8.3　试用力矩分配法计算习题 8.3 图示连续梁，并绘出其弯矩图，各杆 EI 相同。

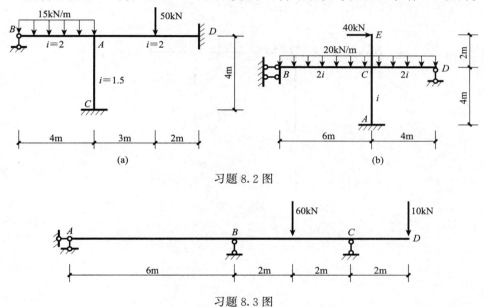

习题 8.2 图

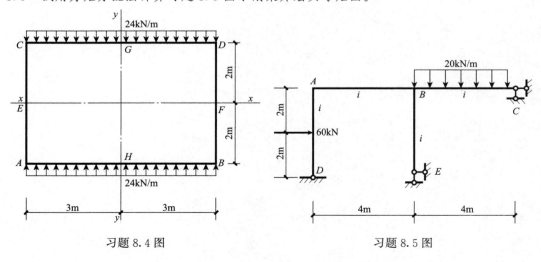

习题 8.3 图

8.4　试用力矩分配法计算习题 8.4 图示对称刚架，并绘出其弯矩图，各杆 EI 相同。

8.5　试用力矩分配法计算习题 8.5 图示刚架并绘其弯矩图。

习题 8.4 图　　　　　　　　　习题 8.5 图

8.6 试用力矩分配法计算习题 8.6 图示连续梁并绘其弯矩图，各杆 EI 相同。

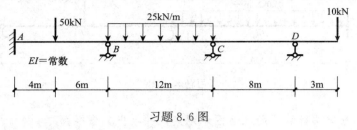

习题 8.6 图

8.7 试用力矩分配法计算习题 8.7 图示刚架并绘其弯矩图。

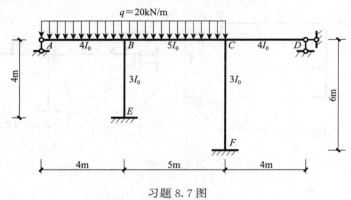

习题 8.7 图

第 9 章

结构力学求解器的应用

学习指引☞ | 　　本章重点介绍结构力学求解器的应用，以桥梁工程中常见的桥梁形式为例，详细地展示如何利用结构力学求解器求解静定结构和超静定结构的几何组成、支座反力、内力、位移和影响线。

9.1　概　　述

　　结构力学求解器是清华大学土木工程系结构力学求解器研制组研发的，一款面向学生、教师和工程技术人员的计算机辅助分析计算软件。它能够解决平面杆系的几何组成，静定和超静定结构的内力、位移、影响线、包络图、自由振动、弹性稳定、极限载荷等经典结构力学课程中所涉及的所有问题，全部采用精确算法给出精确解答。该软件操作简单，内容体系完整、功能完备通用。

　　首次启动结构力学求解器后出现图 9.1 所示图形，单击后，进入工作界面，如图 9.2 所示。如果勾选图 9.1 左下角"不再显示"，下次启动程序后，将直接进入工作界面。工作界面较简洁，右侧白色区域为编辑器，用于输入指令，左侧黑色区域为观览器，显示输入的杆系以及计算结果中的图形部分。

图 9.1

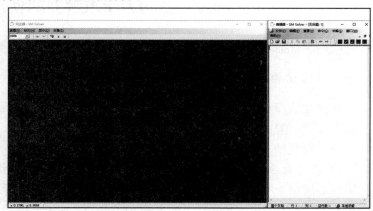

图 9.2

编辑器用于输入指令，可以单击常用菜单"命令"，弹出对话框，填写数据完成输入，也可通过单击第二行快捷键弹出对话框，输入的指令均显示在命令区，如图 9.3 所示。"命令"菜单内，可以定义结点、单元、位移约束和荷载等，还可以在输出的图形上任意标注尺寸和增加文字，当然也可以在命令区手动输入指令，或者对已有指令进行修改。已经建立好的计算模型，可以通过"文件"→"保存"命令保存为 INP 文件，后期可以通过"文件"→"打开"命令再次调用或编辑。

编辑器输入的所有指令均可在观览器中查看，观览器的初始设置为黑色底板、彩色线条，如图 9.4 所示。可以通过"查看"→"颜色"命令对颜色进行更改，如执行"暂时采用黑白色"→"确定"命令，将其设置为白色底板、黑色线条，或单击三角形下拉菜单，设置任意图形组成元素的颜色。单击"查看"可以实现观览器"总在最前""连续显示""单步显示""暂停显示"和"缩放比例"等功能，还可以将杆系的受力图、内力图和位移图等输出图形复制到粘贴板，供其他软件使用。

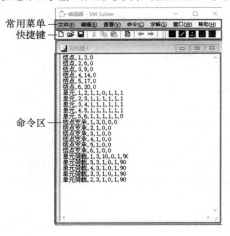

图 9.3   图 9.4

9.2 结构力学求解器的使用

应用求解器求解结构内力分两步：第一步，建立结构模型；第二步，求解结构。

1. 建立结构模型

建立结构模型的步骤为：定义结点→定义单元→定义位移约束→定义荷载条件→定义材料性质（静定结构计算时，可以不定义）。

（1）定义结点

1）在"命令"菜单下选择"结点"子菜单或单击快捷键，弹出"结点"对话框，如图 9.5 所示。

2）在"结点码"下拉列表框中输入结点号（或者从下拉选项中选择）。

3）在"坐标"区"x"和"y"后面的下拉列表框中输入相应数值，也可以用鼠标在观览器中拾取，若不满意可以删除修改。

4）单击"预览"按钮可以查看定义结点是否正确，若无误，单击"应用"按钮将命令写在命令区。

5）可以继续定义下一个结点，完成输入后，单击"关闭"按钮，关闭对话框，完成结点的定义。

此时，可以在命令区看到已经输入的命令行，观览器中同步显示出已定义的所有结点，注意单位要统一。

（2）定义单元

结点定义后可以进行单元定义，操作步骤如下。

1）在"命令"菜单下选择"单元"子菜单或单击快捷键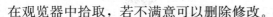，弹出"单元"对话框，如图 9.6 所示，此时，默认的命令为"单元定义"。

2）单元编码按照输入顺序自动排序，因此，没有单元码输入选项。

3）在"杆端 1"的"连接结点"下拉列表框中输入已建立的结点编号，"连接方式"根据实际情况，在下拉菜单中选择相应的约束方式，"杆端 2"采用同样操作。

4）单击"预览"按钮可以查看定义单元是否正确，若无误，单击"应用"按钮将命令写在命令区。

5）可以继续定义下一个单元，完成输入后，单击"关闭"按钮，关闭对话框，完成单元的定义。

此时，在观览器的"显示"菜单中，激活"单元方向"，则在单元上可以看到单元方向箭头，在"标注"菜单中，可以激活或者取消"单元长度""单元码"等选项。

（3）定义位移约束

1）在"命令"菜单下选择"位移约束"子菜单或单击快捷键，打开"支座约束"对话框，如图 9.7 所示。

图 9.5　　　　　　　　　图 9.6　　　　　　　　　图 9.7

2）默认的约束类型是"结点支座"，在"结点码"下拉列表框中输入已建立的结点编码。

3）根据结构实际情况，在下拉菜单中选着对应的"支座类型""支座性质"和"支座方向"，不同约束类型，允许发生不同方向的位移，可根据实际情况定义数值。

4）单击"预览"按钮可以查看定义结点约束是否正确，若无误，单击"应用"按钮将命令写在命令区。

5）可以继续定义下一个约束，完成输入后，单击"关闭"按钮，关闭对话框，完成约束的定义。

（4）定义荷载条件

1）在"命令"菜单下选择"荷载条件"子菜单或单击快捷键▥，打开"荷载条件"对话框。

2）默认的荷载条件是"结点荷载"，如图 9.8 所示。结点荷载类型只有"集中力"和"集中弯矩"两种类型，根据实际情况，在下拉菜单中选择相应类型，并在"大小"和"方向"下拉列表框中输入相应数值。

3）若需要输入单元荷载，如图 9.9 所示，选择"单元荷载"选项卡，荷载类型有"集中力""集中弯矩""均布力"和"均布弯矩" 4 种类型，根据实际情况，在下拉菜单中选择相应类型，并在"大小""距杆端"和"方向"下拉列表框中输入相应数值。

4）单击"预览"按钮可以查看定义荷载是否正确，若无误，单击"应用"按钮将命令写在命令区。

5）可以继续定义下一个荷载，完成输入后，单击"关闭"按钮，关闭对话框，完成荷载的定义。

（5）定义材料性质

1）在"命令"菜单下选择"材料"子菜单或单击快捷键▥，打开"材料性质"对话框，如图 9.10 所示。

图 9.8

图 9.9

图 9.10

2）默认选项是"单元材料性质"，根据结构实际情况定义"抗拉刚度 EA""抗弯刚度 EI""抗剪刚度 kGA"等数据，"均布质量"和"极限弯矩"不需要输入。

3）可以继续定义下一单元材料性质，完成输入后，单击"关闭"按钮，关闭对话框，完成材料性质的定义。注意，若前后两个命令行中的定义有重复和冲突时，则以后面的定义为准，即前面的定义会被后面的定义覆盖和取代。

由于结构的位移计算、超静定结构的计算与材料的性质有关，因此，在求解时，必须定义材料的性质；而静定结构的内力只与受力有关，与杆件的材料性质无关，可以定义，也可以不定义。在温度改变时对结构进行计算，还需在"命令"菜单下"温度改变"子菜单输入相关数值；计算结构的影响线时，还需执行"其他参数"→"影响线"命令，在"影响线求解参数"对话框中输入相关数值，关于这两部分，将在例题中详细介绍。

2. 求解结构

求解结构，只需在"求解"菜单下选择相应子菜单，完成杆系结构的"几何组成""内力计算"和"位移计算"等，如图 9.11 所示。单击"选项"子菜单，弹出"求解选项"对话框，如图 9.12 所示。建议勾选"每次求解前检查几何组成"，则求解器将先检查结构模型建立时是否错误，然后对结构的内力进行求解。

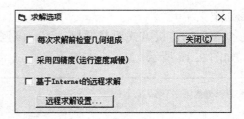

图 9.11　　　　　　　　　　　　　　图 9.12

9.3　用求解器分析平面体系几何组成

下面将通过例题演示如何使用力学求解器分析平面体系的几何组成。

【例题 9.1】　分析图 9.13 所示平面体系的几何组成。

例题 9.1 视频讲解

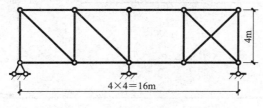

图 9.13

【解】 （1）定义结点

定义结点的位置，需输入的 x 和 y 坐标，采用的是绝对坐标系，本题长度单位取"m"。如结点 1 的坐标为（0，0）、结点 2 的为（0，4），其他结点根据杆件尺寸输入相应的绝对坐标值，如图 9.14 所示。

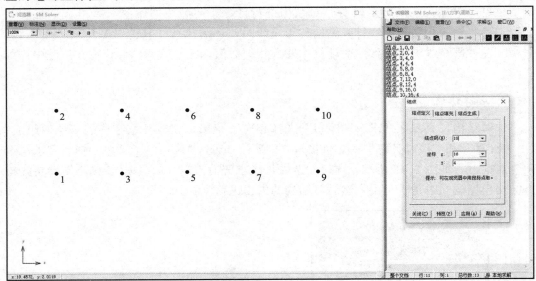

图 9.14

（2）定义单元

每个单元的连接方式要与题目一致，该例题为桁架结构，故杆和杆之间的约束均为铰结，如图 9.15 所示。

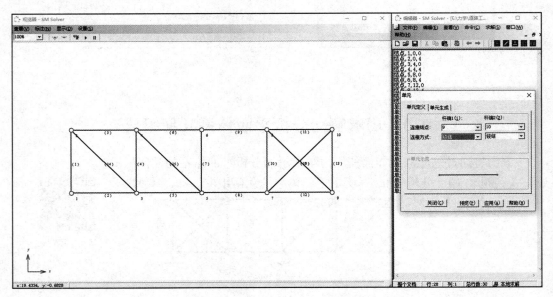

图 9.15

（3）定义位移约束

依照图 9.13 选择相应的约束类型，结点 1 处为固定铰支座，结点 5、9 为活动铰支座，且无任何位移，如图 9.16 所示。

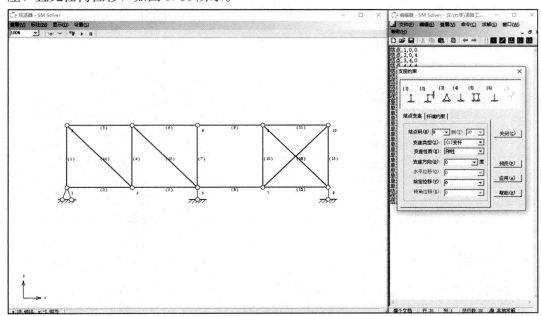

图 9.16

（4）平面体系的几何组成分析

在编辑器中单击"求解"→"几何组成…"得到"有多余约束的几何不变体系"的结论。由于体系为几何不变体系，不考虑变形，在力的作用下无位移，因此，位移模态为灰色且"第 ☐ 位移模态"无法勾选，如图 9.17 所示。

图 9.17

【例题 9.2】　用求解器对图 9.18 所示体系进行几何组成分析。

【解】　（1）定义结点

本题长度单位取"m"，将结点 1 定在（0，0）处，其他 6 个结点根据杆件尺寸输入相应绝对坐标值，如图 9.19 所示。

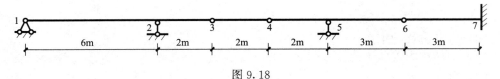

图 9.18

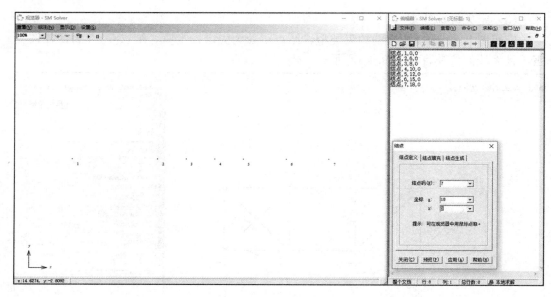

图 9.19

例题 9.2 视频讲解

（2）定义单元

定义单元时注意杆端连接方式的选择，该体系结点 1、3、4 和 6 铰结，结点 2、5 处设有活动铰支座，位于杆件下侧未将杆断开，连接方式为刚结，结点 7 处连接方式为铰结，如图 9.20 所示。

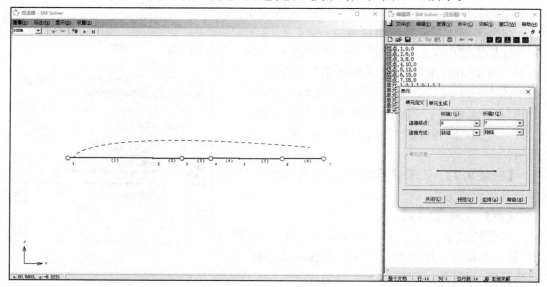

图 9.20

（3）定义位移约束

结点 1 处为固定铰支座，支座类型为"（3）铰支 2"可通过下拉菜单完成，也可以单击对应图片。结点 2 和结点 5 处支座类型为"（1）支杆"，结点 7 处支座类型为"（4）

铰支 3"，支座方向选择"90 度"，如图 9.21 所示。

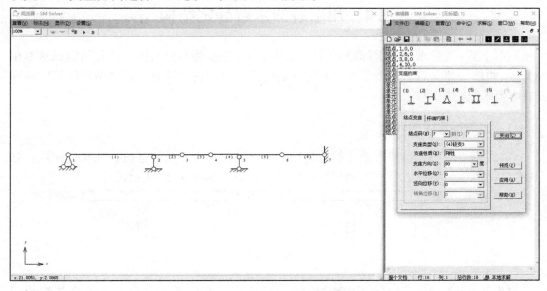

图 9.21

（4）平面体系的几何组成分析

在编辑器中执行"求解"→"几何组成…"命令得到"有多余约束的几何瞬变体系"的结论。在"几何构造分析"对话框内的"位移模态"选项卡中勾选"静态显示"则在观览器中看到结构的位移，如图 9.22 所示。若勾选"动态显示"，则可在观览器中看到结构的位移模态的动画；勾选"第 1 位移模态"可以查看各杆端的水平位移 u、竖向位移 v 和角位移 θ。

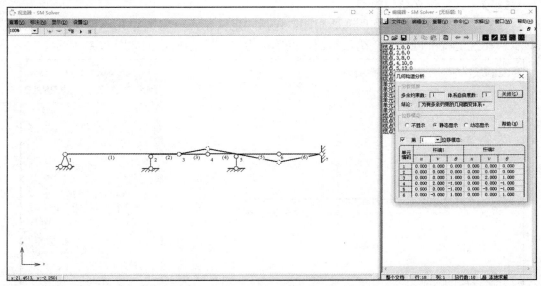

图 9.22

9.4　用求解器求解静定结构

利用结构力学求解器求解静定结构的内力的操作步骤与分析体系的几何组成基本相同，结构模型建立后，单击菜单"求解"中的子菜单"内力计算"或"结构计算"得到结构的内力图或位移。

9.4.1　多跨静定梁的计算

梁式桥是中小跨桥梁常采用的结构形式，上部梁与下部桥墩通过弹性支座相连，它具有结构简单、架设方便、工期短、造价低的特点，如图 9.23 所示。

图 9.23

【例题 9.3】　图 9.23 所示梁式桥的上部结构，若只考虑其自重，可将其简化成图 9.24 所示的多跨静定梁。请用力学求解器求该梁的支座反力，并绘制内力图。

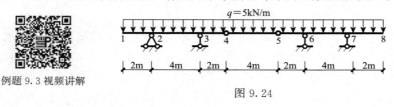

例题 9.3 视频讲解

图 9.24

【解】　（1）建立结构模型

建立结构模型的步骤和例 9.2 相同，包括"定义结点→定义单元→定义位移约束"三步，在这里就不再详细介绍，本题长度单位为"m"，结构模型如图 9.25 所示。

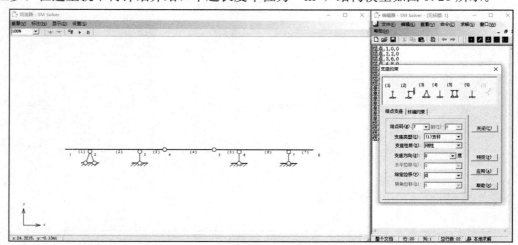

图 9.25

（2）定义荷载

本题全梁上均匀分布荷载，在"荷载条件"对话框下，选择"单元荷载"→"3 均布荷载（指向单元）"，选择"单元码"，"大小"输入"5"，单位为"kN/m"。因为全梁承受均布荷载，因此，"起点距杆端"处输入"0"，"终点距杆端"处输入"1"，依次对 1—7 个单元设置荷载，如图 9.26 所示。单击观览器菜单"标注"中的"荷载（反力）大小"子菜单，可以检查荷载设置是否正确。

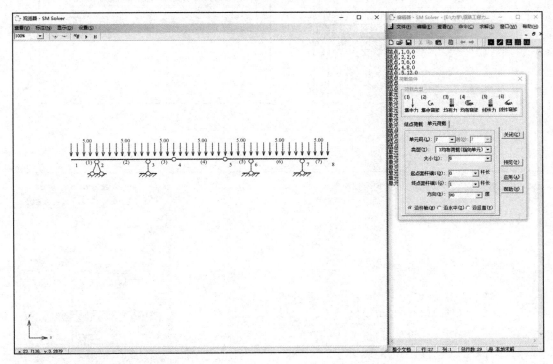

图 9.26

（3）求解内力

单击菜单栏"求解"→"内力计算"弹出"内力计算"对话框，如图 9.27 所示。单击"输出"按钮，将弹出"结果输出文件"对话框，如图 9.28 所示；单击"反力"按钮，弹出"反力计算"对话框，默认反力不显示，单击"显示"按钮可在观览器上看到每个支座的支座反力大小和方向，如图 9.29 所示。在"单元内力分析"选项卡可以查看每个指定截面的内力值；内力显示默认为"不显示"，单击"结构"可看到整个结构的内力图，单击"单元"只能看到指定单元的内力图；内力类型默认为"轴力"，单击"剪力"或"弯矩"可得到相应的图形。若得到的图形比例不合适，可通过单击观览器快捷键"＋"或"－"来增大或减小内力图比例，使内力图更加清晰。

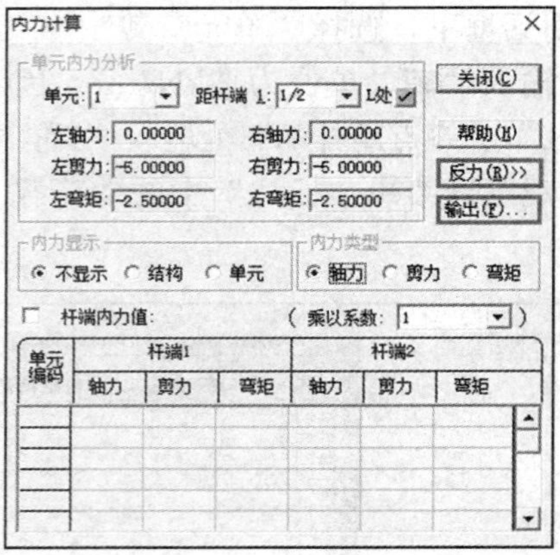

图 9.27 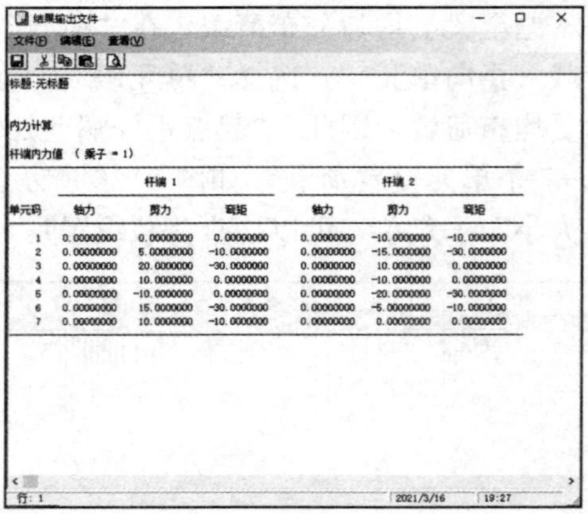　　　　　　　　　　　　图 9.28

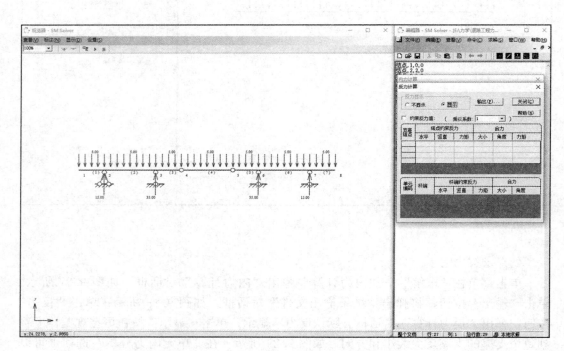

图 9.29

　　本题为多跨静定梁，在竖向荷载作用下，只有剪力图和弯矩图，分别如图 9.30 和图 9.31 所示。建模时，长度单位为 "m"，力的单位为 "kN"，因此，剪力的单位为 "kN"，弯矩的单位为 "kN·m"。勾选图 9.27 中 "杆端内力值" 可以看到每个单元两端的内力值，"乘以系数" 一般不作处理，如果需要调整单位，可以乘以相应系数。

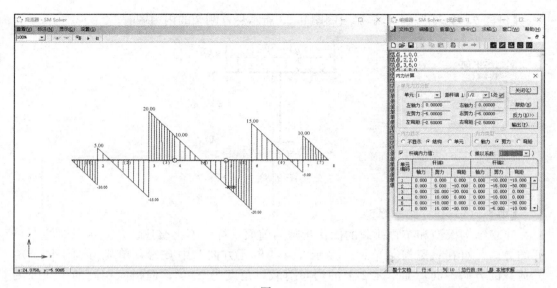

图 9.30

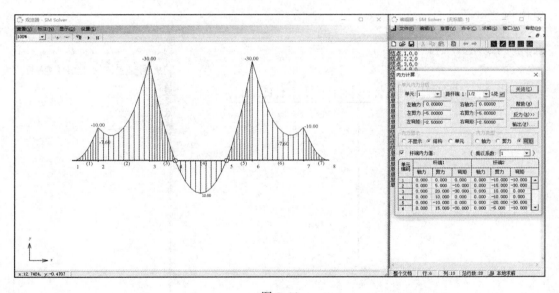

图 9.31

9.4.2　悬臂刚架的计算

主梁在墩上向两端伸出悬臂，形成 T 形、墩梁固结、具有悬臂受力特点的桥梁，称为 T 形刚构桥，如图 9.32 所示。由于悬臂结构的缺陷，这种桥型已经较少采用。

图 9.32

【**例题 9.4**】 用力学求解器绘制图 9.33 所示悬臂刚架的内力图。

例题 9.4 视频讲解

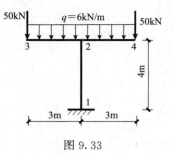

图 9.33

【**解**】 （1）建立结构模型

建立结构模型和布置荷载的操作步骤与前面一样，不再赘述。建立单元时注意单元的方向，可在观览器菜单栏"显示"→"单元方向"中查看。单元方向不同，单元荷载的方向不同，如单元 2 上的均布荷载，角度为 −90°，但指向相同的单元 3 的均布荷载，角度却是 90°，结构模型如图 9.34 所示。本题的长度单位为"m"，力的单位为"kN"。

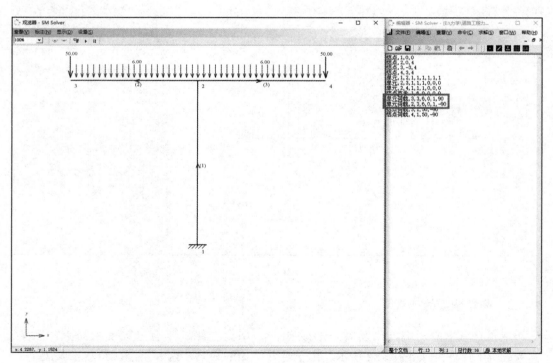

图 9.34

（2）内力计算

执行"求解"→"内力计算"命令可得内力图和结果输出文件，如图 9.35 所示。

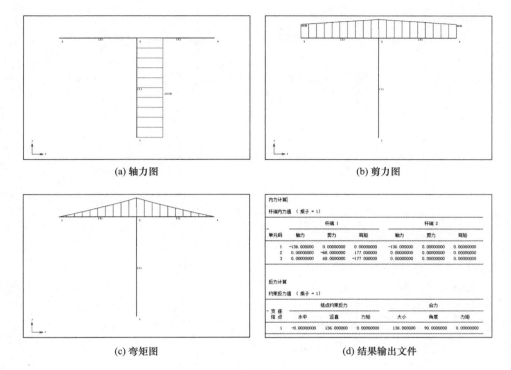

(a) 轴力图 (b) 剪力图

(c) 弯矩图 (d) 结果输出文件

图 9.35

9.4.3 静定组合结构的计算

拱式组合体系桥，是常见的一种桥梁形式，通过立柱将上部梁和下部拱连接为一体，如图 9.36 所示。其力学性能往往优于同等设计条件的单一结构体系。拱式组合体系桥是将主要承受压力的拱肋和主要承受弯矩的行车道梁组合起来共同承受荷载，充分发挥被组合的简单体系的特点及组合作用，以达到节省材料和降低对地基的要求的设计构想。

图 9.36

【例题 9.5】 图 9.37 所示静定拱式组合结构，它是由若干根链杆组成的链杆拱与加劲梁用竖向链杆联结而成的无多余约束的几何不变体系。该链杆拱的跨度 $l = 10\text{m}$，拱高 $f = 4\text{m}$，拱轴线为抛物线，满足 $y = \dfrac{4f}{l^2}(lx - x^2)$，用力学求解器求该拱式组合结构的内力，并绘制内力图。

例题 9.5 视频讲解

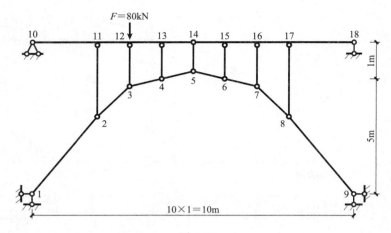

图 9.37

【解】 （1）建立结构模型

建立结构模型和布置荷载的操作步骤与前面一样，不再赘述。由于杆轴线为抛物线，需计算结点的坐标，如表9.1所示。定义结点时，按照表中数值输入 x 和 y 坐标。结构模型如图9.38所示。本题的长度单位为"m"，力的单位为"kN"。

表 9.1   例 9.5 结点坐标

结点号	1	2	3	4	5	6	7	8	9
x/m	0	2	3	4	5	6	7	8	10
y/m	0	2.56	3.36	3.84	4	3.84	3.36	2.56	0

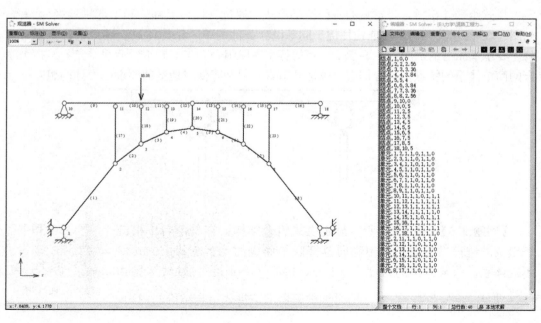

图 9.38

（2）内力计算

内力求解的操作步骤可以同前面的例题，在菜单栏执行"命令"→"内力计算"命令实现，对于静定组合结构也可以通过执行"求解"→"组合结构"命令实现求解。在组合结构中，受弯构件只考虑弯矩，单位为"kN·m"，如图 9.39（a）所示，二力杆只有轴力，单位为"kN"，如图 9.39（b）所示。

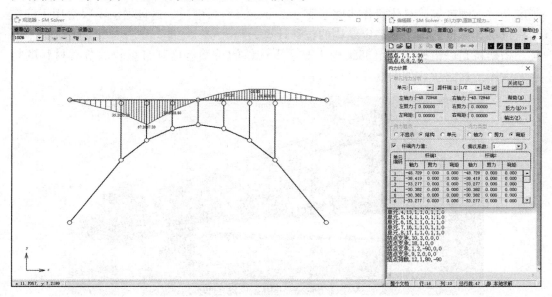

(a)弯矩图

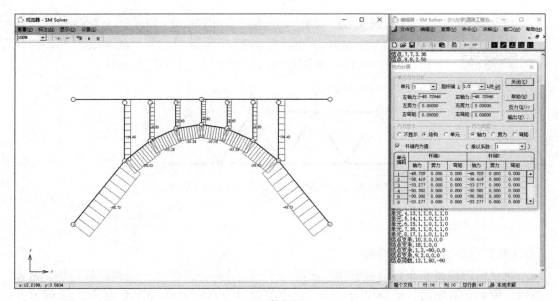

(b)轴力图

图 9.39

9.5 用求解器计算结构位移

结构力学求解器可以求解结构的内力，也可求解结构的位移。与静定结构内力计算不同的是，结构的位移与杆件的材料性质有关，因此，需要输入材料的抗拉刚度、抗弯刚度和抗剪刚度等，具体操作步骤参照 9.2 节定义材料性质。这种做法不仅适用于静定结构位移计算也适用于超静定结构的位移计算。

桁架桥是以桁架作为上部结构主要承重构件的桥梁，具有自重轻、节省材料的特点，常用于铁路桥，如图 9.40 所示。

图 9.40

例题 9.6 视频讲解

【例题 9.6】 某桁架结构受力如图 9.41 所示。上弦杆和下弦杆均采用 H300×500×20×20，腹杆采用 H300×300×15×15，弹性模量为 200GPa，求图示受力情况下结点 3 的竖向位移。

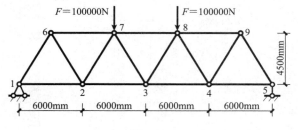

图 9.41

【解】 （1）建立结构模型

建立结构模型和布置荷载的操作步骤与前面一样，不再赘述。结构位移都是非常微小的，因此，本题的长度单位为"mm"，力的单位为"N"，结构模型如图 9.42 所示。

（2）定义材料性质

已知杆件的截面型号，通过计算可以求得截面面积 A 和惯性矩 I，如表 9.2 所示。

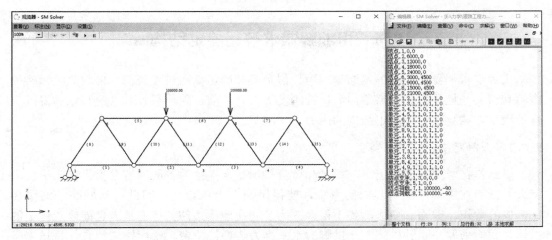

图 9.42

桁架杆为轴向拉压杆件，不考虑材料的抗剪变形。通过"材料性质"对话框，输入对应单元的实际抗拉刚度 EA 和抗拉刚度 EI，抗剪刚度 kGA 选择"无剪切变形"。

表 9.2　截面计算

单元号	截面面积 A/cm^2	惯性矩 I / cm^4	抗拉刚度 EA / N	抗弯刚度 EI / (N·mm^2)
1—7	252	42196	5×10^9	8.44×10^{11}
8—15	130.5	20752.87	2.61×10^9	4.15×10^{13}

（3）求解位移

位移计算的操作步骤类似于内力计算，在菜单栏执行"求解"→"位移计算"命令实现结构位移计算，如图 9.43（a）所示，单位为"mm"。在"位移计算"对话框中"单元位移分析"选项卡中选择单元 2，距杆端"1"L 处，单击"√"可得结点 3 的水平位移 0.3200000mm，竖向位移 －1.9646009mm，转角位移 －0.0001032rad，如图 9.43（b）所示。

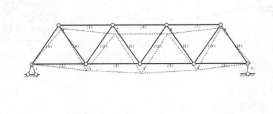

(a)

(b)

图 9.43

9.6 用求解器求解超静定结构

用力学求解器计算超静定结构内力、位移等和静定结构过程类似，但超静定结构的内力和材料的性质有关，需要输入抗拉刚度等材料性质。除荷载外，支座移动和温度变化等因素，均会引起超静定结构的内力。

9.6.1 超静定拱结构的计算

拱结构在竖向荷载作用下，桥墩和桥台将承受水平推力，同时桥台提供的水平反力将大大抵消在拱圈（拱肋）内的弯矩，使得拱圈以受压为主，因此，与同跨径的梁相比，拱的弯矩、剪力和变形都要小得多。为了能在地质条件欠佳的地方也能修建优美的拱桥，我们采取一定的措施不让拱脚的水平推力传递给桥台。常用拱式组合体系桥来实现无推力拱桥，其中系杆拱与飞雁拱两种形式应用最广泛。拱桥的计算相当繁杂，现在多以计算机软件完成。

图 9.44

河北赵县赵州桥是一座空腹式的圆弧形石拱桥，是中国现存最早、保存最好的巨大石拱桥，是世界纪录协会世界最早的敞肩石拱桥，创造了世界之最，如图 9.44 所示。据考证，赵州桥由隋代匠师李春所造，虽然经过无数次洪水冲击、风吹雨打、冰雪风霜的侵蚀和 8 次地震的考验，却安然无恙，巍然挺立在洨河之上。这个拱桥的形状类似于按近代工程理论设计的拱桥，其之所以能屹立至今，绝非偶然。

【例题 9.7】 某无铰拱跨度 $l=16\text{m}$，拱高 $f=4\text{m}$，拱轴线为抛物线：$y=\dfrac{4f}{l^2}x\,(l-x)$，拱顶处的截面高度 $h_C=1.2\text{m}$，拱宽取 1m 宽，拱横截面满足 $I=\dfrac{I_C}{\cos\varphi}$，$A=\dfrac{A_C}{\cos\varphi}$，弹性模量 $E=200\text{GPa}$，其受力如图 9.45 所示，试用结构力学求解器计算支座反力，并绘制内力图。

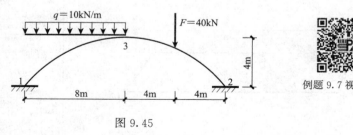

例题 9.7视频讲解

图 9.45

【解】 （1）建立结构模型

拱轴线为曲线，横截面内力计算理论性强，手算工作量大，力学求解器也是近似计算。力学求解器只能建立直线单元，因此，需将曲杆分解成若干直线段，段数越多精确度越好，本题以 1m 为一段，共分为 16 段，结点坐标如表 9.3 所示。

表 9.3　例 9.7 结点坐标

结点号	1	2	3	4	5	6	7	8	9	10	11	12	13	14	15	16	17
x	0	16	8	2	3	4	5	6	7	9	10	11	12	13	14	15	16
y	0	0	4	0.94	1.75	2.44	3	3.44	3.75	3.94	3.94	3.75	3.44	3	2.44	1.75	0.94

（2）定义材料性质

该无铰拱为变截面，取每个单元的中间截面的夹角计算该段的截面面积 A 和惯性矩 I，可得各单元的材料性质，如表 9.4 所示。

表 9.4　例 9.7 各单元

单元号	中间截面坐标	$\tan\varphi = \dfrac{4f}{l^2}(l-2x)$	$\dfrac{1}{\cos\varphi} = \sqrt{1+\tan^2\varphi}$	EA	EI
1，16	0.5，15.5	±0.9375	1.3707	3289756.83	394770.82
2，15	1.5，14.5	±0.8125	1.2885	3092329.22	371079.51
3，14	2.5，13.5	±0.6875	1.2135	2912473.18	349496.78
4，13	3.5，12.5	±0.5625	1.1473	2753633.96	330436.08
5，12	4.5，11.5	±0.4375	1.0915	2619637.38	314356.49
6，11	5.5，10.5	±0.3125	1.0477	2514458.19	301734.98
7，10	6.5，9.5	±0.1875	1.0174	2441823.09	293018.77
8，9	7.5，8.5	±0.0625	1.0020	2404682.93	288561.95

（3）内力计算

在菜单栏执行"求解"→"内力计算"命令可得支反力和内力图，如图 9.46 所示。

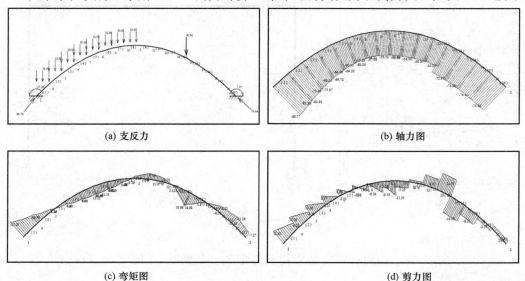

(a) 支反力　　　　　　　　　　　　(b) 轴力图

(c) 弯矩图　　　　　　　　　　　　(d) 剪力图

图 9.46

9.6.2 支座移动时超静定结构的内力计算

支座移动，超静定结构将产生内力，用力学求解器计算时，与前面不同的是，需要输入支座的位移和材料性质。

【例题 9.8】 图 9.47 所示等截面两铰刚架，当支座 1 向左发生水平位移 $c_1 = 2$cm 时，用力学求解器绘制刚架的弯矩图。已知杆件的 $EI = 4.58 \times 10^4$ kN·m²。

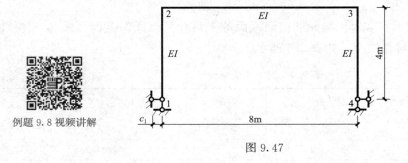

例题 9.8 视频讲解

图 9.47

【解】 （1）建立结构模型

两铰刚架为超静定结构，结构模型建立操作步骤同前面例题，不再赘述。支座 1 产生水平位移，因此，支座约束水平位移记为"-0.02"，负号说明位移沿 x 轴负方向，水平向左，单位"m"，如图 9.48 所示。结构模型如图 9.49 所示。

（2）定义材料性质

刚架是以弯曲变形为主的结构，不考虑材料的拉压和剪切变形，因此，设置材料性质时，抗拉刚度 EA 选择"无穷大"，抗剪刚度 kGA 选择"无剪切变形"，如图 9.50 所示。

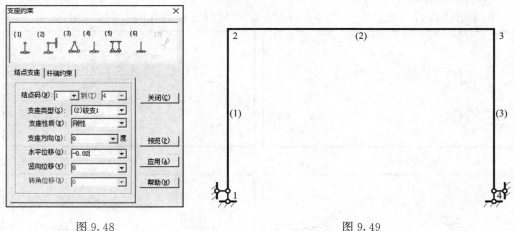

图 9.48   图 9.49

（3）内力计算

执行"求解"→"内力计算"命令得到弯矩图，如图 9.51 所示。

图 9.50

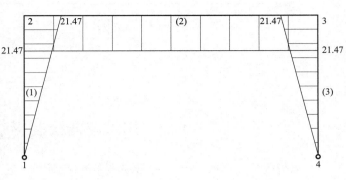

图 9.51

9.6.3　温度改变时超静定结构的内力计算

温度变化时超静定结构将产生内力，用求解器计算时，除了定义结点和单元，还需要定义材料性质和温度参数。

【例题 9.9】　图 9.52 所示连续梁，上部升温 10℃，下部升温 20℃。已知横截面为矩形，截面高度 $h = 500\text{mm}$，材料的刚度 $EI = 4.58 \times 10^5 \text{kN} \cdot \text{m}^2$，温度线膨胀系数 $\alpha = 10^{-5}/℃$。用求解器绘制在温度改变作用下的弯矩图。

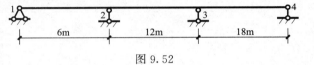

图 9.52

例题 9.9 视频讲解

【解】　（1）建立结构模型

连续梁为超静定结构，结构模型建立的操作步骤同前面例题，本题长度单位为"m"。

（2）定义材料性质

输入对应单元的实际抗弯刚度 EI，不考虑材料的轴向拉压和剪切变形。

（3）定义温度改变

在菜单栏执行"命令"→"温度改变"命令，弹出"温度改变"对话框，中性层温度 $t_0 = \dfrac{h_1 t_2 + h_2 t_1}{h}$，计算得本题 $t_0 = 15℃$；上下表面温差 $\Delta t = t_2 - t_1$，计算得本题 $\Delta t = 10℃$。h 为杆件的截面厚度，h_1 和 h_2 分别杆轴到上、下边缘的距离。注意尺寸单位要统一，因此，本题截面高度输入"0.5"，如图 9.53 所示。

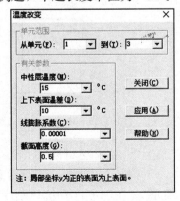

图 9.53

（4）内力求解

在菜单栏执行"求解"→"内力计算"命令得到弯矩图，单位为"kN·m"，如图 9.54所示。

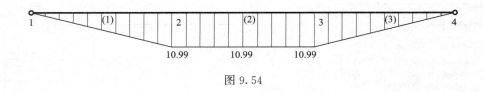

图 9.54

9.7　用求解器绘制影响线

汽车荷载是公路桥梁承受的最主要的可变荷载，通常用影响线来求活载内力，因此，需要掌握结构影响线的绘制。静定结构的影响线较简单，可以通过静力法或机动法绘制，但是超静定结构影响线较难绘制，通常借助计算软件完成。

【例题 9.10】　绘制图 9.55 所示连续刚架桥第二跨跨中截面的弯矩影响线，已知抗弯刚度 $EI = 4.58 \times 10^4 \text{kN} \cdot \text{m}^2$，抗拉刚度 $EA = 2.25 \times 10^5 \text{kN}$。

例题 9.10
视频讲解 1

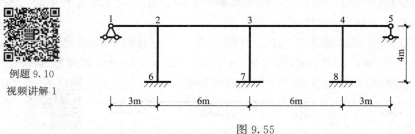

图 9.55

【解】　（1）建立结构模型

连续刚架为超静定结构，结构模型建立的操作步骤同前面例题，本题长度单位为"m"，如图 9.56 所示。

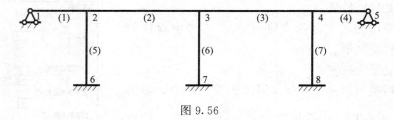

图 9.56

（2）定义材料性质

材料定义操作步骤同前面的例题，不考虑剪切变形，抗剪模量 kGA 输入"无剪切变形"，抗弯刚度和抗拉刚度按照实际大小输入。

（3）定义影响线求解参数

在菜单栏执行"命令"→"其他参数"→"影响线"命令，弹出"影响线求解参数"对话框，如图 9.57 所示。单位荷载默认类型"力"，方向"向下"，不需要修改，表明结构上作用单位移动荷载；截面内力根据题目不同，作出相应设置，本题欲求第二跨跨中截面影响线，按照以下方式设置参数：第"2"单元，距杆端1："1/2" L 处，"弯矩"。

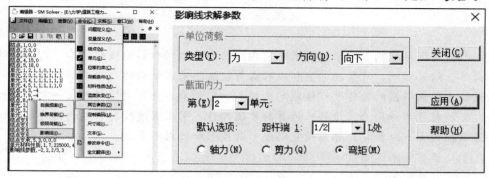

图 9.57

（4）影响线求解

在菜单栏执行"求解"→"影响线"命令得刚架弯矩影响线，单位"m"，如图 9.58 所示。

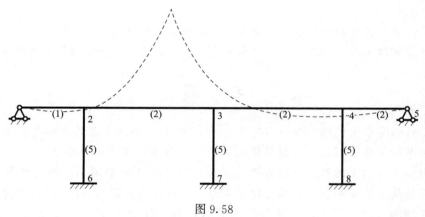

图 9.58

连续刚构桥内力影响线要比连续梁桥更复杂，这是因为桥墩与梁是刚结在一起的，共同参与受力。连续刚构桥在某截面上的弯矩影响线图，影响线在同一跨内出现反号，如图 9.58 所示。在相同跨径的连续梁桥中就不会出现，如图 9.59 所示。

例题 9.10 视频讲解 2

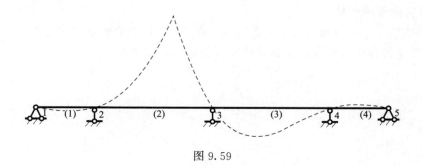

图 9.59

本 章 小 结

本章讨论利用结构力学求解器求解结构的内力、位移和影响线的计算。力学求解器操作简单、结果精确，可帮助学生和工程人员较快地完成结构的力学求解。

结构力学求解器的操作过程按照定义结点→定义单元→定义位移约束→定义荷载条件→定义材料性质→内力（位移）计算的步骤操作，若求温度改变引起的内力或影响线时，还需在内力（位移）计算前设置温度参数或影响线求解参数。

思 考 题

9.1 结构力学求解器的操作界面分为几个区域？

9.2 结构力学求解器中，结点的默认编号 1、2、3…可否改为 A、B、C…？如何更改？

9.3 利用结构力学求解器建简支梁模型时，两端约束使用自由，将会出现什么样的体系？

9.4 结构力学求解器的计算结果无单位，如何确定计算结果的单位？

9.5 为什么超静定结构计算内力需要定义材料性质，而静定结构却不需要定义？

习 题

9.1 利用结构力学求解器，分析习题 1.2（a）和（c）图示平面体系的几何组成性质。

9.2 利用结构力学求解器，绘制习题 2.1（c）图示多跨静定梁的内力图。

9.3 利用结构力学求解器，绘制习题 2.3（c）和（i）图示静定刚架的内力图。

9.4 利用结构力学求解器，求解习题 2.4 图示三铰拱横截面 K、D、E 的内力。

9.5 利用结构力学求解器，计算习题 2.7（c）和（f）图示静定桁架上指定杆件的内力值。

9.6 利用结构力学求解器，绘制习题 2.8（c）图示静定组合结构的内力图。

9.7 利用结构力学求解器，绘制习题 3.7 图示多跨静定梁 F_{Cy}、M_K、V_K、$V_{K左}$、F_{Dy} 的影响线。

9.8 利用结构力学求解器，计算习题 4.5 图示三铰刚架 D、E 两点相对水平位移和铰 C 两侧截面的相对转角。

9.9 利用结构力学求解器，绘制习题 5.3（a）和（e）图示刚架的内力图。

9.10 利用结构力学求解器，绘制习题 6.5 图示拱的内力图。

部分习题参考答案

第 1 章

1.1 (a) 几何不变体系且无多余约束；　　　　(b) 几何可变（瞬变）体系；

　　　(c) 几何常变体系且无多余约束；　　　　(d) 几何可变（瞬变）体系。

1.2 (a) 几何不变体系且无多余约束；　　　　(b) 几何可变（瞬变）体系；

　　　(c) 几何不变体系且无多余约束；　　　　(d) 几何可变（恒变）体系。

1.3 (a) 几何不变体系且无多余约束；　　　　(b) 几何不变体系有 1 个多余约束；

　　　(c) 几何不变体系且无多余约束；　　　　(d) 几何不变体系，有 3 个多余约束。

1.4 (a) 几何不变体系且无多余约束；　　　　(b) 几何不变体系，有 1 个多余约束；

　　　(c) 几何不变体系有 1 个多余约束；　　　　(d) 几何不变体系且无多余约束。

第 2 章

2.1 (a) $M_{AB}=40\text{kN}\cdot\text{m}$（下侧受拉）；

　　　(b) $M_K=47.5\text{kN}\cdot\text{m}$（下侧受拉）；

　　　(c) $M_{BC}=-126\text{kN}\cdot\text{m}$（上侧受拉），$V_{DC}=-88\text{kN}$。

2.2 (a) $M_{AB中}=8\text{kN}\cdot\text{m}$（下侧受拉），$V_{AB}=6.93\text{kN}$，$N_{AB}=-8\text{kN}$；

　　　(b) $M_{AB中}=8\text{kN}\cdot\text{m}$（下侧受拉），$V_{AB}=6.93\text{kN}$，$N_{AB}=-4\text{kN}$，$N_{BA}=4\text{kN}$；

　　　(c) $F_B=\dfrac{ql}{2\cos^2\alpha}$，$M_{AB中}=\dfrac{ql^2}{8\cos^2\alpha}$（下侧受拉），$N_{BA}=-N_{AB}=\dfrac{ql\tan\alpha}{2\cos\alpha}$。

2.3 (a) $M_{AB}=0$；

　　　(b) $M_{AB}=3Fa$（左侧受拉）；

　　　(c) $F_{Ax}=40\text{kN}$（←），$F_B=10\text{ kN}$（↑），$M_{CA}=80\text{kN}\cdot\text{m}$（右侧受拉）；

　　　(d) $F_B=9\text{kN}$（↑），$M_{CD}=20\text{kN}\cdot\text{m}$（下侧受拉）；

　　　(e) $F_B=44\text{kN}$，$F_{Ay}=-36\text{kN}$（↓），$M_{DA}=80\text{kN}\cdot\text{m}$（右侧受拉）；

　　　(f) $M_{CE}=28\text{kN}\cdot\text{m}$（下侧受拉），$V_{CE}=-3\text{kN}$；

　　　(g) $M_{DA}=125\text{kN}\cdot\text{m}$（左侧受拉），$V_{EC}=70\text{kN}$；

　　　(h) $F_{Ax}=\dfrac{3}{4}ql$（←），$F_{By}=\dfrac{1}{4}ql$（↑），$M_{DA}=\dfrac{ql^2}{4}$（右侧受拉）；

　　　(i) $M_{CE,\max}=288\text{kN}\cdot\text{m}$（上侧受拉），$V_{EC}=-104.78\text{kN}$，$N_{EC}=-75.67\text{kN}$；

　　　(j) $M_{BC}=200\text{kN}\cdot\text{m}$，$V_{CB}=80\text{kN}$；

　　　(k) $M_{EB}=\dfrac{Fa}{4}$（右侧受拉），$M_{DA}=\dfrac{Fa}{4}$（左侧受拉）；

　　　(l) $M_{BA}=\dfrac{3}{28}Fl$（左侧受拉），$N_{AB}=\dfrac{1}{2}F$。

2.4　(a) $M_K = -29\text{kN} \cdot \text{m}$（下侧受拉），$V_K = 18.3\text{kN}$，$N_K = 68.3\text{kN}$；

　　　(b) $M_D = 125\text{kN} \cdot \text{m}$，$V_{D左} = 46.4\text{kN}$，$N_{D左} = 153.1\text{kN}$，

　　　　　$M_E = 0$，$V_E = -0.03\text{kN}$，$N_E = 134.55\text{kN}$。

2.7　(a) $N_{BC} = 1.25F$，$N_{CD} = 3F$；

　　　(b) $N_1 = F$，$N_2 = 3F$，$N_3 = 0$；

　　　(c) $N_3 = -83.3\text{ kN}$，$N_1 = 0$，$N_2 = 0$，$N_4 = -80\text{ kN}$；

　　　(d) $N_1 = 3F$，$N_2 = 0$，$N_3 = -\sqrt{5}F$，$N_4 = -\dfrac{\sqrt{5}}{2}F$；

　　　(e) $N_1 = -125\text{ kN}$，$N_2 = 53\text{ kN}$，$N_3 = 87.5\text{ kN}$；

　　　(f) $N_1 = -3.75\ F$，$N_2 = 3.33\ F$，$N_3 = -0.5\ F$，$N_4 = 0.65\ F$；

　　　(g) $N_1 = 0$，$N_2 = -0.707\ F$。

2.8　(a) $M_{AF} = 2Fl$（上侧受拉），$N_{CF} = -2\ F$；

　　　(b) $M_{CA} = 6Fa$（上侧受拉），$M_{EB} = 4Fa$（下侧受拉），$N_{DF} = 4\ F$，$N_{CE} = -8F$；

　　　(c) $M_{BC} = 0.5Fl$（上侧受拉），$M_{EH} = 0.5Fl$（上侧受拉），$N_{CH} = 0.5F$；

　　　(d) $N_{DE} = 405\text{ kN}$，$M_{BC} = M_{GC} = 435\text{kN} \cdot \text{m}$（下侧受拉）。

第 3 章

3.9　(a) $V_D = 3\text{kN}$，$M_D = -1\text{kN} \cdot \text{m}$；

　　　(b) $V_D = -8\text{kN}$，$M_D = 4\text{kN} \cdot \text{m}$，$V_{E左} = 6\text{kN}$，$V_{E右} = -4\text{kN}$；

　　　(c) $M_F = -0.5\text{kN} \cdot \text{m}$，$V_F = 2.5\text{kN}$。

3.10　$F_{A,\max} = 110\text{kN}$（↑），$F_{A,\min} = -10\text{kN}$（↓），

　　　$M_{E,\max} = 140\text{kN} \cdot \text{m}$，$M_{E,\min} = -40\text{kN} \cdot \text{m}$。

3.11　$V_{K,\max} = 144.25\text{kN}$，$V_{K,\min} = -44.25\text{kN}$。

3.12　$M_{K,\max} = 882\text{kN} \cdot \text{m}$。

3.13　$M_{K,\max} = 450\text{kN} \cdot \text{m}$。

3.14　$M_{K,\max} = 1365\text{kN} \cdot \text{m}$。

3.15　$F_{A,\max} = 171\text{kN}$，$V_{C,\max} = 82.8\text{kN}$，$V_{C,\min} = -50.08\text{kN}$。

3.17　$M_{\max} = 568.89\text{kN} \cdot \text{m}$。

3.18　(a) $M_{\max} = 504\text{kN} \cdot \text{m}$；

　　　(b) $M_{\max} = 328.4\text{kN} \cdot \text{m}$；

　　　(c) $M_{\max} = 205.5\text{kN} \cdot \text{m}$。

第 4 章

4.1　(a) $\dfrac{59l^4}{192EI}$（↓）、$\dfrac{59l^3}{32EI}$（顺时针）

　　　(b) $\dfrac{ql^4}{48EI}$（↑）、$\dfrac{ql^3}{24EI}$（逆时针）

(c) $\dfrac{ql^3}{6EI}$ （逆时针）

4.2 (a) $\dfrac{(2\sqrt{2}+1)\,Fa}{EA}$ （→）

(b) $\dfrac{(6\sqrt{2}+10)\,Fd}{EA}$ （↓）

4.3 (a) $\Delta_A^V = \dfrac{ql^4}{8EI}$ （↓）; $\varphi_A = \dfrac{ql^3}{6EI}$ （逆时针）

(b) $\Delta_A^V = \dfrac{5Fl^3}{48EI}$ （↓）; $\varphi_A = \dfrac{Fl^2}{8EI}$ （逆时针）

(c) $\Delta_A^V = \dfrac{ql^4}{30EI}$ （↓）; $\varphi_A = \dfrac{ql^3}{24EI}$ （逆时针）

(d) $\Delta_A^V = \dfrac{F\,[a^3+\,(a+b)^3]}{6EI} + \dfrac{Mb\,(2a+b)}{4EI}$ （↓）; $\varphi_A = \dfrac{F\,[a^2\,(a+b)^2]}{4EI} + \dfrac{Mb}{2EI}$
（逆时针）

4.4 $\dfrac{25ql^3}{192EI}$ （顺时针）

4.5 $\Delta_{DE} = \dfrac{ql^4}{64EI}$ （← →）、$\Delta\varphi = \dfrac{ql^3}{8EI}$

4.6 $\dfrac{Fa}{4EA}$ （↑）

4.7 1mm （←）

4.8 $\Delta_C^V = \dfrac{9}{4}\alpha tl$ （↑）

4.9 $\Delta_K^H = 3.535\text{mm}$ （→）

4.10 $-d_1 + \dfrac{l}{2}d_3$

4.11 $l\varphi + \Delta_1$

第 5 章

5.1 (a) 2次；(b) 3次；(c) 4次；(d) 7次；(e) 1次；(f) 9次。

5.2 (b) $F_C = ql/24$；(c) $M_{AB} = Fl/6$ （下侧受拉）。

5.3 (a) $M_{AB} = -ql^2/32$ （里侧受拉），$M_{BC} = -ql^2/32$ （上侧受拉）；

(b) $F_{Cx} = 3F/2$，$M_{CB} = 3Fa/4$ （上侧受拉）；

(c) $M_{AD} = M_{BE} = 4Fa/7$ （左侧受拉），$M_{DA} = M_{EB} = 3Fa/7$ （右侧受拉）；

(d) $M_{CA} = Fl/2$ （下侧受拉）；

(e) $M_{CA} = M_{DB} = ql^2/2$ （右侧受拉）。

5.5 $M_{AC} = 225\text{kN} \cdot \text{m}$。

5.6 $F_{N.CD} = 22.75\text{ kN}$。

5.7 (a) $M_{AC}=137\text{kN}\cdot\text{m}$（左侧受拉），$M_{CA}=103\text{kN}\cdot\text{m}$（右侧受拉）；

(b) $M_{AC}=ql^2/36$（上侧受拉）；

(c) $M_{DB}=ql^2/14$（上侧受拉）；

(d) $M_{DA}=ql^2/24$（上侧受拉），$M_{ED中}=ql^2/12$（下侧受拉），$M_{EF中}=ql^2/24$（上侧受拉）；

(e) $M_{AE}=M_{BF}=M_{CG}=M_{DH}=Fh/4$（左侧受拉）。

5.8 (a) $F_C=\dfrac{9EI\varphi}{(9h+l)\,l}$（↑）；

(b) $M_{CB}=47.37\text{kN}\cdot\text{m}$（上侧受拉），$M_{AC}=23.69\text{kN}\cdot\text{m}$（右侧受拉）。

5.9 $M_{AB}=\dfrac{3}{2}\dfrac{EI\alpha}{h}\mid t_1-t_2\mid$（温度较低一侧受拉）。

5.10 $\varphi_B=\dfrac{Fl^2}{32EI}$（逆时针）。

5.11 $\Delta_{BH}=\dfrac{ql^4}{64EI}$（→）。

5.12 $\Delta=\dfrac{5Fl^3}{6EI}$（↓）。

第 6 章

6.1 $y_s=1\text{m}$，设 $q=20\text{kN/m}$ 时，$M_0=-17\text{kN}\cdot\text{m}$，$M_{\frac{l}{4}}=8.65\text{kN}\cdot\text{m}$，$M_{\frac{l}{2}}=-11.6\text{kN}\cdot\text{m}$，$M_{\frac{3l}{4}}=12.25\text{kN}\cdot\text{m}$，$M_l=20.5\text{kN}\cdot\text{m}$。

6.3 $X_2=214.7\text{kN}$（拉力），$M_{\frac{l}{2}}=214.7\text{kN}\cdot\text{m}$，$M_o=M_l=-429.4\text{kN}\cdot\text{m}$。

6.4 $F_{Ax}=\dfrac{ql^2}{16f}$。

6.5 $N=99.8\text{kN}$。

第 7 章

7.2 $M_{BA}=22.5\text{kN}\cdot\text{m}$。

7.3 $M_{AB}=-167.2\text{kN}\cdot\text{m}$，$M_{BC}=-115.7\text{kN}\cdot\text{m}$。

7.4 (a) $M_{BA}=\dfrac{3Fl}{28}$；

(b) $M_{BA}=19.4\text{ kN}\cdot\text{m}$，$M_{BD}=-40\text{ kN}\cdot\text{m}$。

7.5 (a) $M_{BA}=-4.3\text{ kN}\cdot\text{m}$，$M_{CD}=12.9\text{kN}\cdot\text{m}$，$M_{BC}=72.8\text{kN}\cdot\text{m}$；

(b) $M_{AC}=-25.26\text{kN}\cdot\text{m}$，$M_{CD}=-18.95\text{kN}\cdot\text{m}$，$M_{BD}=-35.79\text{kN}\cdot\text{m}$。

7.6 $M_{AC}=-115.2\text{kN}\cdot\text{m}$，$M_{CD}=28.8\text{kN}\cdot\text{m}$，$M_{DB}=-46.8\text{kN}\cdot\text{m}$，$M_{BD}=-61.2\text{kN}\cdot\text{m}$。

7.7 $M_{A1}=-28.57\text{kN}\cdot\text{m}$，$M_{1A}=17.86\text{kN}\cdot\text{m}$，$M_{12}=-10.72\text{kN}\cdot\text{m}$。

第 8 章

8.1　$M_{AB}=-66.85\text{kN}\cdot\text{m}$，$M_{BA}=46.3\text{kN}$，$M_{BC}=-46.3\text{kN}\cdot\text{m}$，$M_{CB}=0$。

8.2　（a）$M_{AB}=28.2\text{kN}\cdot\text{m}$，$M_{AC}=-1.8\text{kN}\cdot\text{m}$，$M_{AD}=-26.40\text{kN}\cdot\text{m}$，
　　　　$M_{AD\text{中}}=-29.4\text{kN}\cdot\text{m}$，$M_{DA}=34.8\text{kN}\cdot\text{m}$；

　　　（b）$M_{BC}=140\text{kN}\cdot\text{m}$，$M_{CB}=220\text{kN}\cdot\text{m}$，$M_{CD}=-100\text{kN}\cdot\text{m}$。

8.3　$M_{BA}=14\text{kN}\cdot\text{m}$，$M_{BC\text{中}}=-43\text{kN}\cdot\text{m}$，$M_{CB}=20\text{kN}\cdot\text{m}$。

8.4　$M_{CA}=43.2\text{kN}\cdot\text{m}$，$M_{CG}=-43.2\text{kN}\cdot\text{m}$，$M_{GC}=-64.8\text{kN}\cdot\text{m}$。

8.5　$M_{DA}=-40\text{kN}\cdot\text{m}$，$M_{AD}=10\text{kN}\cdot\text{m}$，$M_{AB}=-10\text{kN}\cdot\text{m}$，
　　　$M_{BC}=-25\text{kN}\cdot\text{m}$，$M_{BE}=15\text{kN}\cdot\text{m}$。

8.6　$M_{AB}=22\text{kN}\cdot\text{m}$，$M_{BA}=235.8\text{kN}\cdot\text{m}$，$M_{BC}=-235.8\text{kN}\cdot\text{m}$，
　　　$M_{CB}=193.1\text{kN}\cdot\text{m}$，$M_{CD}=-193.1\text{kN}\cdot\text{m}$，$M_{DC}=30\text{kN}\cdot\text{m}$。

8.7　$M_{BA}=43.4\text{kN}\cdot\text{m}$，$M_{BC}=-46.9\text{kN}\cdot\text{m}$，$M_{BE}=3.5\text{kN}\cdot\text{m}$，
　　　$M_{CB}=24.4\text{kN}\cdot\text{m}$，$M_{CF}=-9.8\text{kN}\cdot\text{m}$，$M_{CD}=14.6\text{kN}\cdot\text{m}$。

参 考 文 献

包世华，熊峰，范小春，2017. 结构力学教程 [M]. 武汉：武汉理工大学出版社.

李镰锟，2017. 结构力学：上册 [M]. 6 版. 北京：高等教育出版社.

刘蓉华，蔡婧，2011. 结构力学学习指导与典型例题解析 [M]. 成都：西南交通大学出版社.

龙驭球，包世华，袁驷，2018. 结构力学教程 I：基础教程 [M]. 4 版. 北京：高等教育出版社.

梅群，侯中华，2018. 工程力学 [M]. 北京：机械工业出版社.

文国治，2019. 结构力学 [M]. 2 版. 重庆：重庆大学出版社.

张曦，2020. 建筑力学 [M]. 3 版. 北京：中国建筑工业出版社.

中华人民共和国交通运输部，2015. 公路桥涵设计通用规范：JTG D60—2015 [S]. 北京：人民交通出版社.

中华人民共和国交通运输部，2018. 公路钢筋混凝土及预应力混凝土桥涵设计规范：JTG 3362—2018 [S]. 北京：人民交通出版社.

朱慈勉，张伟平，2016. 结构力学：上册 [M]. 3 版. 北京：高等教育出版社.